地中管路の耐震化
耐震設計基準の基礎と実務

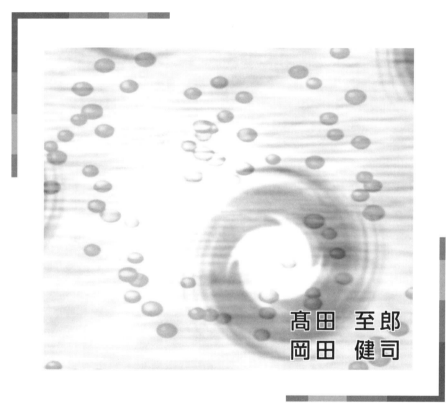

髙田 至郎
岡田 健司

環境新聞社

はじめに

　地震活動期に遭遇している今日、地中管路の耐震化は、極めて重要な課題である。しかし、水道地中管路を取り上げると、基幹管路の耐震化率は現状35％であり、逆にいえば、その重要な役割を果たす基幹管路の65％は、大地震時には破壊される可能性が高いことを意味している。

　地中管路の耐震設計のスタート点は、成田空港建設に伴う石油輸送パイプラインの地震対策から始まった1970年代である。今日まで、せいぜい45年の歴史をもっているに過ぎない。一方、建築物の耐震設計が、1923年の関東大震災以降、約90年の歴史をもっているのと比較すれば、約半分の期間である。建築物の耐震設計は特殊構造物を除いては、ほぼ完成されたといっても過言ではない。免振・制震ビル建設の時代に入ってきている。

　一方、地中管路の本格的な耐震検討は1978年の宮城県沖地震での地中管路の被害が甚大であったことから、地震に壊れない管路の検討が開始された。しかし、1995年兵庫県南部地震（阪神・淡路大震災）、2011年東北地方太平洋沖地震（東日本大震災）と地中管路の被害は続いている。地中管路は、上・下水道管路、農業・工業用水道管路、ガス管路、電気・通信管路と、その機能は多方面にわたり、大半のインフラストラクチャーに利用されている。

　また、地中管路・継手の材料も、鋼管、ダクタイル管、塩化ビニル管、鉄筋コンクリート管、ポリエチレン管、その他、と多種・多様におよび、耐震設計の基準化も容易ではない。これらの管路は、日本経済の発展、市街地の拡大、人口の増加、都市の高度化とともに延伸されてきたものであり、最近の管路・継手材料から、古い様式の管路・継手材料まで、種々雑多に埋設され、利用されており、耐震管路、非耐震管路が混在している。したがって、大地震の際には、非耐震管路が洗い出されるように損傷を受けることになる。

　一方、多種多様の管路がネットワークを構成しており、非耐震管路の被災は、ネットワーク全体におよび、機能が停止することになる。現状の35％の管路耐震化は、もちろん損傷管路数の減少や復旧までの時間短縮には寄与できるが、インフラ機能の維持継続には多くの課題を残すことになる。

　また、大地震が起こる度に、耐震化基準が改正されるのは周知のことである。

かかる分野の専門家の経験・知見の隙間をついて、地中管路の地震被害が発生するともいえる。1995年兵庫県南部地震の際には、管路の材質のみならず、継手性能が重要であることが知られた。また、埋立て地盤の液状化が管路損傷に与える影響が多大であることも知られた。2011年東日本大震災では地震動継続時間の長さが管路損傷に与える影響や、津波外力が管路損傷に与える影響が課題であることが分かった。

地中管路の耐震基準の改定には、様々な要因、戦略が混在し、必ずしも、経験的、科学・技術的視点からの改定でない場合もある。設計地震動レベル（強度、周期、振幅）、安全性照査レベル、地盤定数数値、管路挙動仮定（すべり、摩擦力）などの不確定要因の取り扱いは、採用管種、管路製造法、建設工法、コストなどにも左右されながら、総合的に検討されるプロセスである。そのためには、最新の地中管路耐震基準のもっている意味を十分に理解して耐震化、地震対策を推進する必要がある。

また、最近の耐震基準による設計は、すべてコンピュータソフト化されており、入力値を与えれば、結果がOKかNGかが出力される。入力値を少し変更すれば、NGがたちまちにOKに変化する。耐震基準のもっている背景に精通して、入力値を変動することの意味合いを十分配慮する必要がある。

しかし、これらの設計の多くは、コンサルタントが担当し、設計基準を一読したことのない若い技術者も少なくない。また、コンサルタントの報告書をチェックする事業者の技術者についても、最近の十数年の日本の景気動向と相俟って、中堅技術者の過疎化により、困難な場合も多い。技術者として、結果を直感的に判断する経験が不足している傾向も否めない。1970年代に構築された石油パイプライン技術基準の基本的考え方は、今日も脈々と受け継がれている。

本書では、地中管路耐震設計基準の源流と、基本的な考え方を紹介するとともに、現在の技術基準の工学的意味合い、課題を提示して、上記諸課題を解決し、地中管路耐震化・地震対策の一助となることを願っている。

髙田　至郎

岡田　健司

目　次

はじめに 3

第1章　管路の地震被害事例と破損要因 15

1　地中管路と地震被害概要 16
2　鋼管の地震被害 19
3　ダクタイル管の地震被害 20
4　ポリエチレン管の地震被害 22
5　硬質塩化ビニル管の地震被害 23

第2章　設計地震動と設計スペクトルの基礎 25

1　耐震設計基準の基本構成 26
2　入力地震動 27
3　断層と地震動および設計スペクトル 29
　3.1　プレート運動と断層 29
　3.2　地震波動 32
　3.3　設計震度 33
　3.4　1自由度系応答解析と設計応答スペクトル 35

第3章　耐震設計基準の源流 39

1　ASCE地下鉄の耐震設計（1969年、米国BARTトンネル） 40
2　石油パイプライン技術基準（案）（1974年、日本道路協会） 43
　2.1　作用荷重 43
　2.2　地震荷重 43
　2.3　導管に作用する応力の算定 49

2.4	地震時の荷重組合せと許容応力度	53
2.5	地震時の保安管理	54

3 沈埋トンネル耐震設計指針（案）（1976年、土木学会） ……… 54
3.1 指針の背景 …………………………………………………… 54
3.2 耐震設計フロー ……………………………………………… 55
(1) 設計荷重と地震の影響 …………………………………… 56
(2) 設計地震力 ………………………………………………… 56
(3) 設計に考慮する地震動 …………………………………… 57
(4) 震度法に用いる設計震度 ………………………………… 59
(5) 沈埋トンネル部の耐震計算法 …………………………… 60
(6) 許容応力の割り増し ……………………………………… 60
3.3 動的解析モデル ……………………………………………… 60

4 地下埋設管路耐震継手の技術基準（1977年、国土開発技術研究センター） ……………………………………………………………… 61
4.1 耐震設計の手順 ……………………………………………… 61
4.2 耐震計算 ……………………………………………………… 62
(1) 管軸方向応力 ……………………………………………… 62
(2) 継手伸縮量と屈曲角 ……………………………………… 64
(3) 特殊部分の耐震計算 ……………………………………… 65
4.3 管継手の耐震設計 …………………………………………… 65
(1) 継手の区分 ………………………………………………… 65
(2) 伸縮形耐震継手 …………………………………………… 66
(3) 屈曲形耐震継手 …………………………………………… 66

5 一般（中・低圧）ガス導管耐震設計指針（1982年、日本ガス協会） ……………………………………………………………… 66
5.1 目的と適用範囲 ……………………………………………… 68
5.2 耐震性評価法の手順 ………………………………………… 68
(1) 地盤変位 …………………………………………………… 68
(2) 埋設条件の設定 …………………………………………… 69
5.3 地盤変位吸収能力 …………………………………………… 69

	(1)	評価手法 ………………………………………………………………………	69
	(2)	変位吸収能力の計算事例 ………………………………………………………	70
	(3)	まっすぐな配管系の管軸直角方向地盤変位吸収能力（Δ_V）…………	73
	(4)	立体配管系の地盤変位吸収能力（Δ_U）……………………………	75
5.4		基準ひずみおよび基準変位 …………………………………………………	75

6　共同溝設計指針（1986年、日本道路協会） ……………………… 76

6.1		耐震設計上の荷重 …………………………………………………………	76
6.2		地盤種別 ………………………………………………………………………	76
6.3		設計入力地震動 ………………………………………………………………	77
	(1)	地震動の振幅 …………………………………………………………………	77
	(2)	地震動の波長 …………………………………………………………………	78
6.4		耐震計算 ………………………………………………………………………	79
	(1)	断面力の計算 …………………………………………………………………	80
	(2)	継手による断面力の低減 ……………………………………………………	82
	(3)	地盤条件変化部における断面力の増分 ………………………………………	84
6.5		液状化判定と対策 …………………………………………………………	84
	(1)	液状化検討 ……………………………………………………………………	84
	(2)	液状化による共同溝の浮き上がり検討 ………………………………………	85
	(3)	共同溝底面に作用する過剰間隙水圧による揚圧力 U_D ………………	86

7　駐車場設計・施工指針　同解説（1992年、日本道路協会）……… 87

7.1	基本方針 ………………………………………………………………………	87
7.2	耐震設計上考慮する荷重と地震の影響 ………………………………………………	87
7.3	設計水平震度 …………………………………………………………………………	87
7.4	地震時土圧 ……………………………………………………………………………	89
7.5	地震時周面せん断力 …………………………………………………………………	90
7.6	地盤種別 ………………………………………………………………………………	93
7.7	地盤ばね定数 …………………………………………………………………………	93
7.8	耐震計算 ………………………………………………………………………………	96
7.9	液状化の判定と浮き上がりの検討 ……………………………………………………	98
7.10	動的解析と安全性の照査 ……………………………………………………………	98

(1)	基本方針	98
(2)	入力地震動	98
(3)	安全性の照査	99

第4章　管路材料と継手特性　　101

1　管路材料　　102
1.1　管材と水道管路への適用　　102
1.2　鋼管　　104
1.3　ダクタイル鋳鉄管　　106
1.4　PVC管　　108
1.5　PE管　　109
1.6　HP（ヒューム管）　　111

2　継手特性　　113
2.1　鋼管　　113
2.2　ダクタイル鋳鉄管　　115
2.3　PVC管　　124
2.4　PE管　　126
2.5　HP（ヒューム管）　　127

第5章　レベル1地震動に対する管路耐震設計計算法　　131

1　地中管路耐震計算に用いる入力地震動　　132
1.1　地盤ばね　　133
1.2　速度応答スペクトルと周期　　136
1.3　地震波波長　　137
1.4　地盤ひずみ　　142

2　常時荷重と地震時荷重の組合せ　　143

3　地中管路構造物種別と耐震設計手法　　147

4　地中管路耐震設計基準（レベル1地震動）　　149
4.1　耐震設計の基本　　149

4.2　レベル1地震動に対する耐震設計計算式 …………………… 152
　　（1）入力地震動 ……………………………………………………… 152
　　（2）地盤ひずみ ……………………………………………………… 158
　　（3）地盤ばね ………………………………………………………… 159
　　（4）管路のすべり …………………………………………………… 161
　　（5）周面せん断力 …………………………………………………… 162
　　（6）管体応力または管体ひずみ計算 ……………………………… 164
　　（7）継手伸縮変位・屈曲角 ………………………………………… 170
　　（8）異形管 …………………………………………………………… 173
　　（9）安全性照査 ……………………………………………………… 180

第6章　レベル2地震動に対する管路耐震設計計算法 ‥ 183

1 レベル2地震動設計とレベル1地震動設計の主な相違点 ……… 184
　1.1　速度応答スペクトルのレベル ……………………………………… 184
　1.2　管路のすべり ………………………………………………………… 184

2 レベル2地震動に対する耐震設計計算式 …………………………… 189
　2.1　入力地震動 …………………………………………………………… 189
　2.2　地盤ひずみ …………………………………………………………… 196
　2.3　地盤ばね ……………………………………………………………… 198
　2.4　管路のすべり ………………………………………………………… 200
　2.5　周面せん断力 ………………………………………………………… 201
　2.6　管体応力または管体ひずみ計算 …………………………………… 203
　2.7　継手伸縮変位・屈曲角 ……………………………………………… 209
　2.8　異形管 ………………………………………………………………… 212
　2.9　安全性照査 …………………………………………………………… 216

第7章　液状化に対する管路耐震設計計算法 ………… 219

1 水道、下水道管路の液状化耐震設計基準 …………………………… 220
2 高圧ガス導管液状化耐震設計指針 …………………………………… 230
　2.1　概要 …………………………………………………………………… 230

2.2	基本方針	230
2.3	液状化耐震設計区間の抽出	232
2.4	液状化による地盤変位	234
	(1) 傾斜地盤の変位	234
	(2) 護岸地盤の変位	237
	(3) 沈下地盤の変位	238
2.5	側方流動・地盤沈下による地盤拘束力	238
	(1) 側方流動管軸方向	238
	(2) 側方流動管軸直角方向	239
	(3) 地盤沈下	240
2.6	導管の変位算定	240
	(1) 傾斜地盤（直管）	240
	(2) 傾斜地盤（曲管）	242
	(3) 護岸地盤（直管）	247
	(4) 護岸地盤（曲管）	247
2.7	導管の限界変位	249
	(1) 直管の限界変位	249
	(2) 曲管の限界変位	250
2.8	耐震性能の照査	251
	(1) 直管	252
	(2) 曲管	252

第8章　地盤変状に対する管路耐震設計計算法　255

1　地盤変状　256
2　管路耐震設計計算式　256

第9章　断層と地中管路　267

1　水道施設耐震工法指針・解説（2009）における断層の取り扱い　268
1.1　断層横断部の埋設管路の対応方法　268

	1.2 断層変位の算定方法 ·································	269
2	下水道施設の耐震対策指針と断層変位 ···················	269
3	高圧ガス導管耐震設計指針における断層の検討 ············	269
4	ALA 指針における管路断層設計 ························	272

第10章　津波と地中管路 ································· 275

1	下水道施設の耐震設計指針と解説（日本下水道協会）における 耐津波設計 ···	276
1.1	基本的考え方 ······································	276
2	管路施設の耐津波設計 ·······························	278
2.1	管路施設の要求性能 ································	278
2.2	管路施設の津波被害例 ······························	278
2.3	管路施設の耐津波設計 ······························	279
	(1) 設計荷重 ··	279
	(2) 波圧の算定例 ····································	280
2.4	管路の耐津波対策 ··································	281
	(1) 水管橋の流出対策 ································	281
	(2) 吐口部の逆流防止対策 ····························	281
	(3) マンホールの蓋および斜壁等の飛散や破損等の対策 ····	281
	(4) マンホール形式ポンプ場の機能停止対策 ·············	282

第11章　農水・電力通信管路の耐震設計基準 ········· 283

1	農水管路 ··	284
2	電力・通信管路 ·····································	286
2.1	電力管路 ···	286
	(1) 電力施設と被害 ··································	286
	(2) 耐震設計 ··	289
2.2	通信管路 ···	290
	(1) 通信施設・管路 ··································	290
	(2) ケーブル収容管路被害 ····························	292

(3)　管路耐震設計 ……………………………………………… 292

第 12 章　管路耐震設計・計算事例　　301

1　耐震計算対象モデル ……………………………………………… 302
　1.1　地盤モデル ……………………………………………………… 302
　1.2　耐震計算管路モデル …………………………………………… 302
　　(1)　水道管路 ……………………………………………………… 302
　　(2)　下水道管路 …………………………………………………… 303
　1.3　入力地震動 ……………………………………………………… 303

2　水道管路の耐震計算結果 ……………………………………… 304
　2.1　ダクタイル鋳鉄管　K 形
　　　 ϕ 300　土被り H = 1.20 m　表層地盤の厚さ H_g = 10.0 m ……… 304
　2.2　ダクタイル鋳鉄管　K 形
　　　 ϕ 300　土被り H = 1.20 m　表層地盤の厚さ H_g = 50.0 m ……… 305
　2.3　ポリエチレン管
　　　 ϕ 150　土被り H = 1.20 m　表層地盤の厚さ H_g = 10.0 m ……… 306
　2.4　ポリエチレン管
　　　 ϕ 150　土被り H = 1.20 m　表層地盤の厚さ H_g = 50.0 m ……… 306

3　下水道管路の耐震計算結果 …………………………………… 307
　3.1　硬質塩化ビニル管　K-1
　　　 ϕ 300　土被り H = 1.20 m　表層地盤の厚さ H_g = 10.0 m ……… 307
　3.2　硬質塩化ビニル管　K-1
　　　 ϕ 300　土被り H = 1.20 m　表層地盤の厚さ H_g = 50.0 m ……… 308
　3.3　推進工法用硬質塩化ビニル管　K-6
　　　 ϕ 300　土被り H = 4.00 m　表層地盤の厚さ H_g = 10.0 m ……… 310
　3.4　推進工法用硬質塩化ビニル管　K-6
　　　 ϕ 300　土被り H = 4.00 m　表層地盤の厚さ H_g = 50.0 m ……… 311

4　計算結果に関する考察 ………………………………………… 312

第 13 章　耐震計算に与える基準規定の変動係数の影響　　315

1　周期係数 a_D に対する影響 …………………………………… 316
　1.1　地盤モデル ……………………………………………………… 317

| 1.2 | 耐震計算管路モデル | 318 |
| 1.3 | 埋設条件 | 318 |

2 重畳係数 γ、地盤の剛性係数に対する定数 C_1、C_2 に関する影響 ………… 325

| 2.1 | 地盤モデル | 325 |
| 2.2 | 耐震計算管路モデル | 326 |

3 継手効率 ξ（可撓性継手がある場合の応力補正係数）と
継手抜出し阻止力の影響 …………………………………………… 331

第14章 結 語　335

1 設計に用いられている地震波動 …………………… 336
2 断層運動に対する耐震設計 …………………………… 337
3 耐津波設計 ……………………………………………… 338
4 基準にない特異モデルなどの地中管路耐震設計 …… 338
5 地中管路耐震設計用 PC ソフト ……………………… 339

付　録　管路耐震設計計算例（詳細）　341

1 計算対象モデル …………………………………… 342

1.1	地盤モデル	342
1.2	入力地震動	342
1.3	耐震設計管路モデル	342
	(1) 水道管路	342
	(2) 下水道管路	343

2 水道管路の耐震計算 ……………………………… 344

2.1	ダクタイル鋳鉄管　K形	
	ϕ 300　表層地盤の厚さ $H_g = 10.0$ m ……	344
	(1) 設計条件	344
	(2) 常時荷重による管体応力および継手伸縮量	344
	(3) レベル1地震動による地盤条件と地盤定数の設定	345
	(4) レベル1地震動による管体応力、継手伸縮量および継手屈曲角度	
		346

- (5) レベル２地震動による地盤条件と地盤定数の設定 …………… 350
- (6) レベル２地震動による管体応力、継手伸縮量および継手屈曲角度 …………… 350
- 2.2 ポリエチレン管
  - ϕ 150　表層地盤の厚さ $H_g = 10.0$ m …………… 351
  - (1) 設計条件 …………… 351
  - (2) 常時荷重による管体ひずみ …………… 352
  - (3) レベル１地震動による管体ひずみ …………… 353
  - (4) レベル２地震動による管体ひずみ …………… 354
- **3　下水道管路の耐震計算** …………… 355
  - 3.1 硬質塩化ビニル管　K-1
    - ϕ 300　表層地盤の厚さ $H_g = 10.0$ m …………… 355
    - (1) 設計条件 …………… 355
    - (2) レベル１地震動による地盤条件と地盤定数の設定 …………… 355
    - (3) レベル１地震動による管きょと管きょの継手部 …………… 357
    - (4) レベル１地震動によるマンホールと管きょの接続部 …………… 357
    - (5) レベル１地震動による管体応力 …………… 358
    - (6) レベル２地震動による地盤条件と地盤定数の設定 …………… 360
    - (7) レベル２地震動による管きょと管きょの継手部 …………… 361
    - (8) レベル２地震動によるマンホールと管きょの接続部 …………… 362
    - (9) レベル２地震動による管体応力 …………… 363
  - 3.2 推進工法用硬質塩化ビニル管　K-6
    - ϕ 300　表層地盤の厚さ $H_g = 10.0$ m …………… 365
    - (1) 設計条件 …………… 365
    - (2) レベル１地震動による軸方向断面 …………… 365
    - (3) レベル２地震動による軸方向断面 …………… 367

索　引 …………… 371

第 1 章
管路の地震被害事例と破損要因

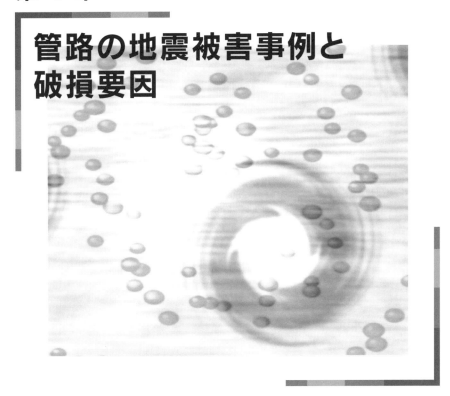

第1章
管路の地震被害事例と破損要因

1 地中管路と地震被害概要

　地震時管路被害の特徴について述べる。**表1.1**は2011年東日本大震災時の管種、口径別に導送配水管の被害件数を示したものである[1) 2)]。東日本大震災では、1995年兵庫県南部地震や2004年新潟県中越地震等、最近の巨大地震に比較して被害は極めて少なかった。これら地震の管種別被害率を**表1.2**に示している。津波や液状化に伴う管路被害は甚大であったが、内陸部における短周期高レベル加速度、沿岸部における長周期地震動が影響したためと考えられる。著者らは、東日本大震災における13市町の全管種管路被害率と速度応答スペクトルの最大値およびその卓越周期の関係を求めた（**図1.1**）。図1.1は津波地域の管路被害は除外した結果である。図1.1によれば、速度応答スペクトルが高く、周期が高いほど被害率が高くなっている。鋳鉄管を多用していた湧谷町では統計的な傾向か

表 1.1　東日本大震災における水道管被害率[1) 2)]

単位：ヵ所

	50	75	100	125〜150	200〜250	300〜500	600〜	口径不明	計
ダクタイル鋳鉄管（耐震継手）				1					1
ダクタイル鋳鉄管（耐震継手以外）		332	372	405	330	255	47		1,741
鋳鉄管		52	62	97	50	39	3		303
鋼管（区分不明）	66	60	32	55	25	32	37		307
硬質塩化ビニル管（RRロング継手）		8	2						10
硬質塩化ビニル管（RR継手）	157	320	240	110	12	2			841
硬質塩化ビニル管（TS継手）	857	434	325	110	3			7	1,736
硬質塩化ビニル管（区分不明）	126	91	44	24	4			1	290
石綿セメント管	27	121	85	83	28	6			350
ポリエチレン管（融着継手）	1	2							3
ポリエチレン管（冷間継手）	13	1							14
異種管接合部、漏水修繕部	49	23	19	15	3				109
管種不明	4	3	5	3	1		1		17
設備部（空気弁、仕切弁等の付属設備）	92	206	156	110	54	78	66	169	931
計	1,392	1,653	1,342	1,012	511	412	154	177	6,653

第1章　管路の地震被害事例と破損要因

表1.2　最近の巨大地震における管種別被害率[3)4)]

管種 \ 地震	1995 兵庫県南部地震	2004 新潟県中越地震 長岡市	2011 東日本大震災
ダクタイル鋳鉄管（DCIP）	0.135	0.11	0.05
鋳鉄管（CIP）	0.422		0.18
鋼管（SP）	0.084	0.98	0.21
炭素鋼鋼管（SGP）	0.415		
石綿セメント管（ACP）	2.568	0	0.20
硬質塩化ビニル管（PVC）	1.013	0.68	0.11
ポリエチレン管（PE）	—	—	0.01
計	0.24	0.3	0.08

	南三陸	七ヶ浜	岩沼	気仙沼	涌谷	石巻	登米	栗原	大崎	奥州	矢巾・滝沢	釜石・大槌	久慈
応答スペクトル値	100	130	140	90	130	280	48	95	170	84	31	131	27
被害率	0.135	0.086	0.236	0.111	0.413	0.337	0.116	0.158	0.128	0.050	0.005	0.079	0.033

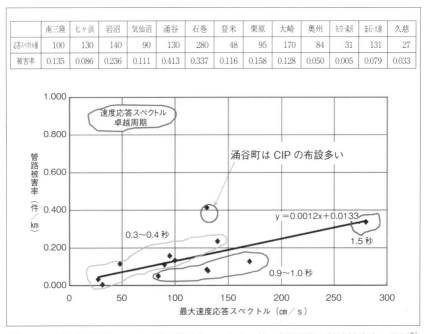

図1.1　東日本大震災における地震動最大スペクトル値・卓越周期と管路被害率の関係[3)]

らかけ離れた高い被害率となっているが、他の市町では上記傾向がうかがわれる。

次に、管体種別による管路被害要因について、2011年東日本大震災を対象とした分析結果について図1.2〜図1.6に示した[1)2)]。被害データ数が少なくない被害モードについて示している。直管の管体破損については石綿管・ねじ鋼管が高い被害率である。継手破損については、ねじ鋼管やPVCへの影響が高い。継手離脱についてはDCIP、CIPの被害率が高い。上記の分析については、DCIP、

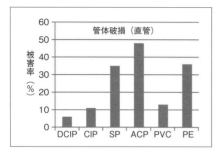
図1.2　管種別直管被害率

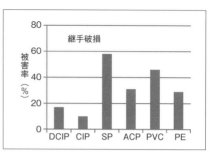
図1.3　管種別継手破損被害率

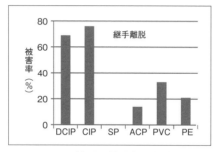
図1.4　管種別継手離脱被害率

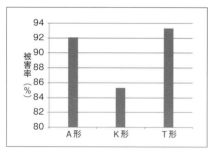
図1.5　DCIPの継手別被害率

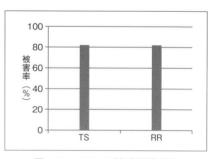
図1.6　PVCの継手別被害率

CIPの継手については、耐震継手、A形、K形、T形継手を含んでいる。また、PVCについてはTS、RR、RRロング継手を含んでいる。

一般に、地震時の地中管路損傷は、①管路材料特性と継手構造、②地震外力の特性、③周辺地盤の特性、④管路の維持管理状況、によって左右される。それぞれの特徴と耐震設計との関連については各章で詳述する。また、地中管路の損傷形態（モード）は**表1.3**に示すように、管体と継手について、管路縦断方向と横

表 1.3　地中管路の被害形態

管体	縦断					横断			
	亀裂	折損	局部座屈	たわみ変形	その他	亀裂	折損	縮径・拡径	その他
継手	縦断					横断			
	抜け	押込み	ボルト破損	たわみ変形	その他	回転	捩り	食込み	その他

断方向に分類される。

2　鋼管の地震被害[5) 6) 7)]

図1.7(a)は1995年兵庫県南部地震の際に、ポートアイランドで液状化した地盤内に埋設されていたϕ600mmの水道溶接送水管である。裏込め溶接のない管路である。横断面での変形と溶接部近傍での切断がみられる。図1.7(b)は1999年台湾集々地震の際に、石岡ダム水源近くのϕ2,000mmの送水管が断層変位によって破壊した溶接水道鋼管である。本送水管付近の断層変位は数mであった。本管の破壊の水圧によって近隣住民3名が死亡した。図1.7(c)は兵庫県南部地震の折に生じたガス鋼管溶接部の亀裂で、ガス管路への浸入水が噴出している様子がうかがわれる。図1.7(d)は能登半島地震の際に、ねじ鋼管継手部のねじ部破損による継手抜けである。ねじ部の腐食も影響している。図1.7(e)は、1971年サンフェルナンド地震の折に、断層近傍に埋設されていた比較的古いガス管路が地盤の圧縮変形によって局部座屈している状況である。

図1.7(a)　地震動張力に溶接部破断

図1.7(b)　断層横断による破断

図1.7(c) 鋼管溶接部の亀裂

図1.7(d) ねじ鋼管継手部の離脱

図1.7(e) 鋼管の局部座屈

3　ダクタイル管の地震被害[5) 6) 7) 9)]

　ダクタイル管はその材料特性によってFC（Ferrum Casting）、DCIP（Ductile Cast Iron Pipe）に大別される。FC管は1930～1970年代に製造された普通あるいは高級鋳鉄管で第1～第2世代の鋳鉄管といわれる。DCIPは靭性に優れた管路で1950年代以降に製造されている。現在用いられている管路は大半がDCIPである。図1.8(a)は、口径500mmのFC管で継手部抜け破損である。図1.8(b)は口径800mmのFC管で縦断方向に断裂されている。図1.8(a)、(b)とも1995年兵庫県南部地震後にみられた水道管路破損である。縦断方向の断裂は鉛直方向の荷重が関与するので、従前からの交通荷重の影響があるとも考えられる。図1.8(c)は2003年宮城県北部地震の折のK形継手DCIPの継手部漏水である。継手部のボルトが緩んでゴム輪がずれたことによる漏水である。図1.8(d)はDCIPの継手の食込みで、一旦、張力により引き抜けた継手が、引き続いて生じた圧縮力によっ

図1.8(a) FC管の継手抜け

図1.8(b) FC管縦亀裂

図1.8(c) K形DCIPの継手抜け

図1.8(d) DCIPの継手部食込み

て押し込まれ、その際に中心がずれたために管本体に食い込んだものである。地盤震動が管に伝達されている現象が理解される。図1.8(e)は兵庫県南部地震時のDCIPの被害である。ボルトが破断されるとともに、口径が縮んでいる。図1.8(f)は口径100mmのDCIPが縦断方向に変形している様子である。継手部での回転による破損で漏水がみられた。図1.8(g)は口径500mmのDCIPの継手部での食込みによる縮径である（兵庫県南部地震時の西宮市水道管）。相当な圧縮力の作用がうかがわれるが、その反力が地盤と管の摩擦力のみによるか、あるいは管押輪、曲管ブロックなどによるかは不明である。図1.8(h)は2007年能登半島地震の際にみられた耐震継手DCIPの150×100mm T字管部での漏水である。河川近傍部

図1.8(e)　DCIPの継手部抜け

図1.8(f)　DCIPの長手部変形

図1.8(g)　DCIPの継手部縮径

図1.8(h)　耐震継手DCIPの漏水

で液状化が生じている箇所である。3次元的な配管構造が影響していると考えられる。

4　ポリエチレン管の地震被害[3) 5)]

　ポリエチレン管（PE管）は1950年代に第一世代HDPE管（High Density Polyethylene Pipe）、1990年代には第二世代HDPE管が製造されて、その耐久・耐震性能も向上している。図1.9(a)は2004年新潟県中越地震の折に、山古志村簡易水道として布設されていた口径50mmのPE管の引張り断裂である。布設地域では地すべりによって地盤が約40 m移動した。地すべり区域の端部でのPE管破断である。図1.9(b)は車籠埔断層運動地域でみられたPE管の変形である。本PE管は第一世代PE管と思われる。図1.9(c)は同じく1999年台湾集集地震の際に断層を横断するガスPE管のZ字に変形した被害である。逆断層運動に伴い多くの管路がZ字変形被害を受けた。図1.9(d)は2007年能登半島地震の際、内陸部で

図 1.9(a)　PE 管の引張破断

図 1.9(b)　PE 管の変形

図 1.9(c)　PE 管の Z 字変形

図 1.9(d)　PE 管の分岐部亀裂

生じたガス管分岐部の EF（Electric Fusion）接合部での亀裂である。本管分岐管の挙動の差異により、不十分な接合部融着が引き起こした被害と考えられる。

5　硬質塩化ビニル管の地震被害[5) 8) 9)]

硬質塩化ビニル管（PVC 管）の継手はカラーを用いて接着した TS（Tapered

図 1.10(a)　RR 継手 PVC 管の継手抜け

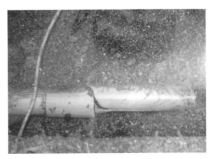

図 1.10(b)　TS 継手 PVC 管本体破断

 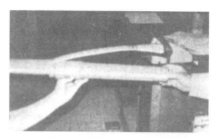

図 1.10(c)　RR 継手 PVC 管継手部破損　　図 1.10(d)　RR 継手 PVC 管継手部食込み

Solvent) 継手と RR (Rubber Ring) 継手に分類される。RR 継手は伸縮・回転が許容されるが、TS 継手は固定継手である。伸縮余裕を長くした RR ロング継手や離脱防止機能を備えた RR 継手も開発されている。図 1.10(a)は 2004 年新潟県中越地震の折に液状化地域でみられた口径 100mm の RR 継手 PVC 管の継手抜け被害である。図 1.10(b)は TS 継手をもつ PVC 管の接着継手カラーの破損と管本体の亀裂である。継手部が引き抜け破損し、さらに圧縮力で食い込んでいる状況が知られる。図 1.10(c)は RR ロング継手の PVC 管被害である。液状化地域に布設されていたが、継手の抜けはみられなかった。図 1.10(d)は 1983 年日本海中部地震の際にみられた RR 継手 PVC 管の継手抜けと食込み破断である。食込み量は約 50cm におよんでいる。

〈 参 考 文 献 〉

1) 厚生労働省：東日本大震災水道施設被害状況調査最終報告書（平成 25 年 3 月）について、平成 26（2014）年
2) 厚生労働省：管路の耐震化に関する検討報告書、管路の耐震化に関する検討報告書、平成 26（2014）年 3 月
3) 高田至郎・武田康夫：2011 年東北地方太平洋沖地震（東日本大震災）水道管路被害調査報告書（その 1（平成 23）～その 3（26 年））
4) 厚生労働省健康局水道課・㈳日本水道協会：平成 23（2011）年東日本大震災水道施設被害等現地調査団報告書、平成 23（2011）年 9 月
5) 高田至郎・劉　愛文：断層を横断するパイプラインの被害写真集～最近の地震被害の分析～、㈱水道産業新聞社、平成 15（2003）年 1 月
6) 松下　眞：阪神・淡路大震災を契機とした水道耐震化に関する研究、神戸大学博士論文、平成 26（2014）年 3 月
7) 高田至郎：ライフライン地震工学、共立出版、平成 9（1997）年（第 2 版）
8) 高田至郎・田邊揮司良：1983 年日本海中部地震における地中ライフライン被害、㈶建設工学研究所、第 26 号、pp.93-112、1984 年
9) 高田至郎：阪神・淡路大震災調査報告書、ライフライン施設の被害と復旧（第 9 巻）、土木学会、1997 年

第 2 章

設計地震動と設計スペクトルの基礎

第2章
設計地震動と設計スペクトルの基礎

1　耐震設計基準の基本構成

図2.1に地中管路耐震設計の標準的なフローを示す。基本的に、直管に対する設計が行われるが、曲管・T字管に対する設計法が提示されている高圧ガス導管耐震設計指針[1]もある。設計地震動はレベル1地震動およびレベル2地震動に対して耐震性能確保や安全性が検討される。しかし、高圧ガス導管耐震設計指針[1]では断層を考慮した地震動レベルが提示されており、レベル3地震動まで規定されている。地震動検討では、応答変位法が一般的に用いられる。レベル2地震動

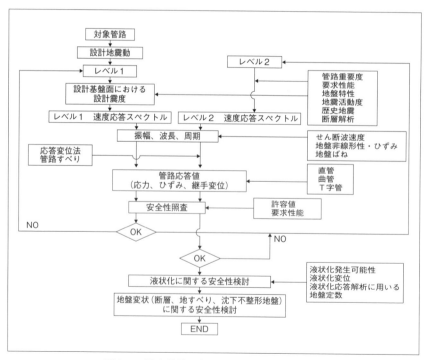

図2.1　地中管路の標準的な耐震設計フロー

の応答計算では、地盤や管路応答計算に非弾性特性が配慮されるのが一般的である。地震動検討が終了すれば、液状化や地盤変状変位に対する安全性が検討される。

2 入力地震動

図2.1の設計フローでも知られるように、入力地震動にかかわる設計震度や速

表2.1 設計地震動時刻歴として採用される発生地震例[2) 3)]

(a) レベル1地震動

地盤種別	地震名	マグニチュード M	記録場所
Ⅰ種地盤	昭和53年宮城県沖地震	7.4	開北橋周辺地盤上 LG部分
Ⅱ種地盤	昭和43年日向灘地震	7.5	板島橋周辺地盤上 LG部分
Ⅲ種地盤	昭和58年日本海中部地震	7.7	津軽大橋周辺地盤上 TR部分

注）LG：橋軸方向
　　TR：橋軸直角方向

(b) レベル2地震動（タイプⅠ）

地盤種別	地震名	マグニチュード M	記録場所	呼び名 (加速度波形)
Ⅰ種地盤	平成15年十勝沖地震	8.0	清水道路維持出張所構内地盤上 EW成分	Ⅰ-Ⅰ-1
	平成23年東北地方太平洋沖地震	9.0	開北橋周辺地盤上 EW成分	Ⅰ-Ⅰ-2
			新晩翠橋周辺地盤上 NS成分	Ⅰ-Ⅰ-3
Ⅱ種地盤	平成15年十勝沖地震	8.0	直別観測点上 EW成分	Ⅰ-Ⅱ-1
	平成23年東北地方太平洋沖地震	9.0	仙台河川国道事務所構内地盤上 EW成分	Ⅰ-Ⅱ-2
			阿武隈大堰管理所構内地盤上 NS成分	Ⅰ-Ⅱ-3
Ⅲ種地盤	平成15年十勝沖地震	8.0	大樹町生花観測点地盤上 EW成分	Ⅰ-Ⅲ-1
	平成23年東北地方太平洋沖地震	9.0	山崎震動観測所構内地盤上 NS成分	Ⅰ-Ⅲ-2
			土浦出張所構内地盤上 ES成分	Ⅰ-Ⅲ-3

(c) レベル2地震動（タイプⅡ）

地盤種別	地震名	マグニチュード M	記録場所	呼び名 (加速度波形)
Ⅰ種地盤	平成7年兵庫県南部地震	7.3	神戸海洋気象台地盤上 NS成分	Ⅱ-Ⅰ-1
			神戸海洋気象台地盤上 EW成分	Ⅱ-Ⅰ-2
			猪名川架橋予定地点周辺地盤上 NS成分	Ⅱ-Ⅰ-3
Ⅱ種地盤	平成7年兵庫県南部地震	7.3	JR西日本鷹取駅構内地盤上 NS成分	Ⅱ-Ⅱ-1
			JR西日本鷹取駅構内地盤上 EW成分	Ⅱ-Ⅱ-2
			大阪ガス茸合供給所構内地盤上 N27W成分	Ⅱ-Ⅱ-3
Ⅲ種地盤	平成7年兵庫県南部地震	7.3	東神戸大橋周辺地盤上 N12W成分	Ⅱ-Ⅲ-1
			ポートアイランド内地盤上 NS成分	Ⅱ-Ⅲ-2
			ポートアイランド内地盤上 EW成分	Ⅱ-Ⅲ-3

注）N－S ：北-南方向
　　E－W：東-西方向
　　N27W ：北西27°方向

度応答スペクトルの選択は極めて重要である。過去の地震時に記録された地震動記録を用いて、設計震度や速度応答スペクトルが算出される。表2.1には、道路橋示方書に採用されている地震動時刻歴成分を示した。3種類の地盤種別毎に、また、レベル2地震動では、海洋型地震動（タイプⅠ）、内陸型地震動（タイプⅡ）に対して与えられている。

一方、管路が断層を横断する場合や、重要管路近傍に断層が存在する場合で、過去に地震動記録が得られていない場合には、断層解析によって人工的に地震動時刻歴が合成される。

現在、用いられている断層解析モデルは図2.2による方法が主流である。対象とする断層を分割して小断層を規定して、小断層に対応する低レベル地震動を、破壊進行方向や、エネルギー蓄積が集中しているアスペリティ領域を考慮して重畳する手法である。小地震動を決定する手法、また、短周期・長周期の地震動を重ね合わせる手法として表2.2に示す方法がある。

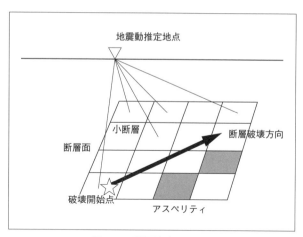

図2.2　断層解析モデル

表2.2　断層解析手法

経験的手法	破壊過程、アスペリティなどを考慮せずに、簡易な距離減衰式（アテニュエーション則）を用いて、振幅・位相などを考慮して時刻歴波形を予測する手法
半経験的手法	小地震波形を経験的あるいは統計的なグリーン関数を用いて生成し、それらを小断層面について重ね合わせることによって、大地震波形を予測する手法
理論的手法	理論式から時刻歴波形を生成する手法。しかし、長周期波動の予測は可能であるが、短周期波動の予測は困難である
ハイブリッド手法	短周期波動と長周期波動のフィルターを合成して、時刻歴波動を生成する手法

3 断層と地震動および設計スペクトル

3.1 プレート運動と断層[4) 5)]

　花崗岩や玄武岩から成る地殻の内部には流動体のマントルがあり、リソスフェア（岩石圏）あるいはアセノスフェア（岩流圏）からなる層が地殻内部のマントル上に浮いている状態にある。花崗岩の重力と浮力によって均衡が保たれている（図2.3）。

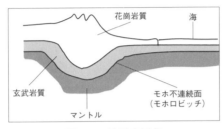

図2.3　地球表層部

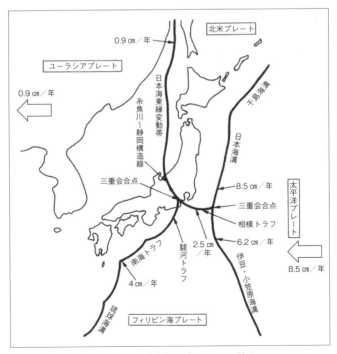

図2.4　日本付近のプレートの動き

図2.4には日本付近のプレートの動きを示している。

　ユーラシアプレートはほとんど動いておらず（0.9cm／年）、東側の太平洋プレートがユーラシアプレートを押している（8.5cm／年）。その境界領域である日本海溝、南海トラフに沿って甚大被害をもたらす歴史地震が繰り返し発生している。三重会合点とは太平洋、北米、フィリピン海プレートが重なっている箇所を指している。

　プレートテクトニクス理論は新世界構造作用論（New Global Tectonics）ともいわれ、地球の生成から造山・海洋・火山・地震活動などを統一的に説明し得る仮説であり、Geo Poetryともいわれる。大陸の海岸線の一致を示すハーレーのパズル合わせ、磁場の反転、大陸間の化石の共通などを説明し得る。以下に、地震発生のメカニズムをプレートテクトニクスにより概説する。

　図2.5に示すように、地球内部のマントル流が上昇する位置では中軸谷が形成されて、その両端部では海嶺が逆方向に地層ずれを引き起こす。断裂帯と呼ばれ、水平方向の運動により地震が引き起こされる。この断層はトランスフォーム断層と呼ばれる（図2.6）。中軸谷の境界部では上下運動が生じる。また、トランスフォーム断層では海嶺外周ずれの方向が同一方向であることが特徴である。一般の断層は、ずれの方向が逆方向である。上昇したマントル流の動きにつれて、リソスフェアの動きによって、海洋プレートが水平方向に運動し、陸のプレートと衝突

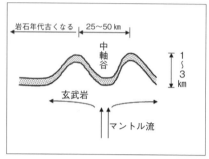

図2.5　マントル流と中軸谷

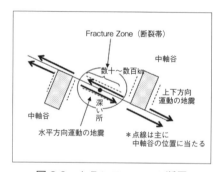

図2.6　トランスフォーム断層

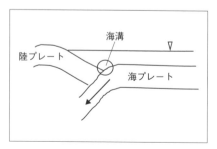

図2.7　海洋プレートと
　　　　陸のプレートの衝突

を引き起こし、海溝を形成する（図2.7）。

　岩石の中には多くの亀裂があり、ひずみエネルギーが蓄積された状況下でプレート外力が加えられると、岩石が破壊される現象を断層運動といい、断層のうち、特に数十万年前以降に繰り返し活動し、将来も活動すると考えられる断層を活断層と呼んでいる。その運動プロセスは図2.8に示す通りである。

　活断層のタイプには、図2.9に示すように、正断層、逆断層、横ずれ断層の3タイプが存在する。地盤内には3成分の主応力が働いており、主応力の大きさの相違が断層のずれを引き起こし、このずれによる応力状態の変化をストレスドロップ（Stress Drop）といい、巨大地震の発生はストレスドロップと対応する。一方、徐々にストレスドロップを起こす現象をクリープ（Creep）といい、常にエネルギーが発散されるので巨大地震は発生しにくい。

　断層の活動度は下記A級～C級の3段階に分類される。

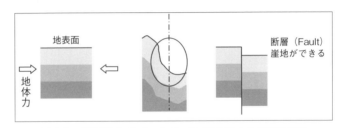

図2.8　断層発生のプロセス（圧縮力による断層運動）

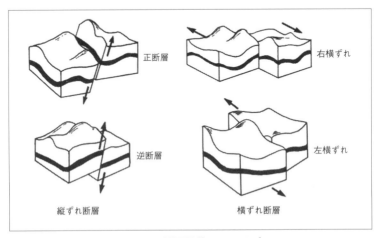

図2.9　断層運動の3タイプ

A級：1000 年で 1 ～ 10 m：1 ～ 10 mm／年
B級：1000 年で 0.1 ～ 1 m：0.1 ～ 1 mm／年
C級：1000 年で 0.01 ～ 0.1 m：0.01 ～ 0.1 mm／年

たとえば、50 万年間に 300 m の断層ずれを生じた断層は、0.6 mm／年であり、B級断層とされる。また、1 回の地震で生じた変位量が 1 m の時に B 級の地震の起こる周期は、1000 年となる。

3.2 地震波動

断層運動によって生じた地震波動は、実体波（Body wave）である P 波（Primary wave）と S 波（Secondary wave）、そして表面波（Surface wave）である R 波（Rayleigh wave）と L 波（Love wave）に分類される。図 2.10 に一般的な地震

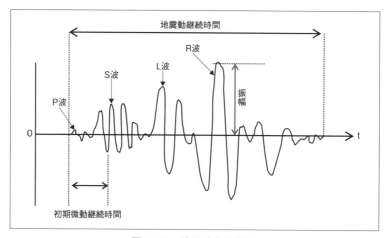

図 2.10　地震波動時刻歴

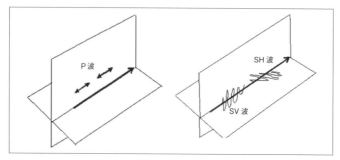

図 2.11　実体波の進行方向と振動方向

波動の時刻歴を示す。

図 2.11 は実体波の進行方向と波動粒子の振動方向の関係を示す。P 波は進行方向に振動し、S 波は地表面に並行な平面内に振動する成分が SH 波であり、その直交面内振動が SV 波である。これら実体波の速度は、波動周期成分と関係せず、式 2.1 に示すようにラーメの定数によって決定される。

$$Vp = \sqrt{\frac{\lambda + 2\mu}{\rho}}$$
$$Vs = \sqrt{\frac{\mu}{\rho}}$$
·· 式 2.1

$\lambda,\ \mu$ ：ラーメの定数
ρ ：密度

一方、表面波は波動周期成分によって伝播速度が変化する分散性を示し、図 2.12 に示す地盤内 Love 波の分散特性は、図 2.12 の地盤と対応して図 2.13 となる。

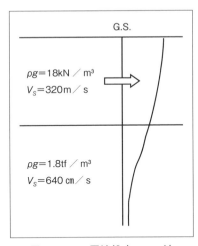

図 2.12　2 層地盤内 Love 波

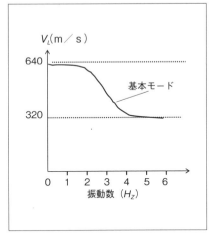

図 2.13　Love 波の分散性

3.3　設計震度

図 2.14 に示すように、地震による水平加速度 a_h が質量 m に作用すると重力加速度 g が常時荷重として作用しているので、図 2.15 に示すように、みかけ上、θ だけ傾斜して鉛直荷重が働くので、物体は傾斜することになる。

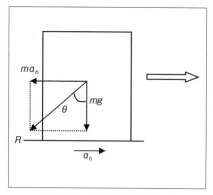

図2.14 水平加速度の作用

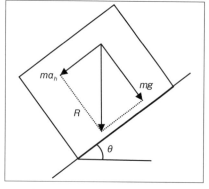

図2.15 みかけ上θ傾斜した物体

この時、重力と加速度の合力 R は下記で表される。$\tan\theta$ が水平震度である。

$$R=\sqrt{(ma_h)^2+(mg)^2}=mg\sqrt{1+\left(\frac{a_h}{g}\right)^2} \quad \cdots\cdots\cdots 式2.2$$

$$\tan\theta=\frac{a_h}{g}=k_h（水平震度） \quad \cdots\cdots\cdots 式2.3$$

水平加速度 a_h、鉛直加速度 a_v が同時に作用する場合には、合震度は図2.16のように表される。

$$\tan\theta_1=\frac{ma_h}{mg+ma_v}$$
$$=\frac{\frac{a_h}{g}}{1-\frac{a_v}{g}}$$
$$=\frac{k_h}{1-k_v} \quad \cdots\cdots\cdots 式2.4$$

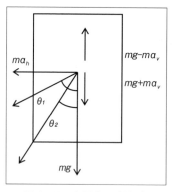

図2.16 合震度の考え方

$$\left.\begin{array}{c}\theta_1\\\theta_2\end{array}\right\}=\tan^{-1}\frac{k_h}{1\mp k_v} \quad \cdots\cdots\cdots 式2.5$$

$$k_0=\frac{k_h}{1\mp k_v}：合震度 \quad \cdots\cdots\cdots 式2.6$$

また、水中物体に水平、鉛直加速度が作用する場合には、水重量の影響もあり、下記のように水中合震度が得られる。

水中合震度：
$$k'_0 = \frac{k_h \gamma}{\gamma - \gamma_w(1-k_v) - k_v \gamma}$$
$$= \frac{\gamma}{\gamma - \gamma_w} \cdot \frac{k_h}{1-k_v} \quad \cdots\cdots\cdots\cdots\cdots\cdots\cdots 式2.7$$
$$= \frac{\gamma}{\gamma - \gamma_w} k_0$$

単位面積に働く浮力　　　　　： $\gamma_w(1-k_v)$
単位面積 γ の水中重量　　　　： $\gamma - \gamma_w(1-k_v)$
単位面積 γ に作用する地震力： $k_h \gamma, \; k_v \gamma$

3.4　1自由度系応答解析と設計応答スペクトル

図2.17のつりあい方程式は以下で表される。

$$m(\ddot{y}+\ddot{u}_g) + c\dot{y} + ky = 0 \quad \cdots\cdots\cdots\cdots\cdots\cdots\cdots 式2.8$$

$$m\ddot{y} + c\dot{y} + ky = -m\ddot{u}_g \quad \cdots\cdots\cdots\cdots\cdots\cdots\cdots 式2.9$$

$$\ddot{y} + 2hn\dot{y} + n^2 = -\ddot{u}_g \quad \cdots\cdots\cdots\cdots\cdots\cdots\cdots 式2.10$$

ここに、

$$h = \frac{c}{2\sqrt{mk}}, \; n = \sqrt{\frac{k}{m}} \quad \cdots\cdots\cdots\cdots\cdots\cdots\cdots 式2.11$$
　　減衰定数　固有振動数

外力が作用しない自由振動の場合、$\ddot{y}+2hn\dot{y}+n^2 y=0$ の解は以下のように示せる。

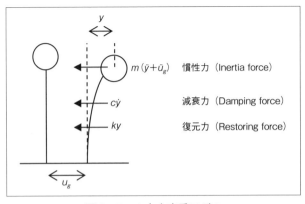

図2.17　1自由度系モデル

$$y = e^{-hnt}(A\cos n_d t + B\sin n_d t)$$
$$n_d = n\sqrt{1-h^2}$$
······································· 式2.12

初期条件が、$t=0$, $y=0$, $\dot{y}=v_0$ の場合、A、Bは下記で求められ、y は下式となる。

$$A = 0, \quad B = \frac{v_0}{n_d}$$
$$y = \frac{v_0}{n_d} e^{-hnt} \sin n_d t$$
······································· 式2.13

次に、図2.18に示される任意の時刻歴地震動 $\ddot{u}_g$ が作用する場合、微小時間 Δt の運動量の変化は、力積 mv に等しく、下式が成立する。

$$mv = F\Delta t$$

衝撃を受けた場合、$t = 0$ 以後は初期条件が

$$x(0) = 0$$
$$\dot{x}(0) = \frac{I(=F\Delta t)}{m}$$

の自由振動となる。自由振動の解は式2.13で初速度 v_0 を代入すればよい。この解は衝撃力を受けた場合の1質点系の応答（response）である。

図2.18に示すように、$t = \tau$ で、$d\tau$ 時間に $\ddot{u}_g(\tau)$ の加速度が作用する場合、次式が成立する。

$$mv = \ddot{u}_g(\tau) d\tau$$
$$v = \frac{\ddot{u}_g(\tau) d\tau}{m}$$

$t=\tau$ の時間での応答は

$$y = \frac{\ddot{u}_g(\tau) d\tau}{m n_d} e^{-hn(t-\tau)} \sin n_d(t-\tau)$$

$0 \sim t$ までの作用加速度による応答は下式である

$$y = \frac{1}{mn_d} \int_0^t \ddot{u}g(\tau) e^{-hn(t-\tau)} \sin n_d(t-\tau) d\tau$$
······················· 式2.14

式2.14は合成積分またはデュアメル積分と呼ばれる。入力加速度、減衰定数、周期が与えられると、時刻歴応答が計算されて、その最大値が応答スペクトル値となる。横軸に周期、縦軸に最大値を示し、減衰定数をパラメーターとして描かれた図を応答スペクトル図と呼ぶ。速度応答スペクトル S_v は式2.15で与えられる。

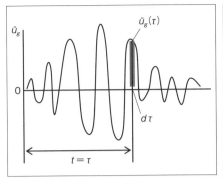

図2.18 入力加速度時刻歴と衝撃外力

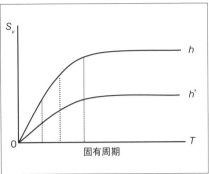

図2.19 設計速度応答スペクトル

$$y = \left[\frac{1}{m} \int_0^t \ddot{u}g(\tau) e^{-hn(t-\tau)} \sin n_d(t-\tau) d\tau \right]_{max} = S_v \quad \cdots\cdots\cdots\cdots \text{式 2.15}$$

S_v は入力加速度、減衰定数 h、周期 T が与えられると決定される（図2.19）。

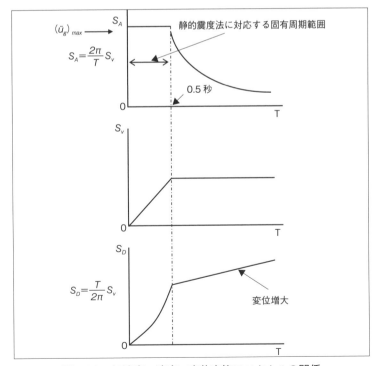

図2.20 加速度、速度、変位応答スペクトルの関係

また、変位応答スペクトル S_D、加速度応答スペクトル S_A については下式で得られる。

$$S_D = \frac{1}{n_d} S_v = \frac{T}{2\pi} S_v \quad \cdots\cdots\cdots\cdots\cdots\cdots\cdots\cdots\cdots\cdots\cdots\cdots\cdots\cdots \text{式2.16}$$

$$S_A = (\ddot{y} + \ddot{u}g)_{max} = \frac{2\pi}{T} S_v \quad \cdots\cdots\cdots\cdots\cdots\cdots\cdots\cdots\cdots\cdots\cdots\cdots \text{式2.17}$$

　加速度、速度、変位応答スペクトルの関係を図 2.20 に示す。$T = 0$ における加速度応答スペクトルの値は、入力加速度の最大値に相当する。周期 0.5 秒程度までの加速度応答スペクトルはほぼ同値となり、3.3 で述べたように、入力最大加速度が物体に直接作用する静的震度法の考え方と同様である。各応答スペクトルの値は、周期 T が無限大に近づく時は、計算式からも知られるように、加速度応答スペクトルは 0、速度および変位応答スペクトルは入力地震動の最大値に漸近する。

　地中管路設計に用いられる速度応答スペクトルは、長周期では一定値が与えられているが、どの周期域で一定値を与えるかは課題が残されている。

〈 参 考 文 献 〉

1）㈳日本ガス協会・ガス工作物等技術基準調査委員会：高圧ガス導管耐震設計指針 JGA 指 -209-03、2004 年 3 月
2）㈳日本道路協会：道路橋示方書・同解説、Ⅴ 耐震設計編、平成 24（2012）年
3）土木技術資料：土木技術講座、土木構造物の設計地震動、49-10、2007 年
4）高田至郎：地震工学講義ノート、神戸大学工学部、1998 年
5）高田至郎：ライフライン地震工学、共立出版、1991 年 3 月

第3章
耐震設計基準の源流

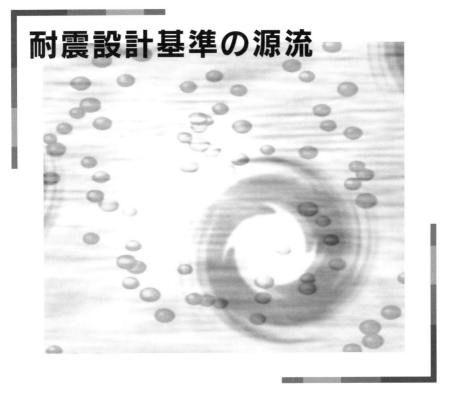

第3章
耐震設計基準の源流

1 ASCE 地下鉄の耐震設計（1969年、米国BARTトンネル）

　T.R.Kuesel は、米国サンフランシスコの BART（Bay Area Rapid Transit）トンネル内を走行する地下鉄の地震時安全性を検討する論文を 1996 年の米国土木学会ジャーナルに発表した[1]。本論文が地下構造物の耐震設計にかかわる世界初の設計基準である。経験に基づいた取り扱いで、簡易な耐震設計基準であり、精緻な科学的検証に基づいたものではないことを論文中に述べている。すなわち、地下構造物は、地上構造物とは異なり、周辺地盤の地震時変位・変形に左右されることを前提としているが、それを理論的に証明しているわけではなく、過去の地震時の地下構造物の挙動と FEM 計算から推定して変位法を比較して基準を提案したと述べている。また、地盤の変位とは、断層運動、液状化、地すべり、その他の地震時地盤の不安定現象を含むが、提案設計基準の考え方は、地盤の破壊現象は含まず、波動伝播を基本としている。基盤から入射したせん断波が地表面に伝播する波動の変形を図 3.1 に示している。

　設計変位振幅は図 3.2 に示す変位スペクトルを用いている[2]。BART トンネ

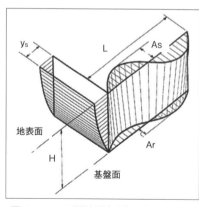

図 3.1　せん断波動伝播と表層の変形

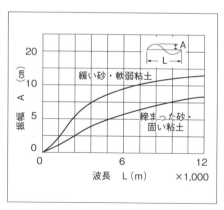

図 3.2　変位応答スペクトル

40

ルの設計にあたっては、入力地震加速度 0.33g、浅埋設部（70ft 以下）では上載荷重 0.33g、深埋設部では 0.5g を採用している。なお、エルセントロ地震波の最大加速度値は 0.33g である。また、設計では、自然地盤と埋戻し土の影響を考慮すべきことを提案している。

図 3.3 の表層地盤に、伝播する地震波が図 3.4 で表される時、最大の傾斜率は下記となる。

$$\frac{\frac{\pi}{2} \cdot \frac{2\pi A}{L}}{\frac{L}{4}} = \frac{4\pi^2 A}{L^2} \quad \cdots\cdots\cdots\cdots\cdots\cdots\cdots\cdots\cdots\cdots\cdots\cdots\cdots \text{式 3.1}$$

波動の伝播方向とトンネルの長手方向交差角が図 3.5 の関係にある時、トンネルの軸方向伸び ε_s は下式となる。

$$\varepsilon_s = \frac{\left(\frac{\pi}{2}\right)(A\sin\phi)}{\frac{L}{4\cos\phi}} = \frac{2\pi A}{L}\sin\phi\cos\phi \quad \cdots\cdots\cdots\cdots\cdots\cdots \text{式 3.2}$$

一方、図 3.6 を参照して、曲率半径 R および曲率 ε_b は下式となる。

$$R = \frac{\left(\frac{L}{\cos\psi}\right)^2}{4\pi^2 A\cos\psi} = \frac{L^2}{4\pi^2 A\cos^3\psi} \quad \cdots\cdots\cdots\cdots\cdots\cdots\cdots \text{式 3.3}$$

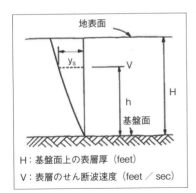

図 3.3　表層地盤モデル

H：基盤面上の表層厚（feet）
V：表層のせん断波速度（feet／sec）

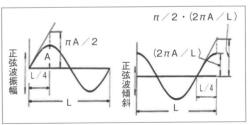

図 3.4　伝播正弦波動と傾斜率

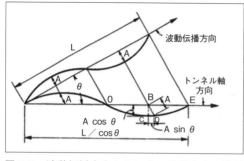

図 3.5 波動伝播方向とトンネル長手方向の関係

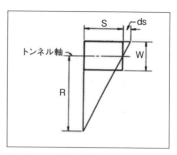

図 3.6 波動伝播によって
トンネルに生じる曲率

$$\varepsilon_b = \frac{ds}{s} = \frac{W}{2R} = \frac{\pi^2 A}{3L} \cdot \cos^2 \psi \quad \cdots\cdots\cdots\cdots\cdots\cdots\cdots\cdots\cdots\cdots\cdots 式 3.4$$

したがって、伸びと曲げによるトンネル軸方向のひずみεは下式で表される。

$$\varepsilon = \frac{\pi A}{L} \left[(2\sin\psi \cos\psi) + \left(\frac{\pi}{3} \cos^2 \psi\right) \right] \cdots\cdots\cdots\cdots\cdots\cdots 式 3.5$$

上式の [ ] 内は$\psi=32°$の時に最大値を取り、値は1.67である。したがって、トンネルの最大ひずみは下式で表される。

$$\varepsilon_{max} = 1.67 \frac{\pi A}{L} \cong \frac{5.2 A}{L} \quad \cdots\cdots\cdots\cdots\cdots\cdots\cdots\cdots\cdots\cdots\cdots\cdots 式 3.6$$

なお、45度入射の場合には伸縮ひずみは$\pi A / L$となる。上記の基本的な考え方が、次節で述べる日本の石油パイプライン技術基準(案)[3]に取り入れられている。本論文では、BARTトンネルのフレーム解析から、トンネルのせん断変形についても下記の設計簡易式を与えている。

$$\frac{y_s}{h} = \frac{5}{2} \frac{H}{V^2} \quad \cdots\cdots\cdots\cdots\cdots\cdots\cdots\cdots\cdots\cdots\cdots\cdots\cdots\cdots\cdots\cdots 式 3.7$$

ここに、y_sは地盤変位(feet)、hは基盤からの高さ(feet)、Hは地表面から基盤面までの深さ(feet)、Vは波動伝播速度(feet／sec)である。

2　石油パイプライン技術基準（案）（1974年、日本道路協会）[3]

昭和49年（1974年）3月に日本道路協会から提案されている。昭和47年に「導管」、昭和48年に「さや管」について技術基準を検討して、昭和49年に本基準が設けられた。東京国際空港の建設に伴う新しい輸送手段としての石油パイプラインに対して、米国BARTトンネルの基準などを参考として、我が国で初めて設けられた地中管路に対する耐震基準である。その後、今日に至るまで、日本の各種地中管路の耐震技術基準の基礎となっている。地震関係については、地震対策分科会（大久保忠良委員長）で審議されている。本稿では耐震設計の要点について述べる。

2.1　作用荷重

導管の設計には下記の荷重を考慮している。

1．内圧、2．土圧、3．自動車荷重、4．輸送石油の重量、5．導管および付属物の重量、6．風荷重、7．雪荷重、8．温度変化の影響、9．地震の影響、10．設置時における荷重の影響、11．他工事による影響、12．その他（振動・衝突等）

2.2　地震荷重

図3.7に示すように、石油パイプラインには、a．慣性力および動水圧を考慮

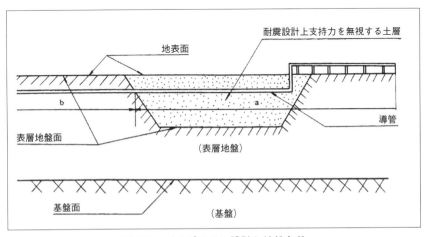

図3.7　パイプライン設計と地盤条件

する管路部分と、b．地盤の変位を考慮する管路部分、に分かれる。耐震設計上支持力を無視する土層は下記の2種である。

① 流動化する恐れのある砂質土層（地表面から深さ10mより浅い所にある飽和砂質土層で、N値が10以下、均等係数が6以下で、かつ粒径加積曲線のD_{20}が0.04～0.5mm区間にあるもの）。なお、D_{20}が0.004～1.2mm区間でも流動化の可能性があるので注意を要する。

② 軟弱な粘性土層およびシルト質土層（地表面から深さ3m以内にある粘性土層およびシルト質土層で、一軸圧縮試験または現位置試験により推定される圧縮強度が0.2kg／cm^{2}以下のごく軟弱な土層）。

石油パイプラインの耐震設計手順は下記による。

① 設計基盤面における水平震度K_{0h}は下記で求め、鉛直震度は、その1／2である。v_1、v_2は、それぞれ地域別補正係数、土地利用区分別補正係数である。

$$K_{0h}=0.15v_1v_2 \quad \cdots\cdots\cdots\cdots\cdots\cdots\cdots\cdots\cdots\cdots\cdots\cdots\cdots\cdots \text{式3.8}$$

② 設計震度k_hは次式で求め、鉛直震度は、その1／2である。v_3は地盤別補正係数である。

$$k_h=v_3k_{0h} \quad \cdots\cdots\cdots\cdots\cdots\cdots\cdots\cdots\cdots\cdots\cdots\cdots\cdots\cdots\cdots\cdots \text{式3.9}$$

上記補正係数v_1、v_2およびv_3の数値を表3.1、表3.2、表3.3に示す。

③ 地震動による慣性力は、導管および石油自重に震度を乗じて求められ、水平2成分および鉛直に作用させる。

④ 地震動による水平および鉛直動水圧P_{W1}、P_{W2}は次式で求める。γ_wは水の単位体積重量または支持力を無視する土層の湿潤単位体積重量である。Dは管路口径である。

$$P_{w1}=0.785k_h\gamma_wD^2 \quad \cdots\cdots\cdots\cdots\cdots\cdots\cdots\cdots\cdots\cdots\cdots\cdots \text{式3.10}$$

表3.1　v_1の値（地域別補正係数）

地域区分	地域別補正係数
A 地域※	1.00
B 〃 ※	0.85
C 〃 ※	0.70

※A～Cの地域区分は図3.20を参照

表3.2　v_2の値（土地利用区分別補正係数）

土地利用区分	土地利用区分別補正係数
山林原野	0.80
山林原野以外の区域	1.00

表 3.3　v_3 の値（地盤別補正係数）

導管が設置される地盤の種別	地盤別補正係数
第三紀以前の地盤（以下この表において「岩盤」という）または岩盤までの洪積層の厚さが 10 m 未満の地盤	1.20
岩盤までの洪積層の厚さが 10 m 以上の地盤または岩盤までの沖積層の厚さが 10 m 未満の地盤	1.33
岩盤までの沖積層の厚さが 10 m 以上 25 m 未満であって、かつ、耐震設計上支持力を無視する必要があると認められる土層の厚さが 5 m 未満の地盤	1.47
その他の地盤	1.60

$$P_{w2} = 0.785 k_v \gamma_w D^2 \quad \cdots\cdots\cdots\cdots\cdots\cdots\cdots\cdots\text{式 3.11}$$

⑤　表層地盤の固有周期 T は式 3.12 で求められる。ここに、C は 4.0（粘性土表層地盤）で 1／4 波長則に従うが、砂質土では 5.2 としている。表層地盤の深い位置で波速度が増加する場合には C は大きくなる。

$$T = C \frac{H}{V_s} \quad \cdots\cdots\cdots\cdots\cdots\cdots\cdots\cdots\cdots\cdots\text{式 3.12}$$

⑥　表層地盤の水平変位振幅 U_h は次式で求める。ここに S_v は図 3.8 に示す値である。また、K_{0h} は設計基盤面における水平震度である。

$$U_h = 0.203\ T \cdot S_v \cdot K_{0h} \quad \cdots\cdots\cdots\cdots\cdots\cdots\cdots\text{式 3.13}$$

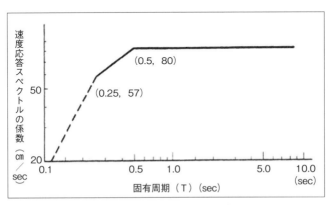

図 3.8　単位震度あたりの設計速度応答スペクトル

⑦　地震時の土圧 W_s は、下記の式 3.14 で求めて、杭等で支持された導管に作用する土圧は式 3.15 で求める。

$$W_s = \gamma_s \cdot h \cdot D \cdot (1+k_v) \quad \cdots \cdots \text{式 3.14}$$

$$W_s = \frac{\left(e^{\kappa \frac{h}{D}} - 1\right)}{K} \cdot \gamma_s \cdot D^2 \cdot (1+k_v) \quad \cdots \cdots \text{式 3.15}$$

ここに、K は砂質土で 0.4、粘性土で 0.8 である。

ここで、式 3.13 で示される水平変位振幅について、地震対策小委員会で検討され、誘導された算定式に説明を加える。

図 3.9 に示すように、横断面積 A、せん断剛性 G、単位体積重量 γ の微小体が x 軸と直角方向にせん断振動を起こす場合を考える。せん断変形 u が生じる時に、微小域 δx におけるせん断応力と慣性力とのつりあいから dx 部分の運動方程式は次式のように表せる。

$$\frac{\gamma A}{g} \frac{\partial^2 u}{\partial t^2} = \frac{\partial}{\partial x}\left(GA \frac{\partial u}{\partial x}\right) \quad \cdots \cdots \text{式 3.16}$$

振動の微分方程式は式 3.17 のようになる。

$$\frac{\partial^2 u}{\partial t^2} = v_s^2 \frac{\partial^2 u}{\partial x^2}, \quad v_s = \sqrt{\frac{G}{\rho}} \quad \cdots \cdots \text{式 3.17}$$

ρ は土の密度である。

X のみの関数と t のみの関数の積で表せるとして変数分離を行う。

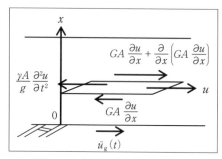

図 3.9　表層地盤のせん断振動

$u = X(x)\sin nt$ を代入

$$\therefore \frac{d^2 X}{dx^2} + \left(\frac{n}{v_s}\right)^2 X = 0 \qquad \text{式 3.18}$$

$$\therefore X = C_1 \sin \frac{n}{v_s} x + C_2 \cos \frac{n}{v_s} x \qquad \text{式 3.19}$$

境界条件は下記の通りである。

$$\begin{aligned} &x = 0 \ : \ u = 0, \ \text{ゆえに} \ C_2 = 0 \\ &x = h, \ G\frac{\partial u}{\partial x} = 0 \end{aligned} \qquad \text{式 3.20}$$

境界条件を入れると下記の条件を満足する必要がある。

$$\frac{n}{v_s} C_1 \cos \frac{n_j h}{v_s} = 0 \qquad \text{式 3.21}$$

これより

$$\frac{n_j h}{v_s} = (2j-1)\frac{\pi}{2} \quad (j = 1,2,3,\cdots) \qquad \text{式 3.22}$$

固有振動数および固有振動形は次式で得られる。

$$n_j = (2j-1)\frac{\pi v_s}{2h} \qquad \text{式 3.23}$$

$$X = C\sin\frac{(2j-1)\pi v_s}{2h} \qquad \text{式 3.24}$$

境界条件を満足する解は次式である。

$$u = \sum_{j=1}^{\infty} C_j \sin\frac{n_j}{v_s} x \sin n_j t \quad \text{(自由振動の解)} \qquad \text{式 3.25}$$

$$= \sum_{j=1}^{\infty} C_j \phi_j(x) \sin n_j t \qquad \text{式 3.26}$$

強制振動の時は、地震動変位 u_g を考慮して次式が得られる。

$$\frac{\gamma A}{g}\frac{\partial^2 (u_g+u)}{\partial t^2}=\frac{\partial}{\partial x}\left(GA\frac{\partial u}{\partial x}\right)$$

$$\frac{\gamma A}{g}\frac{\partial^2 u}{\partial t^2}-GA\frac{\partial^2 u}{\partial x}=\frac{\gamma A}{g}\frac{\partial^2 u_g}{\partial t^2} \quad \cdots\cdots\cdots\cdots\cdots\cdots 式3.27$$

$$\frac{\partial^2 u}{\partial t^2}-\frac{1}{v_s^2}\frac{\partial^2 u}{\partial x}=-\ddot{u}_g$$

せん断変形 u は X と T の独立した関数の積で表現される。

$$u=\sum_{j=1}^{\infty}\phi_j(x)Q_j(t) \quad \cdots\cdots\cdots\cdots\cdots\cdots\cdots 式3.28$$

$$n_j^2\phi_j=v_s^2\frac{d^2\phi_j}{dx^2} \quad \cdots\cdots\cdots\cdots\cdots\cdots\cdots\cdots 式3.29$$

$$\phi_1\frac{d^2Q_1}{dt^2}+\phi_2\frac{dQ_2}{dt^2}+\cdots=\frac{1}{v_s^2}\left(\frac{d^2\phi_1}{dx^2}Q_1+\frac{d^2\phi_2}{dx^2}Q_2+\cdots\right)-\ddot{u}_g \quad \cdots\cdots 式3.30$$

$$=-(n_1^2\phi_1Q_1+n_2^2\phi_2Q_2+\cdots)-\ddot{u}_g$$

$$\int_0^h\phi_1\frac{d^2Q_1}{dt^2}\phi_jdx+\int_0^h\phi_2\frac{d^2Q_2}{dt^2}\phi_jdx+\cdots+\int_0^h\phi_j\frac{d^2Q_j}{dt^2}\phi_jdx+\cdots$$

$$=-n_1^2Q_1\int_0^h\phi_1\phi_jdx-n_2^2Q_2\int_0^h\phi_2\phi_jdx+\cdots+-n_j^2Q_j\int_0^h\phi_j\phi_jdx+-\ddot{u}_g\int_0^h\phi_jdx$$

$$\cdots\cdots\cdots\cdots\cdots\cdots 式3.31$$

$$\int_0^h\phi_i\phi_jdx=0\;(i\neq j)$$
$$=A\;(i=j)$$
（直交関数）

ϕ_i が直交関数である時、$i=j$ の時のみ値をもち、$i\neq j$ の時は0となる。たとえば、三角関数は直交関数であり下記のように計算される。

$$\int_0^h\sin\frac{(2j-1)\pi x}{v_s}\sin\frac{(2j-1)\pi x}{v_s}dx=\int_0^h\frac{1-\cos\frac{2(2j-1)\pi x}{v_s}}{2} \quad \cdots 式3.32$$

$$=\frac{1}{2}h+\sin\frac{(2j-1)\pi h}{v_s}$$

$$\frac{d^2Q_j}{dt^2} + n_j^2 Q_j = -\frac{\int_0^h \phi_j dx}{\int_0^h \phi_j^2 dx} \ddot{u}_g \quad \cdots\cdots\cdots 式3.33$$

上式は1自由度系の強制振動の解と同じである。

上記のような解析法は、モーダルアナリシス（振動形解析法）と呼ばれる。

$$\therefore \frac{d^2Q_j}{dt^2} + n_j^2 Q_j = -\frac{\int_0^h \phi_j dx}{\int_0^h \phi_j^2 dx} \cdot \ddot{u}_g = -\mu_j \ddot{u}_g \quad \cdots\cdots\cdots 式3.34$$

μ_j：刺激係数

式3.34の解は、任意の時間関数 $\ddot{u}_g(t)$ に対してデュアメル積分法を用いて下記のように解が得られる。

$$\begin{aligned} u &= -\sum_{j=1}^{\infty} \frac{\mu_j \phi_j}{n_j} \int_0^t \ddot{u}_g(\tau) e^{-h_j n_j(t-\tau)} \sin n_j(t-\tau) d\tau \\ &= -\sum_{j=1}^{\infty} \frac{\mu_j \phi_j}{n_j} S_v^j \end{aligned} \quad \cdots\cdots 式3.35$$

ここに、

$$S_v^i = \left(\int_0^t \ddot{u}_g(\tau) e^{-h_j n_j(t-\tau)} \sin n_j(t-\tau) d\tau \right)_{(時間tの最大値)} \quad \cdots\cdots 式3.36$$

1次モード（$j=1$）のみを考慮し、$T = 4h / V_s$、$\mu_1 = \pi / 4$、震度 k_{0h} を考慮すると

$$u_s = \frac{2}{\pi^2} T k_{0h} S_v$$

となって、石油パイプライン技術基準（案）[3]で与えられている式3.13が得られる。S_v は速度応答スペクトルである。

2.3 導管に作用する応力の算定

① 導管が地上部あるいは支持力を無視する地盤に埋設されている場合は、導管をはり、または棒とみなして慣性力および動水圧を作用させて管応力を求める。
② 表層地盤面内に埋設される場合には次式で管応力度を求める。

49

$$\sigma_{1e} = \sqrt{3.12 \cdot \sigma_L{}^2 + \sigma_B{}^2} \quad \cdots\cdots\cdots\cdots\cdots\cdots\cdots\cdots\cdots\cdots\cdots\cdots\cdots\cdots\cdots \text{式 3.37}$$

ここに

σ_{1e}：地盤の変位によって導管に生じる軸方向応力度（kg／cm^2）

$$\sigma_L = \frac{3.14 \cdot U_h \cdot E}{L} \cdot \frac{1}{1+\left(\dfrac{4.44}{\lambda_1 \cdot L}\right)^2} \quad \cdots\cdots\cdots\cdots\cdots\cdots\cdots\cdots \text{式 3.38}$$

$$\sigma_B = \frac{19.72 \cdot D \cdot U_h \cdot E}{L^2} \cdot \frac{1}{1+\left(\dfrac{6.28}{\lambda_2 \cdot L}\right)^4} \quad \cdots\cdots\cdots\cdots\cdots \text{式 3.39}$$

上式の 4.44 は $\sqrt{2}\pi$、6.28 は 2π、19.72 は $2\pi^2$ である。

ここに

U_h：表層地盤面の水平変位振幅（cm）

　　式 3.13 に規定

E：導管のヤング係数（kg／cm^2）

L：表層地盤の地表面近傍における地震動の波長（cm）

D：導管の外径（cm）

$$\lambda_1 = \sqrt{\frac{K_1}{E \cdot A_p}} \quad \cdots\cdots\cdots\cdots\cdots\cdots\cdots\cdots\cdots\cdots\cdots\cdots\cdots\cdots\cdots\cdots\cdots\cdots \text{式 3.40}$$

$$\lambda_2 = \sqrt{\frac{K_2}{E \cdot I_p}} \quad \cdots\cdots\cdots\cdots\cdots\cdots\cdots\cdots\cdots\cdots\cdots\cdots\cdots\cdots\cdots\cdots\cdots\cdots \text{式 3.41}$$

K_1：軸方向の変位に関する地盤の剛性係数（kg／cm^2）

K_2：軸直角方向の変位に関する地盤の剛性係数（kg／cm^2）

A_p：導管の断面積（cm^2）

I_p：導管の断面二次モーメント（cm^4）

$$L = \frac{2 \cdot L_1 \cdot L_2}{L_1 + L_2} \quad \cdots\cdots\cdots\cdots\cdots\cdots\cdots\cdots\cdots\cdots\cdots\cdots\cdots\cdots\cdots\cdots \text{式 3.42}$$

ここに

$L_1 = T \cdot V_s$

$L_2 = T \cdot V_{os}$

第3章　耐震設計基準の源流

T　：表層地盤の固有周期
V_s　：表層地盤のせん断弾性波速度
V_{os}　：基盤面のせん断弾性波速度で実測によるのを原則とする（板たたき法等通常の弾性波探査による場合でも実測値そのものでよい）。またＮ値から推定する場合は $V_{os} = 40 \cdot 10^2 \cdot \sqrt{N_0}$（cm／sec）（$N_0$ は基盤面のＮ値）とする。

λ_1 および λ_2 の計算に用いる K_1 および K_2 は、次の式により求めるのを原則とする。

$$K_1 = K_2 = 3 \cdot \frac{\gamma_s}{g} \cdot V_s^2 \qquad \text{式 3.43}$$

ここに
γ_s　：土の湿潤単位体積重量（kg／cm³）
V_s　：導管位置での表層地盤のせん断弾性波速度（cm／sec）
g　：重力の加速度（980cm／sec²）

　式 3.37 は下記の仮定により導かれている。導管に対して、図 3.10 に示すように、せん断波 $U = A\sin(2\pi\cos\phi \cdot x／L)$ が x' 軸の方向より入射すると考える。その時、管路軸 x とのなす角は 45 度であり、その管路軸 U_A、直交成分 U_T は図 3.10 のようになる。図 3.11 に示すように、水平面内では３方向（水平２成分、管路軸１成分）、鉛直面内２方向から入射する５成分の入射波を考慮している。面内では水平 a_h と鉛直波 a_v の振幅平均で、鉛直成分は水平成分の１／２とすれば、５成分による合成波振幅は、図 3.11 に示すように $3.12a_h^2$ となる。式 3.37 の σ_L の係数を意味している。管路に５成分のせん断波を考えることは過大ではないかとの議論が多く行われてきた。今日の水道施設耐震工法指針・解説（2009）[18] では 3.12 の係数の代わりに、γ で与えられ、1.0 ～ 3.12 の係数が選択できるようになっている。また、ガス導管耐震設計指針（1982）[10] では、管路軸方向のみに入力する地震波を考慮している。また一方、この地震波がせん断波なのか、表面波なのかも議論されてきた。管路発生ひずみを求める際の、地震波の波速が異なるためである。石油パイプライン技術基準（案）[3] では、明らかにせん断波である。式 3.42 に示す値は、下記の調和平均波長として、基盤、表層

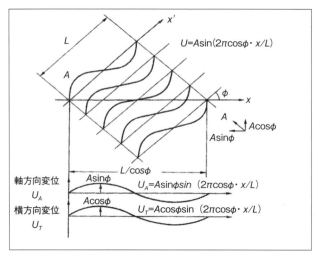

図 3.10　地震波の入射方向と配管方向

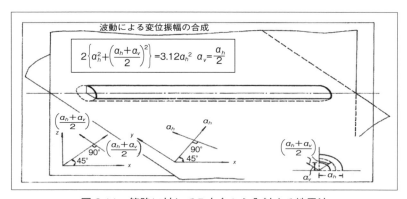

図 3.11　管路に対して 5 方向から入射する地震波

地盤内の波長を平均している。

$$\frac{1}{L} = \frac{1}{2}\left(\frac{1}{L_1} + \frac{1}{L_2}\right) \quad \cdots\cdots\cdots 式3.44$$

また、式 3.43 の地盤剛性係数については、軸方向、軸直交方向で同じ値となっているが、地盤拘束力と地盤剛性係数の関係は、おおむね図 3.12 のようである。

図 3.12 の左図は軸方向拘束力と地盤剛性係数の関係である。

$$K_1 = \pi \cdot D \cdot \tau \quad \cdots\cdots\cdots 式3.45$$

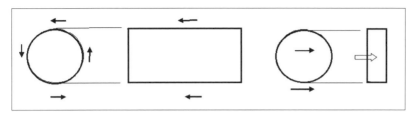

図 3.12　地盤ばね定数の考え方

図 3.12 の右図は軸直交地盤拘束力と地盤剛性係数の関係である。

$$K_2 = \sigma \cdot D \qquad \text{式 3.46}$$

通常、軸直交方向の σ は軸方向の値の 3 倍程度であるので、K_1 と K_2 は同程度の値となる。

2.4　地震時の荷重組合せと許容応力度

① 荷重の組合せ

円周方向応力度算定は交通解放時には、鉛直土圧、自動車荷重、内圧、地震荷重を考慮する。軸方向応力度算定では、円周方向応力算定と同様であるが、鉛直荷重は考慮しない。

② 許容応力の割り増しは**表 3.4** に示す通りである。

許容応力の割り増しは主荷重と従荷重で決められるが、地震荷重が従荷重となる場合は、70%の割り増しである。

表 3.4　許容値の割り増し

		割増率
1	主荷重と風荷重	1.25
2	主荷重と雪荷重	1.25
3	主荷重と温度変化の影響	1.25
4	主荷重と地震の影響	1.70
5	主荷重と他工事の影響	1.50
6	主荷重と設置時の影響	1.80

2.5 地震時の保安管理

地震時の保安措置として下記が設定されている。
① 40gal以上を感知した場合は圧送機、緊急遮断弁、巡回に適切な措置が講じられるように警報を発する
② 80galを超えた場合には、上記装置を閉鎖する。
③ 震度階Ⅳの情報を得た場合には、上記①あるいは②の措置を講じる。
④ 震度階Ⅴの情報を得た場合には、上記②の措置を講じる。
⑤ ①〜④の措置を講じた場合、巡回点検措置を行う。
⑥ 漏えい、その他の異常がないことを確認して送油する。
⑦ 緊急送油が必要な場合は、暫定耐圧試験を行い、常用圧力の90％以下、試験圧力の1／1.5の圧力で送油する。

3 沈埋トンネル耐震設計指針（案）（1976年、土木学会）[4]

3.1 指針の背景

首都高速道路協会委員会でも昭和44〜45年（1969〜1970年）に沈埋トンネルの耐震設計の検討を進めていたが、本指針は昭和50年（1975年）3月に土木学会より刊行された。沈埋トンネル耐震設計研究委員会（岡本舜三委員長）の検討結果をまとめたものである。当時、沈埋トンネル建設は世界でも建設がスタートしたばかりであり、カナダのデーズトンネル、米国のBARTトンネルが独自の耐震検討を加えていた（BART基準、ASCE1969）[1]。本指針ではトンネル部は変位スペクトルを用いた設計を提案している。現在の地中管耐震設計法である応答変位法の基礎となる考え方である。図3.2にBART変位スペクトルを示している。

BARTと同様の波長−変位スペクトルを作成したものが図3.13である[5]。当時の土木研究所の変位応答スペクトル（図3.14）から、東京湾の地盤特性から周期を仮定して得られたものである。BARTスペクトルの変位は極めて小さく、日本の地盤特性に合わせたスペクトルの必要性を強調している。

沈埋トンネル耐震設計指針では、1．総則、2．調査、3．耐震設計、4．動的解析、5．地震時保安管理より構成されている。とくに、2．調査 の項については、地質・地盤動、地質・地盤および土の諸定数、地盤震害、地盤安定、などについて入念な検討が記述されて、地中管路の耐震設計に地盤関与の重要性を示している。設計に用いる本指針の地盤定数の考え方については、本稿では第4章以降で述べることとし、3．耐震設計の考え方を主眼に記述する。

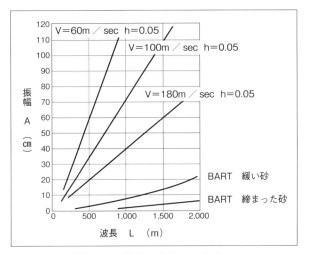

図 3.13　波長－変位スペクトル

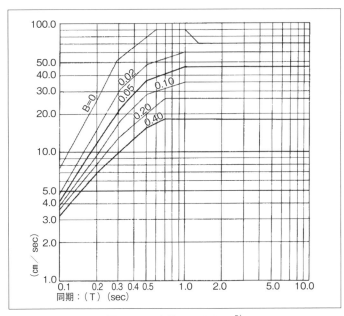

図 3.14　変位スペクトル[5)]

3.2　耐震設計フロー

図 3.15 には、沈埋トンネルの耐震設計フローを示す。沈埋トンネル部と換気塔部に分類されて、基本的に前者は変位法、後者は震度法適用となっている。ま

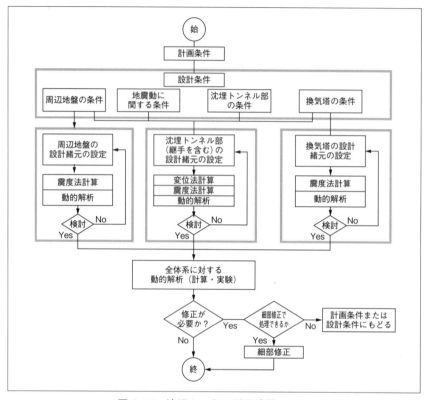

図 3.15 沈埋トンネル耐震設計フロー

た、地盤や構造の変化部に対しては、エレメント間の継手に注意し、耐震性や水密性の確保を要求するとともに、全体系の挙動を把握することを前提としている。

(1) 設計荷重と地震の影響

①死荷重、②土圧、③水圧、④浮力または揚圧力、⑤活荷重、⑥地盤沈下の影響、⑦温度変化の影響、⑧コンクリート乾燥収縮の影響、⑨その他（津波、波力、沈船、投走錨）を考慮している。

地震の影響は、①地盤または構造物の変位、②慣性力、③地震時土圧、④地震時動水圧、であり適宜、安全側を考慮して、荷重の組合せを考慮する。

(2) 設計地震力

図 3.16 には、地盤変位の考え方を示している。また、沈埋トンネルの軸線を

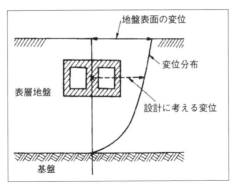

図3.16 地盤変位と沈埋トンネル横断部

含む水平面および鉛直面内の変位を考慮する。

慣性力算定における設計震度、動土圧、動水圧については、従来指針と大差はない。安全率は2.0程度を考慮することを推奨している。耐震設計上、せん断抵抗を無視する土層の判定は、石油パイプライン技術基準（案）[3]による判定と同様である。また、沈埋トンネルの長手方向の設計は、変位法に基づくが、横断方向については、当時では設計法が確立されていないとの観点から従来構造物と同様に震度法による設計となっている。

(3) 設計に考慮する地震動

下記の方法による。
① 実測による方法
② 応答スペクトルによる方法

水平変位は、石油パイプライン技術基準（案）[3]と同様次式による。

$$U_h = \frac{2}{\pi^2} S_v \cdot T \cdot A_{0h} \cdot \gamma_1 \quad \cdots\cdots\cdots\cdots\cdots\cdots\cdots\cdots\cdots\cdots\cdots 式3.47$$

U_h ：設計位置での水平地盤変位
S_v ：基盤での最大加速度1gあたりの応答速度。本値は図3.17あるいは図3.18で与えられる
T ：表層地盤の基本固有周期
A_{0h} ：基盤面での水平加速度

57

γ_1 :「施設の重要度別補正係数」で表3.5の通りである

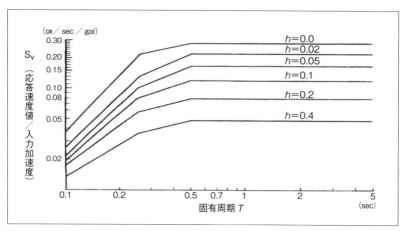

図 3.17　沈埋トンネル設計用1gあたりの速度応答スペクトル[6]

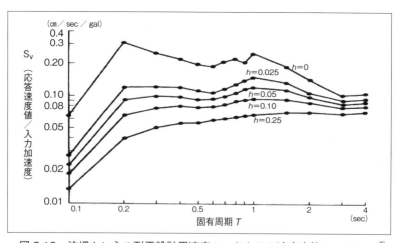

図 3.18　沈埋トンネル耐震設計用速度1gあたりの速度応答スペクトル[7]

表 3.5　重要度別補正係数

種別	γ_1
公共性の高いトンネル	1.0
その他	0.8

土木研究所スペクトルは岩盤上の地震記録より、また港湾技研スペクトルはＮ値 50 以上の岩盤上記録 60 成分から作成されている。固有周期は、地盤ひずみの大きさを考慮して定めるのが望ましい。また、鉛直変位振幅は水平の１／２〜１／４としている。さらに、式 3.48 の A_{0h} は

$$A_{0h} = \gamma_z \cdot A_0 \quad \cdots\cdots\cdots\cdots\cdots\cdots\cdots\cdots\cdots\cdots\cdots\cdots\cdots\cdots \text{式 3.48}$$

で、A_0 は設計基盤面での標準水平加速度に対応する震度で 100 〜 150gal 程度を想定している。

γ_z は地域別補正係数で、A（北海道南東、東北〜九州太平洋岸）：1.00、B（北海道西南、東北〜北陸、中国日本海岸）：0.85、C（北海道北部、中国・九州東シナ海岸）：0.70 である。

(4) 震度法に用いる設計震度

$$k_h = \gamma_z \cdot \gamma_1 \cdot \gamma_s \cdot k_{0h} \quad \cdots\cdots\cdots\cdots\cdots\cdots\cdots\cdots\cdots\cdots\cdots \text{式 3.49}$$

- k_h ：設計水平震度
- γ_z ：地域別補正係数
- γ_1 ：重要度補正係数
- γ_s ：地盤別補正係数
- k_{0h} ：設計震度の基準値（= 0.2）

地盤別補正係数は表 3.6 である。当時の道路橋示方書に従って 4 種類の地盤に区分している。

表 3.6　地盤別補正係数

区分	地盤種別	γ_z
1種	(1)第三紀以前の地盤 (2)岩盤までの洪積層の厚さが 10 m 未満	0.9
2種	(1)岩盤までの洪積層の厚さが 10 m 以上 (2)岩盤までの沖積層の厚さが 10 m 未満	1.0
3種	沖積層の厚さが 25 m 未満で かつ軟弱層の厚さが 5 m 未満	1.1
4種	上記以外の地盤	1.2

(5) 沈埋トンネル部の耐震計算法

沈埋トンネル部の耐震設計は変位法に基づいている。しかし、横断方向の断面設計および滑動の安定の検討は震度法を用いて行う。

地盤の変位あるいは地盤のひずみを用いて設計する必要があるが、十分な知見が得られていない当時の状況から判断して、設計においては地盤の変位を波動もしくは振動として取り扱うことを前提としている。

① 長手方向については、弾性床上のはり、または棒としてトンネル部の軸に沿う応力、変位を算定して、耐震設計を行う。
② 横断方向の設計は従来の震度法を用いて、地震時における慣性力・土圧・水圧の増加などからトンネル壁体の壁厚さ、などを検討する。
③ 滑動検討は、主働土圧、受働土圧、隣接断面から受けるせん断抵抗力を考慮して行う。
④ 浮上、沈下などは地盤の安定と施工の対策を合わせて検討する。

(6) 許容応力の割り増し

終局強度設計法に関する知見が十分でない当時においては、基本的に弾性設計に基づいて設計し、地震力の作用機会が稀であり、作用時間も短いことから地震時には、コンクリートや鉄筋の許容応力を表 3.7 によって、割り増している。鉄筋の常時の許容応力に対するひずみは 10^{-3} 程度であるので、地盤のひずみがそれ以上であることが事前に知られている場合には、継手等を用いることを推奨している。

表 3.7 許容応力の割り増し

荷重の組合せ	割増率
主荷重+地震の影響	50%
主荷重+温度変化の影響+乾燥収縮の影響+地震の影響	65%

3.3 動的解析モデル

本耐震設計指針では、トンネル全体系の動的解析の章を設定している。東京港沈埋トンネル設計時の動的解析モデルを図 3.19 に示す[5]。

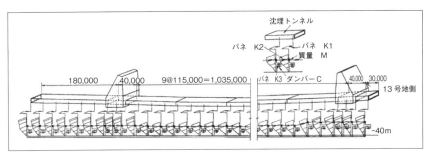

図 3.19　東京港沈埋トンネル軸方向の動的解析モデル例

4　地下埋設管路耐震継手の技術基準 （1977年、国土開発技術研究センター）[8]

　本基準は、昭和51年（1976）に国土開発技術研究開発センターに設置された埋設管路耐震継手技術委員会（久保慶三郎委員長）の成果を取りまとめたものである。日本水道協会、日本下水道協会、日本瓦斯協会、日本鋳鉄管協会、塩化ビニル管・継手協会、全国ヒューム管協会、強化プラスチック複合管協会、石綿管協会、全国陶管工業組合、管路メーカー、研究者、などが委員として参加している。本技術基準の"まえがき"では「未解決な問題も見受けられた。暫定的に規定した条項もあり、表現が抽象的になっている場合もある。……さらに研究を進め、内容の充実、改善に努める必要がある」と述べられている。しかし、約40年経過した今日においても、本基準は各管路の耐震設計に強い影響力を有している。

4.1　耐震設計の手順
　地中管路の耐震設計にあたっては下記の手順を推奨している。
① 配管ルートの選定
② 地震および地盤の調査
③ 想定する地震動
④ 耐震計算
⑤ 継手の選定

　想定する地震動については、建設省新耐震設計法（案）[9]によることとしている。

4.2 耐震計算

一般部分の耐震計算は変位法に基づいて地震時の地盤のひずみを算定して、管路の軸方向応力、継手伸縮量および継手屈曲角を計算する。

(1) 管軸方向応力

$$\sigma_L = a\xi \frac{\pi u E}{L} \quad \cdots\cdots\cdots\cdots\cdots\cdots\cdots\cdots\cdots\cdots\cdots\cdots\cdots\cdots\cdots \text{式 3.50}$$

ここに、
- σ_L ：管軸方向の地震時応力
- L ：表層地盤の地震動波長
- E ：管材の弾性係数

u は次式で与えられる。

$$u = \frac{2}{\pi^2} K_{HG} S_v T \cos\left(\frac{\pi h}{2H}\right) \quad \cdots\cdots\cdots\cdots\cdots\cdots\cdots\cdots\cdots \text{式 3.51}$$

K_{HG} は表層に作用させる標準水平震度で、図 3.20 に従い、表 3.8 の値である。

表 3.8　K_{HG} の値

地域区分	標準水平方向震度 K_{HG}
A	0.15
B	0.13
C	0.11

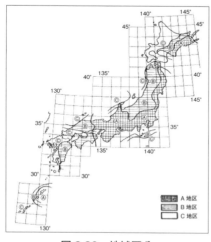

図 3.20　地域区分

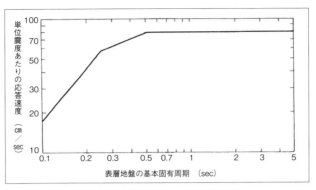

図 3.21 単位震度あたりの応答速度

式 3.51 において、

S_v : 図 3.21 に示す単位震度あたりの応答速度
T : 地盤のせん断ひずみの大きさを考慮して決められる表層地盤の固有周期で実測値を用いる
H : 表層地盤の厚さ
h : 地表面から管路の中心までの深さ

a は次式で決められる。

$$a = \frac{1}{1+\left(\frac{2\pi}{\lambda L'}\right)^2} \quad \cdots\cdots\cdots 式3.52$$

$$\lambda = \sqrt{\frac{K}{EA}} \quad \lambda' = \sqrt{2}\cdot L \quad \cdots\cdots\cdots 式3.53$$

K : 管軸方向の地盤の剛性係数（kg／cm^2）
EA : 管路の伸び剛性

式 3.50 における ξ は、継手における境界条件によって定まる補正係数である。継手の伸縮・可撓性が保持される場合には、次式で与えられる。

$$\xi(x) = \sqrt{\phi_1^2(x)+\phi_2^2(x)}\big/\bigl[\exp(\nu\lambda L')-\exp(-\nu\lambda L')\bigr] \quad \cdots\cdots 式3.54$$

ここに、

x ：一方の継手から管軸に沿って定義した座標軸（cm）

$\xi(x)$ ：x 点における補正係数

$$\begin{aligned}\phi_1(x) &= [\exp(-\nu\lambda L') - \cos(2\pi\nu)]\exp(\mu\lambda L') \\ &\quad - [\exp(\nu\lambda L') - \cos(2\pi\nu)]\exp(-\mu\lambda L') \\ &\quad + 2\sinh(\mu\lambda L')\cos(2\pi\mu) \\ \phi_2(x) &= 2\sin(2\pi\mu)\sinh(\mu\lambda L') - 2\sin(2\pi\mu)\sinh(\mu\lambda L')\end{aligned}$$ ········式3.55

$\nu = \ell / L'$

$\mu = x / L'$

ℓ：管長（cm）

なお、1例として、式3.55に $\lambda L'$ を50とした場合および100とした場合の補正係数 $\xi(x)$ を図3.22に示す。

上式で算定される応力は、表層地盤内の波動成分の向き、位相関係等を考慮して、適当な重畳を施すことができる。

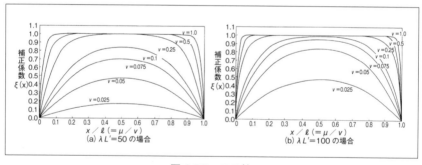

図3.22 ξ の値

(2) 継手伸縮量と屈曲角

継手伸縮量 e と屈曲角 θ は次式で計算される。

$$e = \ell \cdot \varepsilon$$ ···式3.56

$$\varepsilon = \gamma_1 \frac{\pi u}{L} \quad \text{あるいは} \quad \varepsilon = \frac{TA}{2\pi V}$$ ·····························式3.57

$$\theta = \gamma_2 \frac{2\pi u}{L} \quad \text{あるいは} \quad \varepsilon = \frac{\ell A}{V^2} \quad \cdots\cdots\cdots\cdots\cdots\cdots\cdots\cdots\cdots\cdots\cdots\cdots\cdots\cdots\text{式 3.58}$$

ここに、

- ℓ　：管長
- γ_1　：入力波動重畳を考慮する補正係数で 1.8 程度としている。本値は石油パイプライン技術基準（案）[3]における 5 波の軸方向応力の重畳係数と同等の $\sqrt{3.12} = 1.8$ を配慮したものである。式 3.57 第 2 項は、地表面近傍では加速度値 A より、地震波の伝播速度 V を用いて算定してもよいとしている
- γ_2　：表層地盤内の波動の向きや位相関係を考慮する補正係数で、$\sqrt{2}$ 程度としている。式 3.58 の第 2 項では、地表面付近では、加速度からの算定を認めている

(3) 特殊部分の耐震計算

　下記の管路布設や地盤状態に応じて、地震時の管路の挙動を算定して、一般部に加えて、管軸直交方向応力も計算することとしている。

① 異形管部
② 構造物との取り合い部
③ 表層厚さの変化部
④ 隣接地盤特性の変化部
⑤ 流動化，土構造物の崩壊などの地盤変状発生可能性のある場合には対策を講じる

4.3　管継手の耐震設計

(1) 継手の区分

　継手性能によって、(a)伸縮形耐震継手（表 3.9）と(b)屈曲形耐震継手（表 3.10）に分類している。いずれも、下記に示す離脱防止性能に相当する余裕長をもつ場合は、それぞれの類、級に該当する管路継手とみなしている。

(2) 伸縮形耐震継手

表 3.9　伸縮形耐震継手の分類と性能

項目	区分	継手の性能
伸縮性能	S-1 類	伸縮量 ± 0.01ℓ mm 以上
	S-2 類	〃　± 0.005ℓ mm 以上 ± 0.01ℓ mm 未満
	S-3 類	〃　± 0.005ℓ mm 未満
離脱防止性能	A 級	離脱防止抵抗力　0.3d Ton 以上
	B 級	〃　0.15d Ton 以上 0.3d Ton 未満
	C 級	〃　0.075d Ton 以上 0.15d Ton 未満
	D 級	〃　0.075d Ton 未満

※　表中の d：管外形（呼び径（mm）、ℓ：管1本の有効長（mm）
　　現行の単位表示では、A級の離脱防止阻止力は 3D kN となる。

(3) 屈曲形耐震継手

表 3.10　屈曲形耐震継手の分類と性能

項目	区分	継手の性能
屈曲性能	M-1 類	屈曲角度 ± 15° 以上
	M-2 類	〃　± 7.5° 以上 ± 15° 未満
	M-3 類	〃　± 7.5° 未満
離脱防止性能	A 級	離脱防止抵抗力　0.3d Ton 以上
	B 級	〃　0.15d Ton 以上 0.3d Ton 未満
	C 級	〃　0.075d Ton 以上 0.15d Ton 未満
	D 級	〃　0.075d Ton 未満

※　表中の性能基準は以下の通りである。
　　地盤歪吸収性能　S-1 類：1.0%　S-2 類：0.5％〜1.0%　S-3 類：0.5 % 未満
　　離脱防止性能　　100m 区間の管の周面摩擦力に耐えうる力（F）
　　　　　　　　　　A級：F 以上　　B級：0.5 F 〜 F　　C級：0.25 F 未満
　　屈曲性能Mの分類については、管製作の能力、地震時の最大屈曲角（数度）を勘案して設定されている。

たとえば、呼び径300mm管では、3D kN = 900kN である。一方、周辺摩擦力を、$F = \mu \pi D L$ で算定し、単位面積あたりの摩擦係数を 10kN／m² として、安全率2.0 を見込めば、100m 区間の摩擦力は、940kN である。単位面積あたりの摩擦力には地盤によって大きなばらつきがある。

5　一般（中・低圧）ガス導管耐震設計指針 （1982 年、日本ガス協会）[10]

1982年時点で定められたガス導管の指針は高圧ガス導管耐震設計指針と一般（中・低圧）ガス導管耐震設計指針[10]である（ガス導管専門委員会、久保慶三郎委員長）。その後、レベル1、レベル2の設計地震動の導入に伴い、2000年には

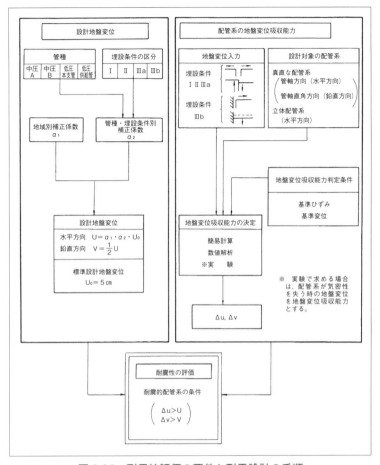

図 3.23　耐震性評価の要件と耐震設計の手順

高圧ガス導管耐震設計指針[11]が改訂された（ガス導管耐震設計改訂研究会、片山恒雄委員長）。また、中低圧ガス導管耐震設計指針[12]は1982年版に若干の修正がなされたが、大半は1982年版と同様である。そこで、本節では、1982年版一般（中・低圧）ガス導管耐震設計指針[10]について紹介し、高圧ガス導管耐震設計指針[11]については第4章、第5章で詳述する。

図 3.23には一般（中・低圧）ガス導管耐震設計指針[10]に示された耐震設計の手順を示している。

5.1 目的と適用範囲

本指針は、中圧および低圧のガス導管を設置する場合の耐震設計の技術指針を定めることにより、ガス導管の耐震性能の向上を図り、都市ガス供給および地域の安全を確保することを目的としている。

なお、中圧Aの大口径管であって、高圧導管に次いで供給上重要度の高いものについては高圧ガス導管耐震設計指針[11]による検討も併せて行い、参考とすることが望ましい。

5.2 耐震性評価法の手順

(1) 地盤変位

配管系のたわみ性を評価するために用いる設計地盤変位は次式で求める。

$$U = a_1 a_2 U_0 \quad \text{水平方向(管軸方向)} \quad \cdots\cdots\cdots\cdots\cdots\cdots\cdots\cdots \text{式 3.59}$$

$$V = \frac{1}{2} U \quad \text{鉛直方向(管軸直角方向)} \quad \cdots\cdots\cdots\cdots\cdots\cdots \text{式 3.60}$$

U_0 は標準設計地盤変位で 5.0(cm)と定める。

ここに、a_1 は地域別補正係数で表 3.11、図 3.24 より定める。

a_2 は管種と埋設条件の組合せにより定まる管種・埋設条件別補正係数で、表 3.12 より定める。

表 3.11 地域別補正係数(a_1)

地区区分	特A	A	B	C
a_1	1.0	0.8	0.6	0.4

※ 地域区分は図 3.24 による

表 3.12 管種・埋設条件別補正係数(a_2)

管種区分 \ 埋設条件区分	I	II	III
中圧A	0.0	1.3	1.8
中圧B	0.7	1.0	1.4
低圧本・支管	0.5	0.7	1.0
低圧供給管 内管	0.7	1.0	1.0

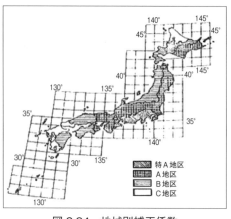

図 3.24 地域別補正係数

(2) 埋設条件の設定

埋設条件は導管が埋設される地域の全体的な地盤の状態および導管が埋設される場所の条件により分類された以下の区分に基づいて設定する。

Ⅰ 主として次の3つの地盤のいずれかにより構成されている地域もしくはそれらの地盤が混在している地域
　① 第三紀以前の地盤（以下、岩盤と称する）
　② 洪積層の地盤
　③ 沖積層の厚さが10 m未満または軟弱層の厚さが5 m未満の地盤

Ⅱ 主として10 m以上の沖積層もしくは5 m以上の軟弱層からなる地盤の地域

Ⅲ$_a$ 条件Ⅰに相当する地盤と条件Ⅱに相当する地盤とが相互に入り組み合い、あるいは混在している地域

Ⅲ$_b$ 条件Ⅱに相当する地盤の中に建設された堅固な構造物と地盤の境界部、その他明らかに不連続な変位が予想される場所

なお、Ⅲ$_a$とⅢ$_b$とに与えられる設計地盤変位は表3.13の埋設条件Ⅲにより共通の補正係数を用いて求める。ただし、配管系の地盤変位吸収能力の計算に用いる入力モデルは条件Ⅲ$_a$とⅢ$_b$とで異なる。

表3.13　第三紀以前の地盤（岩盤）

地質の分類		地層の例
第三紀層	新第三紀層	三浦層群、神戸層群、日南層群、御坂層群など
	古第三紀層	石狩層群、白水層群、御坂層群など
中生代層	白亜紀層	和泉層群、小仏層群、関門層群（硯石統）など
	ジュラ紀層	手取層群、鳥の巣層群など
	三畳紀層	美弥層群など
古生代層		秩父古生代層、秋吉台石灰岩層、青梅石灰岩盤層など

5.3 地盤変位吸収能力

(1) 評価手法

埋設条件Ⅰ、ⅡおよびⅢ$_a$におけるまっすぐな配管系の管軸方向地盤変位吸収能力Δuは、図3.25に示すように、地盤上の一点に集中するような地盤の変位入力が与えられた時に、配管系が吸収できる地盤変位としている。

埋設条件Ⅲ$_b$における一端が固定されたまっすぐな配管系の管軸方向地盤変位吸収能力は図3.26に示すように、構造物等と地盤の境界部において集中するよ

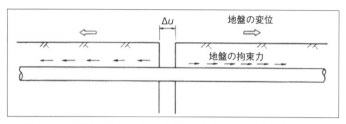

図3.25 埋設条件Ⅰ、ⅡおよびⅢ_aに適用する地盤変位入力

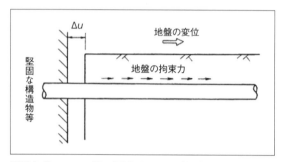

図3.26 埋設条件Ⅲ_bで一端が固定された配管系に適用する地盤変位入力

うな地盤の変位入力が与えられた時に、配管系が吸収できる地盤変位としている。

(2) 変位吸収能力の計算事例
(a) 事例1

埋設条件Ⅰ、ⅡおよびⅢ$_a$におけるまっすぐな配管系の管軸方向地盤変位吸収能力$\varDelta u$の評価例を以下に示す。

① 管軸方向に一様な断面剛性を有する配管系の場合
- 等価ヤング係数を用いる方法（ポリエチレン管など）

$$\varDelta u = \frac{A\bar{E}\varepsilon_0^2}{\pi D \tau} \quad \cdots\cdots\cdots\cdots\cdots\cdots\cdots\cdots\cdots\cdots\cdots\cdots\cdots\cdots\cdots\cdots \text{式 3.61}$$

ただし、
A：管の断面積 （cm²）
D：管の外径 （cm）
$\bar{E}$：管材料の等価ヤング係数（kgf／cm²）

$$
\left.\begin{array}{ll}
鋼管 & : \bar{E} = 3.0 \times 10^5 \\
\text{DCIP} & : \bar{E} = 3.0 \times 10^5 \\
\text{PE 管} & : \bar{E} = 3.0 \times 10^3
\end{array}\right\} \quad \cdots\cdots\cdots\cdots\cdots\cdots\cdots\cdots\cdots\cdots\cdots\cdots\text{式 3.62}
$$

τ：管軸方向地盤拘束力（kgf／cm^2）

（プラスチック被覆鋼管・PE 管・PVC 管：0.1、裸金属管：0.15）

② 管断面の引張荷重強さが局部的に小さくなっている配管系の場合（ねじ接合鋼管など）

$$
\Delta u = \frac{F^2}{\pi D \tau A E} \quad [cm] \quad \cdots\cdots\cdots\cdots\cdots\cdots\cdots\cdots\cdots\cdots\text{式 3.63}
$$

ただし、
F：管断面の引張荷重強さが小さくなっている部分のその引張荷重強さ（kgf）
E：ヤング係数（kgf／cm^2）

③ 継手により接続された配管の場合（メカニカル継手など）

$$
\Delta u = \delta_0 + 2(\delta_1 + \delta_2 + \cdots\cdots + \delta_n) \quad (cm) \quad \cdots\cdots\cdots\cdots\cdots\text{式 3.64}
$$

ただし、δ_0 は地盤変位集中部に置かれた継手の最大変位量で、継手に漏えいが生ずるか、または継手に重大な損傷が生ずる時の継手の抜出し量である。δ_1、$\delta_2\cdots\cdots\delta_n$ は地盤変位集中部の継手に順次隣接する継手の抜出し量で、管に対する地盤の拘束力の分布と継手を引抜く時の荷重と変位（抜出し量）の関係とにより定められる値である。

(b) 事例2

埋設条件Ⅲ$_b$ で一端が固定されるまっすぐな配管系の管軸方向地盤変位吸収能力評価例を以下に示す。

① 管軸方向に一様な断面剛性を有する配管系の場合
● 等価ヤング係数を用いる方法（ポリエチレン管など）

$$
\Delta u = \frac{A \bar{E} \varepsilon_0^2}{2\pi D \tau} \quad \cdots\cdots\cdots\cdots\cdots\cdots\cdots\cdots\cdots\cdots\cdots\cdots\cdots\cdots\text{式 3.65}
$$

ε_0：管の基準ひずみ（％）で下記の値を用いる

鋼管：$\varepsilon_0 = 3.0$、DCIP：$\varepsilon_0 = 2.0$、PE 管：$\varepsilon_0 = 2.0$

● 弾塑性計算を行う方法（溶接鋼管など）

$$\Delta u = \frac{AE\{\varepsilon_y^2 + \lambda(\varepsilon_0^2 - \varepsilon_y^2)\}}{2\pi D\tau} \quad \cdots\cdots\cdots\text{式 3.66}$$

ε_y：管の降伏ひずみ

なお、鋼管の弾塑性計算を行う場合の硬化係数（λE）に用いるλは、$\lambda = 7.0 \times 10^{-3}$ となる

② 管断面の引張荷重強さが局部的に小さくなっている配管系の場合（ねじ接合鋼管など）

$$\Delta u = \frac{F^2}{2\pi D\tau AE} \quad (\text{cm}) \quad \cdots\cdots\cdots\text{式 3.67}$$

③ 継手により接続された配管の場合（メカニカル継手など）

$$\Delta u = \delta_0 + \delta_1 + \delta_2 + \cdots\cdots + \delta_n \quad \cdots\cdots\cdots\text{式 3.68}$$

式 3.65 〜式 3.68 に用いるτの値を表 3.14、表 3.15 に示す。

表3.14　τの弾性値（kgf／cm^2）

PLP（プラスチック被覆鋼管） ポリエチレン管 硬質塩化ビニル管等	0.1
裸管（金属）	0.15

表3.15　等価地盤拘束力τ（kgf／cm^2）

	継手、分岐考慮せず	分岐のみを考慮	継手、分岐とも考慮
小口径（80ϕ以下）PLP	0.10	0.15	0.20
〃　　裸（亜鉛メッキ）管	0.15	0.20	0.25
中口径（100ϕ以上）PLP（溶接）	0.10	0.15	0.15
〃　　鋳鉄管	0.15	0.20	0.30

(3) まっすぐな配管系の管軸直角方向地盤変位吸収能力（Δv）

埋設条件Ⅰ、ⅡおよびⅢ$_a$におけるまっすぐな配管系の管軸直角方向地盤変位吸収能力Δvは、図3.27に示すように地盤上の1点に集中するような地盤の鉛直方向変位が与えられた時、管が吸収できる地盤変位とする。

埋設条件Ⅲ$_b$において、管が構造物等に固定される場合の地盤変位吸収能力は図3.28に示すように構造物等と地盤の境界部に集中するような地盤の変位が与えられた時、管が吸収できる地盤変位とする。

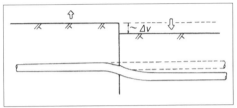

図3.27　埋設条件Ⅰ、ⅡおよびⅢ$_a$に適用する管軸直角方向地盤変位入力

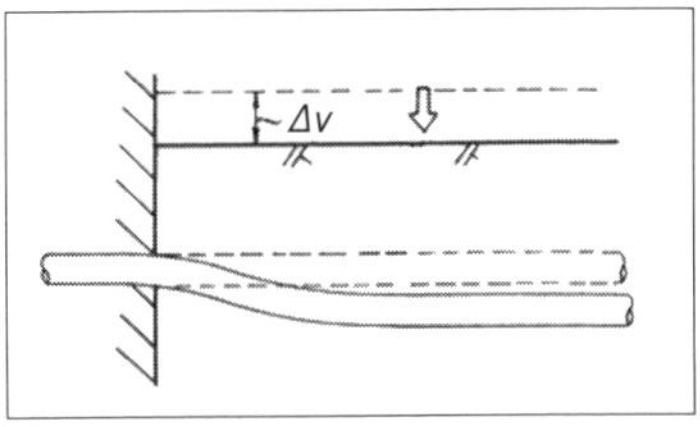

図3.28　埋設条件Ⅲ$_b$で一端が固定された配管に適用する管軸直角方向地盤変位入力

(a) 事例1

埋設条件Ⅰ、ⅡおよびⅢ$_a$におけるまっすぐな配管系の管軸直角方向地盤変位吸収能力評価例を以下に示す。

① 管軸方向に一様な曲げ剛性を有する配管系の場合（溶接鋼管、ポリエチレン管など）

$$\Delta v = \frac{2\sqrt{2}\,e^{\frac{\pi}{4}}}{D}\sqrt{\frac{4EI}{kD}}\varepsilon_0 \quad (\mathrm{cm}) \quad \cdots\cdots\cdots\cdots\cdots\cdots \text{式 3.69}$$

ここで
E：等価ヤング係数　（kgf／cm^2）
I：管の断面二次モーメント　（cm^4）
k：地盤反力係数　（kgf／cm^3）

② 耐曲げモーメント強さが局部的に小さくなっている配管系の場合（ねじ接合鋼管など）

$$\Delta v = \frac{\sqrt{2}\,e^{\frac{\pi}{4}}}{EI}\sqrt{\frac{4\bar{E}I}{kD}}\,M_0 \quad (\text{cm}) \cdots\cdots\cdots\cdots\cdots\cdots\cdots\cdots\cdots\cdots\cdots\cdots\cdots 式3.70$$

ここで

M_0 ：局部的に小さくなっている部分の耐曲げモーメント強さ （kgf・cm）

$\bar{E}$ ：等価ヤング係数 （kgf／cm²）

(b) 事例2

埋設条件Ⅲ$_b$で一端が固定されるまっすぐな配管系の管軸直角方向地盤変位吸収能力の評価例を以下に示す。

① 管軸方向に一様な曲げ剛性を有する配管系の場合

$$\Delta v = \frac{1}{D}\sqrt{\frac{4\bar{E}I}{kD}}\,\varepsilon_0 \quad (\text{cm}) \cdots\cdots\cdots\cdots\cdots\cdots\cdots\cdots\cdots\cdots\cdots\cdots\cdots 式3.71$$

② 固定端の部分の耐曲げモーメント強さが小さくなっている配管系の場合

$$\Delta v = \frac{1}{2EI}\sqrt{\frac{4\bar{E}I}{kD}}\,M_0 \quad (\text{cm}) \cdots\cdots\cdots\cdots\cdots\cdots\cdots\cdots\cdots\cdots\cdots 式3.72$$

管軸直角方向地盤変位吸収能力を計算する際に地盤を弾性体とみなす場合の管軸直角方向地盤反力係数は次式により求める。

$$k = \frac{1}{3}K_{30}\left(\frac{D}{17}\right)^{3/4} \quad (\text{kgf}/\text{cm}^3) \cdots\cdots\cdots\cdots\cdots\cdots\cdots\cdots\cdots\cdots 式3.73$$

ここに、D は管の外径（cm）、K_{30} は通常の30 cm平板載荷試験により求められる地盤反力係数である。

K_{30} の値が不明の場合には基準値として $K_{30} = 3$（kgf／cm³）を用いることとし、この際は k は次の式で与えられる。

$$k = \frac{8.4}{D^{3/4}} \quad (\text{kgf}/\text{cm}^3) \cdots\cdots\cdots\cdots\cdots\cdots\cdots\cdots\cdots\cdots\cdots\cdots\cdots 式3.74$$

第3章 耐震設計基準の源流

(4) 立体配管系の地盤変位吸収能力（Δu）

　埋設条件III_bの場所に埋設される立体配管系で、管の一端が構造物等に固定される場合の地盤変位吸収能力は図 3.26 に示す地盤の変位入力が与えられた時、配管系が吸収できる地盤変位で表す。

　また、埋設条件III_b以外の場所に設置される一般の低圧供給管および内管で立体配管系を構成する場合の地盤変位吸収能力は、図 3.25 に示す地盤の変位入力が与えられた時、供給管と内管の組合せからなる配管系が吸収できる地盤変位を表す。

5.4　基準ひずみおよび基準変位

　管材料の地盤変位吸収能力を計算により求める場合に適用する基準ひずみε_0と等価ヤング係数$\bar{E}$は、管の材料に応じて、それぞれ以下のように定める。

① 鋼管：基準ひずみ　　$\varepsilon_0 = 3$（%）
　　　　等価ヤング係数　$\bar{E} = 3.0 \times 10^5$（kgf／cm^2）
② ダクタイル鋳鉄管：
　　　　基準ひずみ　　$\varepsilon_0 = 2$（%）
　　　　等価ヤング係数　$\bar{E} = 3.0 \times 10^5$（kgf／cm^2）
③ ポリエチレン管：
　　　　基準ひずみ　　$\varepsilon_0 = 20$（%）
　　　　等価ヤング係数　$\bar{E} = 3.0 \times 10^3$（kgf／cm^2）

　ただし、鋼管およびダクタイル鋳鉄管にあって、等価ヤング係数を用いることが適切でない条件の時には、それぞれ次に示す弾性範囲内におけるヤング係数を用いる。

　　　　鋼管：$E = 2.1 \times 10^6$（kgf／cm^2）
　　　　ダクタイル鋳鉄管：$E = 1.6 \times 10^6$（kgf／cm^2）

　なお、鋼管に対して弾塑性計算を行う場合に適用するひずみ硬化係数（λE）を定めるために用いた係数λは次の値を標準とする。

　　　　$\lambda = 7.0 \times 10^{-3}$

6 共同溝設計指針（1986年、日本道路協会）[13]

昭和38年（1963年）、「共同溝の整備等に関する特別措置法」が制定された。それに関連して本指針は共同溝の構造設計基準を定めたものである。耐震設計をも盛り込んで、日本道路協会・道路土工委員会・共同溝指針検討小委員会（久野悟郎委員長）で検討された成果が昭和61年（1986年）3月に取りまとめられた。本指針では、耐震設計に関する項目も盛り込まれて、応答変位法による共同溝の縦断方向の設計と、液状化に対する浮き上がりの安全性を検討しているのが特徴である。横断方向については、標準的な断面に対する地震の影響は少ないものとして耐震設計には取り入れられていない。地中構造物であるので、石油パイプライン技術基準（案）[3]と同様の変位法が採用されている。応答変位法という用語は初めて技術基準に用いられた。

6.1 耐震設計上の荷重

下記の荷重と地震の影響を考慮する。

① 死荷重
② 土圧
③ 水圧
④ 浮力
⑤ 地震時周辺地盤の変位または変形
⑥ 過剰間隙水圧

6.2 地盤種別

表3.16に示す地盤の特性値 T_G によって4種類に区分している。

$$T_G = \sum_{i=1}^{n} \frac{4 \cdot H_i}{V_{si}} \quad \cdots\cdots\cdots\cdots\cdots\cdots\cdots\cdots\cdots\cdots\cdots\cdots\cdots\cdots\cdots\cdots\cdots 式3.75$$

表3.16 地盤種別

地盤種別	地盤の特性値 T_G（s）
1種	$T_G < 0.2$
2種	$0.2 \leq T_G < 0.4$
3種	$0.4 \leq T_G < 0.6$
4種	$0.6 \leq T_G$

ここに、
- T_G : 地盤の特性値（s）
- H_i : i 番目の地層の厚さ（m）
- V_{si} : i 番目の地層や平均せん断弾性波速度（m／s）

V_{si} は式 3.76 によるものとする。

$$\left.\begin{array}{l} 粘性土層の場合 \\ V_{si}=100N_i^{1/3}\,(1\leq N_i\leq 25) \\ 砂質土層の場合 \\ V_{si}=80N_i^{1/3}\,(1\leq N_i\leq 50) \end{array}\right\} \quad \text{式 3.76}$$

- N_i : 標準貫入試験による i 番目の地層の平均N値
- i : 当該地盤が地表面から基盤面までn層に区分される時の、地表面からの i 番目の地層の番号

ここでいう基盤面とは、粘性土層の場合はN値が25以上、砂質土質の場合はN値が50以上の地層の上面、またはせん断弾性波速度が300m／s程度以上の地層の上面をいう。なお、地表面が基盤面と一致する場合は1種地盤とする。

上記の区分は、道路橋示方書・同解説　V耐震設計編[14]によっている。また、$N=0$ の場合には、$V_{si}=50$ m／sec を用いることや、T_G を求めがたい場合には、洪積層厚と沖積層厚の関係から地盤を区分する図を提示している。

6.3　設計入力地震動

(1)　地震動の振幅

$$U_h(z)=\frac{2}{\pi^2}S_v\cdot T_s\cdot\cos\frac{\pi z}{2H} \quad \text{式 3.77}$$

$$U_v(z)=\frac{1}{2}U_h(z) \quad \text{式 3.78}$$

ここに、
- $U_h(z)$: 地表面からの深さ z（m）における水平方向の変位振幅（m）
- $U_v(z)$: 地表面からの深さ z（m）における鉛直方向の変位振幅（m）

H : 地層地盤の厚さ（m）であり、地表面から耐震設計上の基盤面までの厚さをとる

S_v : 設計応答速度（m／s）であり、表層地盤の固有周期 T_s および地震活動度の地域区分に応じて求める

T_s : 表層地盤の固有周期（s）であり、式3.75に規定する地盤の特性値 T_G を基準として地震時に生じるせん断ひずみの大きさを考慮して式3.79によって算出してもよい

$$T_s = 1.25\, T_G \qquad \cdots\cdots\cdots\cdots\cdots\cdots\cdots\cdots\cdots\cdots\cdots\cdots\cdots\cdots\cdots 式3.79$$

設計速度応答スペクトル S_v は図3.29で与えられる。

A～Cの地域区分は地震活動度に対応するもので、沈埋トンネル耐震設計指針（案）[4]と同一である（建設省告示1621号、昭和53年10月）。A（北海道南東、東北～九州太平洋岸）:1.00、B（北海道西南、東北～北陸、中国日本海岸）:0.85、C（北海道北部、中国・九州東シナ海岸）:0.70 である。S_v で、A:1.0、B:0.85、C:0.7 として考慮されている。

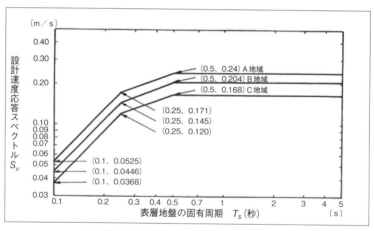

図3.29 設計速度応答スペクトル

(2) 地震動の波長

下記により地震動の波長が計算される。

$$\left.\begin{array}{l} L = \dfrac{2L_1 \cdot L_2}{L_1 + L_2} \\ L_1 = V_{DS} \cdot T_s = 4H \\ L_2 = V_{BS} \cdot T_s \end{array}\right\} \quad \cdots\cdots\cdots\cdots\cdots\cdots\cdots\cdots\cdots\cdots\cdots\cdots \text{式 3.80}$$

ここに、

V_{DS}：表層地盤のせん断弾性波速度（m／s）

V_{BS}：基盤のせん断弾性波速度（m／s）

T_s：表層地盤の固有周期（s）

H：表層地盤の厚さ（m）

$$V_{DS} = \frac{4H}{T_s} = \frac{4H}{1.25\,T_G} = 0.8 \times \frac{4H}{T_G} \quad \cdots\cdots\cdots\cdots\cdots\cdots\cdots\cdots \text{式 3.81}$$

表層地盤のせん断波速度に実測値を用いる場合は、せん断ひずみの値を考慮して、0.8 を乗じる。基盤のせん断波速度については、明確でない場合は $V_{BS}=300\,\mathrm{m／sec}$（粘性土 N ≧ 25、砂質土 ≧ 50）を用いてもよい。

6.4 耐震計算

図 3.30 に示す共同溝の部位について断面力を算定する。地震動の入射は長手方向に対して 45 度方向で、石油パイプライン技術基準（案）[3]における図 3.10、図 3.11 と同様である。

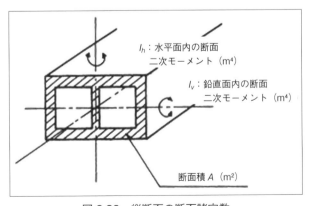

図 3.30　縦断面の断面諸定数

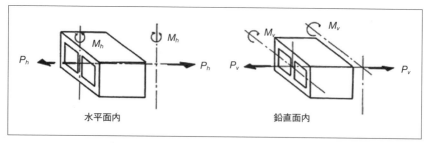

図 3.31 水平・鉛直面内の断面力

① 継手による断面力の低減
② 地盤条件変化部における断面力の補正
③ 応力度算定における断面力の重ね合わせ

を考慮して耐震計算を行うこととしている。

(1) 断面力の計算

共同溝の継手近傍を除いた断面に生じる断面力は、式 3.82 により算定する。

$$\left.\begin{array}{l} P_h = a_1 \cdot \xi_1 \dfrac{\pi E \cdot A}{L} \cdot U_h \\[4pt] P_v = a_1 \cdot \xi_1 \dfrac{\pi E \cdot A}{L} \cdot \dfrac{U_h + U_v}{2} \\[4pt] M_h = a_2 \cdot \xi_2 \dfrac{4\pi^2 E \cdot I_h}{L^2} \cdot U_h \\[4pt] M_v = a_3 \cdot \xi_3 \dfrac{4\pi^2 E \cdot I_v}{L^2} \cdot U_v \end{array}\right\} \cdots\cdots\cdots\cdots\cdots\cdots\cdots\cdots 式 3.82$$

ここに、

P_h, P_v : 水平面内および鉛直面内の地震振動による軸力(t)
M_h, M_v : 水平面内および鉛直面内の地震振動による曲げモーメント(t・m)
E : コンクリートのヤング係数(t/m^2)
A : 共同溝の断面積(m^2)
I_h, I_v : 共同溝の水平面内および鉛直面内の断面二次モーメント(m^4)
U_h, U_v : 共同溝の重心位置の深さにおける地震振動の水平方向および鉛直方向の変位振幅(m)

L ：地盤振動の波長（m）

a_1、a_2、a_3：共同溝の縦断方向と、これに直交する水平面内および鉛直面内の地盤に生じたひずみの構造物に対する伝達率である。

ξ_1、ξ_2、ξ_3：共同溝に継手を設けた場合の断面力低減係数である。

地盤に生じたひずみの構造物に対する伝達率 a_1、a_2、a_3 は、式 3.83 により算したものを用いてよい。

$$\left.\begin{array}{l} a_1 = \dfrac{1}{1+\left(\dfrac{2\pi}{\lambda_1 \cdot L'}\right)^2} \\[2mm] a_2 = \dfrac{1}{1+\left(\dfrac{2\pi}{\lambda_2 \cdot L}\right)^4} \\[2mm] a_3 = \dfrac{1}{1+\left(\dfrac{2\pi}{\lambda_3 \cdot L}\right)^4} \end{array}\right\} \quad \cdots\cdots 式\ 3.83$$

ここに

$$\left.\begin{array}{l} \lambda_1 = \sqrt{\dfrac{K_1}{EA}} \quad (1/\mathrm{m}) \\[2mm] \lambda_2 = \sqrt[4]{\dfrac{K_2}{E \cdot I_h}} \quad (1/\mathrm{m}) \\[2mm] \lambda_3 = \sqrt[4]{\dfrac{K_3}{E \cdot I_v}} \quad (1/\mathrm{m}) \\[2mm] L' = \sqrt{2} \cdot L \quad (\mathrm{m}) \end{array}\right\} \quad \cdots\cdots 式\ 3.84$$

K_1、K_2、K_3：共同溝の縦断方向と、これに直交する水平面内および鉛直面内の地盤の剛性係数（t/m^2）である。

地盤の剛性係数 K_1、K_2、K_3 は式 3.85 により算出したものを用いてもよい。

$$\left.\begin{array}{l} K_1 = C_1 G_s \\ K_2 = C_2 G_s \\ K_3 = C_3 G_s \end{array}\right\} \quad \cdots\cdots 式\ 3.85$$

ここに、

C_1、C_2、C_3：地盤の剛性係数 K_1、K_2、K_3 に対する定数で実験等による調査結果に基づいて定めるのが望ましい。一般には C_1、C_2 は1.0、C_3 は3.0としてよい

G_s ：表層地盤のせん断変形係数（t／m²）で**式 3.86** による

$$G_s = \frac{\gamma_{teq}}{g} \cdot V_{DS}^2 \qquad \text{式 3.86}$$

ここに、

γ_{teq}：表層地盤の換算単位体積重量（t／m³）で、**式 3.87** による

$$\gamma_{teq} = \frac{\Sigma \gamma_{ti} \cdot H_i}{H} \qquad \text{式 3.87}$$

V_{DS}：表層地盤のせん断弾性波速度（m／s）で、**式 3.88** による

$$V_{DS} = \frac{4H}{T_s} \qquad \text{式 3.88}$$

ここに、

H ：表層地盤の厚さ（m）
H_i ：表層地盤の第 i 層の厚さ（m）
γ_{ti} ：表層地盤の第 i 層の土の単位体積重量（t／m³）
T_s ：**式 3.79** で算出される表層地盤の固有周期（s）
g ：重力の加速度で、9.8 m／s²

(2) 継手による断面力の低減

継手の存在による断面力の低減は**式 3.82** の ξ_1、ξ_2、ξ_3 により、**図 3.32**(a)、(b)、(c)で表される。

図 3.32 は1層2～4函で継手間隔30 mを対象としたもので、形状の異なる場合は別の係数が必要である。また、ξ_1 の下限値は0.1である。

また、断面力の重ね合わせ値（P'_h、M'_h、P'_v、M'_v）は下式による。

① 水平方向

$$\left.\begin{array}{l}P'_h = 1/\sqrt{2} \cdot P \\ M'_h = 1/\sqrt{2} \cdot M_h\end{array}\right\} \cdots\cdots\cdots\cdots\cdots\cdots\cdots\cdots\cdots\cdots\cdots\cdots\cdots\cdots\cdots 式3.89$$

② 鉛直方向

$$\left.\begin{array}{l}P'_v = 1/\sqrt{2} \cdot P \\ M'_v = 1/\sqrt{2} \cdot M_v\end{array}\right\} \cdots\cdots\cdots\cdots\cdots\cdots\cdots\cdots\cdots\cdots\cdots\cdots\cdots\cdots\cdots 式3.90$$

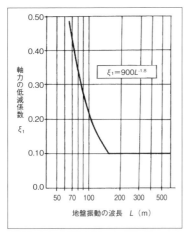

図 3.32(a)　波長と低減係数 ξ_1 の関係

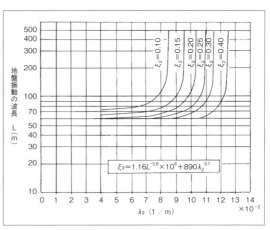

図 3.32(b)　波長および λ_2 と ξ_2 の関係

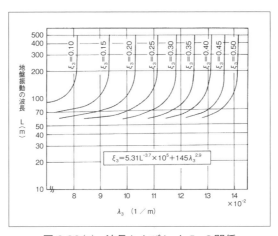

図 3.32(c)　波長および λ_3 と ξ_3 の関係

ここに、

$$P = \sqrt{2P_h^2 + 2P_v^2} \quad \cdots\cdots\cdots\cdots\cdots\cdots\cdots\cdots\cdots\cdots\cdots\cdots\cdots\cdots\cdots\cdots\cdots\cdots\cdots 式3.91$$

(3) 地盤条件変化部における断面力の増分

200 m 区間で地盤の固有周期に 0.3 秒以上の変化がある場合には、断面力の割り増しを次式で行う。

$$\Delta T = T_1 - T_2$$
$$\beta = 1.2\sqrt{\Delta T - 0.3} + 1.0 \quad \cdots\cdots\cdots\cdots\cdots\cdots\cdots\cdots\cdots\cdots\cdots\cdots 式3.92$$

ΔT ：固有周期差（s）
T_1 ：地盤の固有周期の長い側の値（s）
T_2 ：地盤の固有周期の短い側の値（s）
β ：地盤条件変化部における断面力の割増係数

割増係数 β は図 3.33 で与えられる。

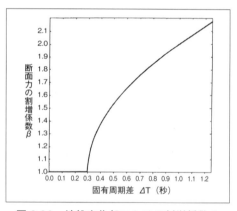

図 3.33　地盤変化部における割増係数 β

6.5　液状化判定と対策

(1) 液状化検討

下記の手順により液状化検討を行うことを規定している。

① 対象地点の抽出
② 液状化の判定と共同溝浮き上がりの検討

③ 地盤の補足調査と液状化の詳細判定
④ 液状化対策の検討

液状化判定は当時の道路橋示方書[14]によっており、順次改定されているので、最近の基準（道路橋示方書（平成24年）[15]）を採用するのが適切と考えられる。本稿では、本指針の特徴である浮き上がり検討手法について述べる。

(2) 液状化による共同溝の浮き上がり検討
(a) 浮き上がりに対する検討は、共同溝底面が液状化の判定を行う必要のある土層に位置する場合、またはその土層以深の粘性土層への共同溝の根入れが不十分な場合を対象に行うものとする。
(b) 浮き上がりに対する安全率 F_s は、図 3.34 を参照して、式 3.93 により算出するものとする。

$$F_s = \frac{W_S + W_B + Q_S + Q_B}{U_S + U_D} \quad \cdots\cdots\cdots\cdots\cdots\cdots\cdots\cdots\cdots\cdots\cdots\cdots\cdots 式 3.93$$

ここに、
W_S：上載土の荷重（水の重量を含む）（t／m）
W_B：共同溝の自重（収容物件および捨てコンの重量を含む）（t／m）
Q_S：上載土のせん断抵抗（t／m）
Q_B：共同溝側面の摩擦抵抗（t／m）
U_S：共同溝底面に作用する静水圧による揚圧力（t／m）
U_D：共同溝底面に作用する過剰間隙水圧による揚圧力（t／m）

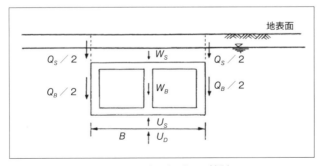

図 3.34　浮き上がりの検討

ただし、液状化に対する抵抗率 F_L が 1.0 以下の土層における Q_S、Q_B は考慮してはならない。なお、共同溝に作用する力は共同溝縦断方向の単位長さあたりの値である。

(3) 共同溝底面に作用する過剰間隙水圧による揚圧力 U_D

$$U_D = \Delta u \cdot B = L_u \cdot \sigma_v' \cdot B \qquad \cdots\cdots\cdots\cdots 式 3.94$$

ここに、

B ：共同溝の幅（m）
σ_v' ：静水圧状態における共同溝底面と同じ深さの土中の有効上載圧（t／m²）
L_u ：過剰間隙水圧比で、$L_u = \Delta u / \sigma_v'$
Δu ：過剰間隙水圧（t／m²）

L_u は、図 3.35 を用いて F_L より算出する。
図 3.35 の F_L と L_u の関係を式で表すと次のようになる。

$$\left.\begin{array}{l} L_u = F_L^{-7} \ (F_L \geq 1) \\ L_u = 1.0 \ (F_L < 1) \end{array}\right\} \qquad \cdots\cdots\cdots\cdots 式 3.95$$

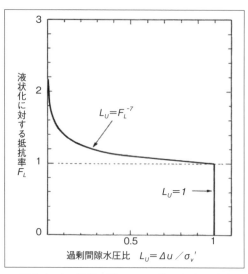

図 3.35　浮き上がり検討に用いる F_L 値と過剰間隙水圧の関係

なお、式 3.95 に用いる F_L は、地下水面から深さ 20 m までの土層のうち粘性土層を除く土層の深さ 1 m 毎の F_L の平均値とする。

式 3.94 の揚圧力は、共同溝底面に作用させて、粘土層に 1 m 以上の根入れがある場合は浮き上がりの検討は必要ない。揚圧力による安全率 F_S は 1.1 以上を確保する。

7 駐車場設計・施工指針 同解説（1992年、日本道路協会）[16]

日本道路協会では、交通工学委員会・駐車場小委員会（佐藤信彦委員長）を平成3年（1991年）1月に設置して、公共駐車場として具備すべき幾何構造や地震時の安全性などについて検討し、平成4年（1992年）6月には本指針が設定された。

7.1 基本方針
① 耐震設計は、応答変位法を用いて許容応力度、許容支持力、安全率、またはこれらの組合せによって行うものとする。
② 応答変位法による耐震計算は、原則として地下駐車場の短手、長手の両方向について行うものとする。
③ 周辺地盤が地震時に液状化する可能性がある場合には、地下駐車場躯体に対する影響を検討し、適切な対策をとるものとする。
④ 応答変位法により耐震設計した地下駐車場のうち、地震時の挙動が複雑なものについては、動的解析により安全性を照査することが望ましい。

7.2 耐震設計上考慮する荷重と地震の影響
下記の荷重を考慮して耐震設計を行うこととしている。従前の地下構造物の耐震基準との顕著な相異は、周面せん断力の影響を導入した点にある。
①死荷重、②活荷重、③土圧、④水圧、⑤揚圧力、⑥地盤変位、および地震の影響としては、①構造物の重量に起因する慣性力、②地震時土圧、③地震時周面せん断力、④過剰間隙水圧、である。

7.3 設計水平震度
設計水平震度は、式 3.96 により算出するものとする。

$$k_h = C_Z \cdot C_G \cdot C_U \cdot K_{0h} \quad \cdots\cdots\cdots\cdots\cdots\cdots\cdots\cdots\cdots\cdots\cdots\cdots\cdots\cdots \text{式 3.96}$$

ここに、
- k_h ：設計水平震度（小数点以下2桁に丸める）
- K_{0h} ：標準設計水平震度（0.2とする）
- C_Z ：地域別補正係数
- C_G ：地盤別補正係数
- C_U ：深度別補正係数

各補正係数は下記により求められる。

$$C_U = 1.0 - 0.015z \quad \cdots\cdots\cdots\cdots\cdots\cdots\cdots\cdots\cdots\cdots\cdots\cdots\cdots\cdots \text{式 3.97}$$

ここに、
z：地表面からの深さ（m）

ただし、C_U が 0.5 を下回る場合は 0.5 とする。

地域別補正係数 C_Z および地盤別補正係数 C_G は表 3.17 および表 3.18 で与えられる。

表 3.19 の T_G は下式で計算される地盤の特性値である。

$$T_G = 4 \sum_{i=1}^{n} \frac{H_i}{V_{si}} \quad \cdots\cdots\cdots\cdots\cdots\cdots\cdots\cdots\cdots\cdots\cdots\cdots\cdots\cdots \text{式 3.98}$$

ここに、
- T_G ：地盤の特性値（s）
- H_i ：i 番目の地層の厚さ（m）
- V_{si} ：i 番目の地層の平均せん断弾性波速度（m／s）で、式 3.99 による。

$$\left. \begin{array}{l} \text{粘性土層の場合} \\ V_{si} = 100 N_i^{1/3} \ (1 \leq N_i \leq 25) \\ \text{砂質土層の場合} \\ V_{si} = 80 N_i^{1/3} \ (1 \leq N_i \leq 50) \end{array} \right\} \quad \cdots\cdots\cdots\cdots\cdots\cdots\cdots\cdots \text{式 3.99}$$

N ：標準貫入試験による i 番目の地層の平均N値

i : 当地盤が地表から基盤面までn層に区分される時の地表面からi番目の地層の番号。基盤面とは、粘性土層の場合はN値が25以上、砂質土層の場合はN値が50以上の地層の上面、もしくはせん断弾性波速度が300m／s程度以上の地層の上面をいう

表 3.17　地域別補正係数 C_Z

地域区分	補正係数 C_Z
A	1.0
B	0.85
C	0.7

表 3.18　地盤別補正係数 C_G

地盤種別	Ⅰ種	Ⅱ種	Ⅲ種
補正係数 C_G	0.8	1.0	1.2

表 3.19　地盤の種別分類

地盤種別	地盤の特性値 T_G (s)
Ⅰ種	$T_G < 0.2$
Ⅱ種	$0.2 \leq T_G < 0.6$
Ⅲ種	$0.6 \leq T_G$

7.4　地震時土圧

① 地盤と接する地下駐車場躯体の側壁には、地震時土圧を考慮するものとする。
② 地震時土圧は、原則として**式 3.100**によって算出するものとする。

$$\left.\begin{array}{l} p(z) = k_H \cdot \{u(z) - u(z_B)\} \\ u(z) = \dfrac{2}{\pi^2} \cdot S_V \cdot T_S \cdot \cos\left(\dfrac{\pi \cdot z}{2H}\right) \\ S_V = C_Z \cdot S_{V0} \\ T_S = 1.25\, T_G \end{array}\right\} \quad \cdots\cdots\cdots\text{式 3.100}$$

ここに、

$p(z)$ ：地表面から深さ z (m) における単位面積あたりの地震時土圧 (tf／m²)
$u(z)$ ：地表面から深さ z (m) における地震時地盤変位 (m)
k_H ：単位面積あたりの地震時地盤ばね定数 (tf／m³)
z ：地表面からの深さ (m)
z_B ：地表面から地下駐車場躯体底面までの深さ (m)
S_V ：基盤面における速度応答スペクトル (m／s)
S_{V0} ：基盤面における標準速度応答スペクトルで、**表 3.20**による (m／s)
C_Z ：地域別補正係数
T_S ：表層地盤の固有周期 (s) であり、**式 3.100**による
T_G ：地盤の特性値 (s) で、**式 3.98**による

図 3.36 に標準速度応答スペクトルを示す。

表3.20 標準速度応答スペクトル

単位：cm／sec

$T_S < 0.2$	$0.2 \leq T_S \leq 1.0$	$1.0 < T_S$
$42.8 T_S^{4/3}$	$25 T_S$	25

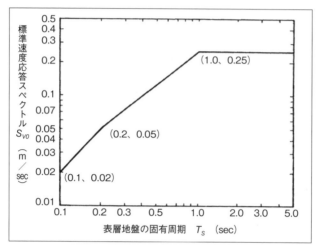

図3.36 標準速度応答スペクトル

7.5 地震時周面せん断力

① 地盤に接する地下駐車場躯体の外周面には、地震時周面せん断力を考慮するものとする。

② 地震時周面せん断力は、原則として式3.101によって算出するものとする。

$$\tau = \frac{G_D}{\pi \cdot H} \cdot S_V \cdot T_S \cdot \sin\left(\frac{\pi \cdot z}{2H}\right) \quad \text{式3.101}$$

ここに、

τ ：地表面から深さ z（m）の位置における単位面積あたりの地震時周面せん断力（tf／m²）

S_V ：基盤面における速度応答スペクトルであり、式3.100による（m／s）

G_D ：地盤の動的せん断変形係数（tf／m²）

T_S ：表層地盤の固有周期（s）

H ：表層地盤の厚さ（m）

z ：地表面からの深さ（m）

式 3.101 による地震時周面せん断力が地下構造物に接する地盤のせん断強度を上回る場合は、地震時周面せん断力は地下構造物に接する地盤のせん断強度とする。

表層地盤のせん断ひずみは $\partial u / \partial z$ で求められるので、z 方向に波長 L で伝播する波動であることを考慮すると、$\partial u / \partial z = 2\pi u / 4H$ となる。$U = (2/\pi^2) \cdot S_V \cdot T_S \cdot \sin\{\pi^2/(2 \cdot H)\}$ であるので、せん断ひずみは $(1/\pi) \cdot H \cdot S_V \cdot T_S \cdot \sin\{\pi \cdot t/(2 \cdot H)\}$ となり、せん断変形係数を乗じることによってせん断応力、式 3.101 が計算される。

地盤の動的せん断変形係数は、式 3.102 より算出するものとする。

$$G_D = \frac{\gamma_t}{g} \cdot V_{SD}^2 \quad \cdots\cdots\cdots\cdots\cdots\cdots\cdots\cdots\cdots\cdots\cdots\cdots\cdots\cdots \text{式 3.102}$$

ここに、
G_D：地盤の動的せん断変形係数（tf／m²）
γ_t：地盤の単位体積重量（tf／m³）
V_{SD}：地盤のせん断弾性波速度（m／s）
g：重力加速度（m／s²）

ここで、V_{SD} は式 3.99 より求められる V_{si} に準拠し、i 番目の地層については、式 3.103 により求めてよい。

$$V_{SDi} = c_V \times V_{si} \quad \cdots\cdots\cdots\cdots\cdots\cdots\cdots\cdots\cdots\cdots\cdots\cdots\cdots \text{式 3.103}$$
$$c_V = \begin{cases} 0.8 & (V_{si} < 300\,\text{m／s}) \\ 1.0 & (V_{si} \geq 300\,\text{m／s}) \end{cases}$$

ここに、
V_{SDi}：地盤の動的せん断変形係数 G_D の算出に用いる i 番目の地層の平均せん断弾性波速度（m／s）
V_{si}：式 3.99 に規定する i 番目の地層の平均せん断弾性波速度（m／s）
c_V：地盤ひずみの大きさに基づく補正係数

③ 周面せん断力のモデル化[17]

従来の応答変位法による地中構造物の耐震設計では、構造物を空中に取り出し

て、地盤のせん断ばね、および直応力ばねを構造物に付加して、その端部に地盤変位を作用させることにより周面地盤の影響を考慮していた。しかし、本駐車場指針では、地盤の影響をばねとしてモデル化するのみでなく、同時に地中にある構造物周辺に作用しているせん断力を直接に空中に取り出した構造物に作用させることが必要ということで、周面せん断力を耐震設計に導入した。ここでは、なぜ周面せん断力を作用させることが必要なのかについて説明を加える。

図3.37(a)に示すように、周辺地盤とほとんど同様な密度、剛性を持つ地中構造物が地震時に自然地盤変位（Free field displacement）を受ける場合について、変形・力のつりあいを考える。

ア　地盤と構造物の動的相互作用はほとんどない。
イ　自然地盤が変形すると表層地盤と構造物も変形して、周面せん断力が生じる。
ウ　構造物上面のせん断力は小さく、下面は大きい。慣性力の作用によってつりあっている。
エ　表層地盤と構造物の変位は等しい。

上記のようなつりあい状態で、地盤と同様な密度、剛性を有する構造物を図3.37(b)のようにモデル化して、自然地盤変位を作用させると地中での力のつりあいが崩れてしまう。すなわち、周面せん断力の載荷がモデル化に必要である。

次に、図3.38(a)に示すように、質量が極めて小さい地中構造物を考える。
ア　慣性力はほとんどゼロである。
イ　自然地盤変位と構造物変位は等しい。
ウ　このようなモデルは、構造物の存在しない一様地盤の変位と同じである。
エ　一様地盤から、構造物に相当する土塊を抜き取ると対象モデルと同様なモデルを形成できるが、空洞はさらに変形して、応力状態が変化する。

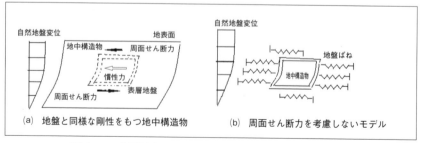

図3.37　表層地盤と同様な密度・剛性をもつ地中構造物

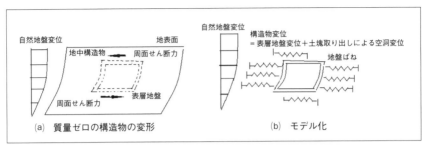

図 3.38　等価地中空洞モデルの変形

オ　上記エの構造物変位は、地盤ばねを付与したのみの図 3.38(b)のモデル化では表現できない。

　構造物の密度・剛性が周辺地盤と同程度、あるいは構造物の質量が極めて小さい、の 2 つのモデルを用いて、周面せん断力の必要性について述べた。周面せん断＋地盤ばねモデルと FEM による地盤＋構造物の一体解析モデルの数値解析結果によっても、とくに、大断面地中構造物については、周面せん断力導入の必要性が確認されている[17]。

7.6　地盤種別

　地盤の種別は共同溝設計指針[12]と同様であるが、T_G による地盤の種別は 4 種類から表 3.19 に示すように 3 種類に変更されている。道路橋示方書の変更に伴うものである。なお、$N = 0$ に相当する表層地盤である場合には、平均せん断波速度は 50 m／sec を採用する。

7.7　地盤ばね定数

　地盤のばね定数は耐震設計に多大の影響をおよぼす。過小評価は構造物に危険側の結果を与える。本駐車場指針では、周辺地盤の特性、駐車場の形状・寸法、地盤ひずみの影響を取り入れるために、図 3.39 に示す FEM によって求めることを推奨している。

　単位奥行あたりの構造物周辺の地盤を 2 次元平面ひずみモデルに置換し、単位の強制変位を構造物に与えた場合の反力から地震時地盤ばね定数を算出する。

$$k_H = \frac{\Sigma R_{HSi}}{l_S \cdot \delta_H} \quad \cdots\cdots\cdots\cdots\cdots\cdots\cdots\cdots\cdots\cdots\cdots\cdots\cdots\cdots\cdots\cdots\cdots\cdots \text{式 3.104}$$

$$k_V = \frac{\Sigma R_{VBi}}{l_B \cdot \delta_V} \quad \cdots\cdots\cdots\cdots\cdots\cdots\cdots\cdots\cdots\cdots\cdots\cdots\cdots\cdots\cdots\cdots\cdots\cdots \text{式 3.105}$$

$$k_{SS} = \frac{\Sigma R_{VSi}}{l_S \cdot \delta_V} \quad \cdots\cdots\cdots\cdots\cdots\cdots\cdots\cdots\cdots\cdots\cdots\cdots\cdots\cdots\cdots\cdots\cdots\cdots \text{式 3.106}$$

$$k_{SB} = \frac{\Sigma R_{HBi}}{l_B \cdot \delta_H} \quad \cdots\cdots\cdots\cdots\cdots\cdots\cdots\cdots\cdots\cdots\cdots\cdots\cdots\cdots\cdots\cdots\cdots\cdots \text{式 3.107}$$

ここに、

k_H ：側壁の水平方向ばね定数（tf／m³）

k_V ：底版の鉛直方向ばね定数（tf／m³）

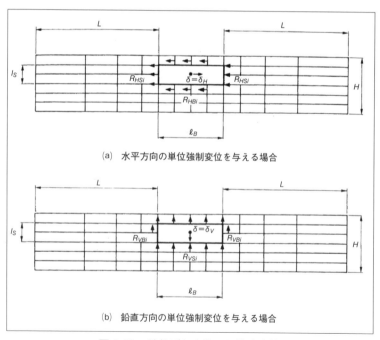

(a) 水平方向の単位強制変位を与える場合

(b) 鉛直方向の単位強制変位を与える場合

図 3.39 地盤ばね定数 k の算出方法

k_{SS} ：側壁のせん断ばね定数（tf／m³）

k_{SB} ：底版のせん断ばね定数（tf／m³）

l_S ：側壁の高さ（m）

l_B ：底版の幅（m）

δ_H ：水平方向に与える強制変位量（m）

δ_V ：鉛直方向に与える強制変位量（m）

R_{HSi} ：水平方向に強制変位を与えた場合に側壁の各節点に作用する水平反力（tf／m）

R_{HBi} ：水平方向に強制変位を与えた場合に底版の各節点に作用する水平反力（tf／m）

R_{VSi} ：鉛直方向に強制変位を与えた場合に側壁の各節点に作用する鉛直反力（tf／m）

R_{VBi} ：鉛直方向に強制変位を与えた場合に底版の各節点に作用する鉛直反力（tf／m）

モデル化に際しては、地盤の動的変形係数 E_D は式 3.108 により算出する。

$$E_D = 2 \cdot (1 + \nu_D) \cdot G_D \quad \cdots\cdots\cdots\cdots\cdots\cdots\cdots\cdots\cdots\cdots\cdots\cdots\cdots \text{式 3.108}$$

ここに、

E_D ：地盤の動的変形係数（tf／m²）

G_D ：式 3.102 に規定する地盤の動的せん断変形係数（tf／m²）

ν_D ：地盤の動的ポアソン比

ただし、建設地点で実測されたせん断弾性速度 V_{si} がある場合には、式 3.99 の V_{si} の代わりに実測値を用いるのがよい。地盤の動的ポアソン比は一般の沖積および洪積地盤では地下水位以浅では 0.45、地下水位以深では 0.5 とし、軟岩では 0.4、硬岩では 0.3 としてよい。

なお、図 3.39 に示す有限要素モデルの側方の境界と地下駐車場躯体側壁との離れ L は、式 3.109 によるのがよい。

$$L \geq 3H \quad \cdots\cdots\cdots\cdots\cdots\cdots\cdots\cdots\cdots\cdots\cdots\cdots\cdots\cdots\cdots\cdots\cdots \text{式 3.109}$$

ここに、

L：有限要素モデルの側方の境界と地下駐車場躯体側壁との離れ（m）
H：表層地盤の厚さ（m）

7.8 耐震計算

駐車場の耐震計算は図 3.40 に示す骨組構造でモデル化する。また、作用地震荷重は図 3.41 の地震時土圧、慣性力、周面せん断力である。

地震時地盤ばね定数としては、一般に以下に示すものがある。

a) k_H：側壁の水平方向ばね定数（tf／m³）
b) k_V：底版の鉛直方向ばね定数（tf／m³）
c) k_{SS}：側壁のせん断ばね定数（tf／m³）
d) k_{SB}：底版のせん断ばね定数（tf／m³）

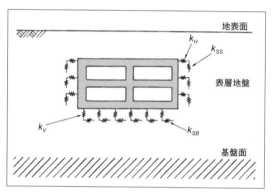

図 3.40　耐震計算モデル

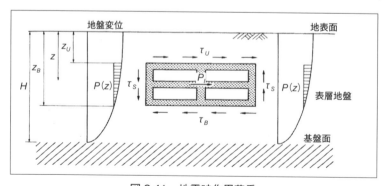

図 3.41　地震時作用荷重

地震の影響としては、一般に以下に示すものがある。

a) $P(z)$ ：地震時土圧
b) τ_U ：地震時周面せん断力（上床版）
c) τ_B ：地震時周面せん断力（底版）
d) τ_S ：地震時周面せん断力（側壁）
e) P_I ：地下駐車場躯体の慣性力

これらは式3.110～式3.114より求めるものとする。

$$P(z) = k_H \cdot \{u(z) - (z_B)\} \quad \cdots\cdots 式3.110$$

$$\tau_U = \frac{G_D}{\pi \cdot H} \cdot S_V \cdot T_S \cdot \sin\frac{\pi \cdot z_U}{2H} \quad \cdots\cdots 式3.111$$

$$\tau_B = \frac{G_D}{\pi \cdot H} \cdot S_V \cdot T_S \cdot \sin\frac{\pi \cdot z_B}{2H} \quad \cdots\cdots 式3.112$$

$$\tau_S = \frac{\tau_U + \tau_B}{2} \quad \cdots\cdots 式3.113$$

$$P_I = W \cdot k_h \quad \cdots\cdots 式3.114$$

ここに、

$P(z)$ ：地表面からの深さ z（m）において地下駐車場躯体に作用する地震時土圧（tf／m^2）

z ：地表面からの深さ（m）

z_U ：地表面から地下駐車場上床版までの深さ（m）

z_B ：地表面から地下駐車場底版までの深さ（m）

$u(z)$、$u(z_B)$ ：地表面からの深さ z（m）および z_B（m）における地盤の変位（m）で式3.100による

τ_U、τ_B、τ_S ：上床版、底版、および側壁に作用する地震時周面せん断力（tf／m^2）

G_D ：地盤の動的せん断変形係数で式3.102による

S_V ：基盤面における速度応答スペクトル（m／s）であり、式3.100による

T_S ：地盤の固有周期であり、式3.100による

H ：表層地盤の厚さ（m）であり、地表面から耐震設計上の基盤面までの厚さをとる

P_I ：地下駐車場躯体に作用する慣性力（tf）

W ：地下駐車場躯体重量（tf）

k_h ：設計水平震度で、式3.96による

7.9 液状化の判定と浮き上がりの検討

共同溝設計指針[13]と同一である。

7.10 動的解析と安全性の照査

(1) 基本方針

① 動的解析は、原則として応答スペクトル法により行うものとする。ただし時刻歴で地下駐車場の各部の挙動を把握することが必要となる場合は、時刻歴応答解析法を用いることができる。

② 動的解析では、地下駐車場の弾性域における動的特性を表現できる解析モデルを用いるものとする。地盤は、地震時に地盤に生じるひずみレベルを考慮した等価線形化手法によりモデル化するものとする。

(2) 入力地震動

① 応答スペクトル法に用いる加速度応答スペクトル

応答スペクトル法に用いる加速度応答スペクトルは、基盤面において与え、原則として、式3.115により算出するものとする。

$$S = c_Z \cdot c_D \cdot S_0 \qquad \text{式3.115}$$

ここに、

S ：応答スペクトル法に用いる加速度応答スペクトル（1 gal 単位に丸める）

c_Z ：地域別補正係数

c_D ：減衰定数別補正係数であり、モード減衰定数 h_i に応じて式3.116により算出するものとする

$$c_D = \frac{1.5}{40h_i + 1} + 0.5 \quad \cdots\cdots\cdots\cdots\cdots\cdots\cdots\cdots\cdots\cdots\cdots \text{式 3.116}$$

S_0：標準加速度応答スペクトル（gal）であり、各振動モードの固有周期 T_i に応じて表3.21、図3.42の値とする。

表3.21 標準加速度応答スペクトルの値

$T_i < 0.2$	$0.2 \leq T_i \leq 1.0$	$1.0 < T_i$
$S_0 = 342 T_i^{1/3}$ ただし、$S_0 \geq 160$	$S_0 = 200$	$S_0 = 200 / T_i$

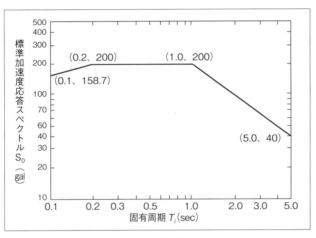

図3.42 標準加速度応答スペクトル

② 時刻歴応答解析法に用いる地震入力

時刻歴応答解析法に用いる地震入力としては、地盤条件や地下駐車場の動的特性等を考慮して、既往の強震記録の中から上記①に規定する応答スペクトル法に用いる加速度応答スペクトル S に近い特性を有する強震記録を選定するものとする。

(3) **安全性の照査**

動的解析から得られた最大応力度等を、応答変位法による耐震設計に用いる許容応力度等と比較することにより、地下駐車場の安全性を照査するものとする。

〈 参 考 文 献 〉

1) Kuesel,T R：EARTHQUAKE DESIGN CRITERIA FOR SUBWAYS, Vol 95, ASCE, No ST6, 1969.6.
2) 村上良丸、福山俊郎、佐藤　進：BART 耐震設計方法を我が国の沈埋トンネルに適用した場合の解析例、土木学会年次学術講演会、第5部　Vol.26、1971 年、pp.125-128
3) ㈳日本道路協会：石油パイプライン技術基準（案）、昭和 49（1974）年 3 月
4) ㈳土木学会：沈埋トンネル耐震設計指針（案）、昭和 50（1975）年
5) 岩崎敏男・川島一彦：沈埋トンネルの動的解析―模型振動実験と地震応答解析―、土と基礎、Vol.22　No.3、pp.49-55、1974 年
6) ㈳土木学会：パイプラインの技術基準に関する研究報告書、昭和 46（1971）年
7) 青木義典、丸山　浩：沈埋トンネル耐震設計用スペクトルについて、港湾技術研究所報告、Vol.11　No.4、pp.291-315、1972 年 12 月
8) ㈶国土開発技術研究センター：地下埋設管路耐震継手の技術基準（案）、昭和 52（1977）年 3 月
9) 建築基準法施行令改正、1981 年 6 月
10) ㈳日本ガス協会・ガス工作物設置基準調査委員会：ガス導管耐震設計指針、昭和 57（1982）年 3 月
11) ㈳日本ガス協会・ガス工作物等技術基準調査委員会：高圧ガス導管耐震設計指針 JGA 指 -209-03、2004 年 3 月
12) ㈳日本ガス協会・ガス工作物等技術基準調査委員会：中低圧ガス導管耐震設計指針 JGA 指 -206-03、2004 年 3 月
13) ㈳日本道路協会：共同溝設計指針、昭和 61（1986）年 3 月
14) ㈳日本道路協会：道路橋示方書・同解説　Ⅴ 耐震設計編、平成 2（1990）年
15) ㈳日本道路協会：道路橋示方書・同解説　Ⅴ 耐震設計編、平成 24（2012）年
16) ㈳日本道路協会：駐車場設計・施工指針　同解説、平成 4（1992）年 11 月
17) ㈳土木学会・丸善㈱：都市ライフラインハンドブック、pp.168 〜 169、平成 22（2010）年 3 月
18) ㈳日本水道協会：水道施設耐震工法指針・解説、2009 年

第4章
管路材料と継手特性

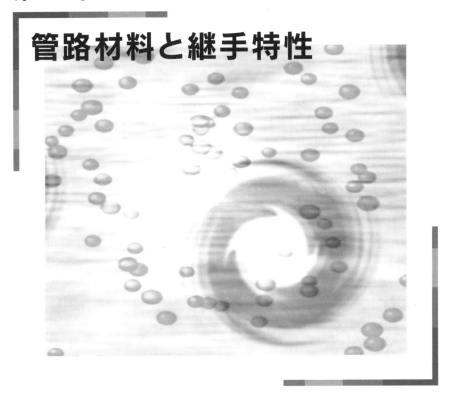

第4章
管路材料と継手特性

1　管路材料

1.1　管材と水道管路への適用

水道管路には様々な管材が用いられている。厚生労働省が定める耐震適合性と各管種水道管の関係は**表 4.1** に定める通りである[1]。水道配水用ポリエチレン管

表 4.1　管種・継手毎の耐震適合性[1]

管種・継手	配水支管が備えるべき耐震性能	基幹管路が備えるべき耐震性能	
	レベル1地震動に対して、個々に軽微な被害が生じても、その機能保持が可能であること	レベル1地震動に対して、原則として無被害であること	レベル2地震動に対して、個々に軽微な被害が生じても、その機能保持が可能であること
ダクタイル鋳鉄管（NS形継手等）	○	○	○
ダクタイル鋳鉄管（K形継手等）	○	○	注1)
ダクタイル鋳鉄管（A形継手等）	○	△	×
鋳鉄管	×	×	×
鋼管（溶接継手）	○	○	○
水道配水用ポリエチレン管（融着継手）注2)	○	○	注3)
水道用ポリエチレン二層管（冷間継手）	○	△	×
硬質塩化ビニル管（RRロング継手）注4)	○	注5)	
硬質塩化ビニル管（RR継手）	○	△	×
硬質塩化ビニル管（TS継手）	×	×	×
石綿セメント管	×	×	×

注1) ダクタイル鋳鉄管（K形継手等）は、埋立地など悪い地盤において一部被害はみられたが、岩盤、洪積層などにおいて、低い被害率を示していることから、良い地盤においては基幹管路が備えるべきレベル2地震動に対する耐震性能を満たすものと整理することができる。
注2) 水道配水用ポリエチレン管（融着継手）の使用期間が短く、被災経験が十分ではないことから、十分に耐震性能が検証されるには未だ時間を要すると考えられる。
注3) 水道配水用ポリエチレン管（融着継手）は、良い地盤におけるレベル2地震動（2004年新潟県中越地震）で被害がなかった（フランジ継手部においては被害があった）が、布設延長が十分に長いとはいえないこと、悪い地盤における被災経験がないことから、耐震性能が検証されるには未だ時間を要すると考えられる。
注4) 硬質塩化ビニル管（RRロング継手）は、RR継手よりも継手伸縮性能が優れているが、使用期間が短く、被災経験もほとんどないことから、十分に耐震性能が検証されるためには未だ時間を要すると考えられる。
注5) 硬質塩化ビニル管（RRロング継手）の基幹管路が備えるべき耐震性能を判断する被災経験はない。
備考）○：耐震適合性あり
　　　×：耐震適合性なし
　　　△：被害率が比較的に低いが、明確に耐震適合性ありとしにくいもの
出典）厚生労働省「管路の耐震化に関する検討会報告書（平成19年3月）」

については2011年東日本大震災では高い耐震性を示したが、使用の歴史が浅いこと、震度7地域に埋設されていた管路延長が十分でないことなどから、レベル2地震動に対しては耐震管とされていない（平成26年度時点）。また、ダクタイル鋳鉄管K形継手は、その布設延長が極めて長く、多くの水道事業体で使用されており、その耐震継手管への布設替えが容易でないこともあり、さらに、地盤の良い地点では破損が少ないこともあって、地盤によって、耐震性の適合が判断されている現状にある。

管種別にみた耐震性能の特徴は**表4.2**のように記述されている[2]。耐震性の判断は、管材料の特性と継手の特性の2点、さらに耐久性能から判断されるべきも

表4.2 耐震性能からみた管種の主な特徴[2]

管種・継手	特徴
ダクタイル鋳鉄管 （NS形継手等）	①管体強度が大きい。靱性に富み、衝撃に強い。 ②NS、S、SⅡ形等の鎖構造継手は、柔構造継手よりも大きな伸縮に対応でき、さらに離脱防止機能を有するので、より大きな地盤変動に対応できる。 ③重量は比較的重い。
ダクタイル鋳鉄管 （K、T形継手等）	①管体強度が大きい。靱性に富み、衝撃に強い。 ②K、T、U形等の柔構造継手は、継手部の伸び、屈曲により地盤の変動に順応できる。埋立地、盛土地盤等の悪い地盤においては、地盤の液状化や亀裂等の地盤変状により伸縮（伸び）量が限界以上になれば離脱するが、岩盤・洪積層等の良い地盤では地盤変動に対応できる。 ③重量は比較的重い。
鋼管 （溶接継手）	①管体強度が大きい。靱性に富み、衝撃に強い。電食に対する配慮が必要であり、水道用プラスチック被覆鋼管（WSP 047）のような防食性の良い外面防食材料を被覆した管がある。 ②溶接継手により一体化ができ、地盤の変動には管体の強度および変形能力で対応する。地盤変動の大きいところでは、伸縮可撓管（継手）の使用または厚肉化で対応できる。 ③重量は比較的軽い。溶接継手は専門技術を必要とするが、自動溶接もある。
水道配水用 ポリエチレン管 （融着継手）	①管体強度は金属管に比べ小さい。 ②耐腐食性は良好。熱、紫外線に弱い。有機溶剤による浸透に注意する必要がある。 ③重量が軽く施工性が良い。継手の接合にはコントローラや特殊な工具を必要とする。雨天時や湧水地盤等の環境での施工が困難である。 ④融着継手により一体化でき、管体に柔軟性があるため地盤変動に追従できる。ただし、悪い地盤における被災経験がないことから、使用にあたっては十分な耐震性能の検証が必要である。 ⑤低圧のガス導管では多く使用されているが、ガス用と水道配水用ポリエチレン管は材質・使用条件に違いがあることに留意する。
水道用 ゴム輪形耐衝撃性 硬質塩化ビニル管 （RRロング継手）	①管体強度は金属管に比べ小さい。 ②耐腐食性は良好。シンナー類等の有機溶剤、熱、紫外線に弱い。 ③重量は軽く、特殊な工具を必要としないため、施工性が優れている。 ④RR継手よりも継手伸縮性能が優れているが、使用期間が短く、被災経験もほとんどないことから、使用にあたっては十分な耐震性能の検証が必要である。

のである。すなわち、地震時における地盤変位は材料延性と継手特性によって吸収されるためである。布設延長・使用歴の長短は耐震性適合の直接的要因ではない。

1.2 鋼管

鋼管は様々な用途の地中管路として使用されている。その使用の要件を規定している法令は**表 4.3** に示す通りである[3]。

JIS に規定されている配管用鋼管の名称と種類記号を**表 4.4** に示している[3]。

漏えいの基準が厳しいガス導管に使用される鋼管材料については、2004 年制定の高圧ガス導管耐震設計指針[4]に、材料種別と特性が**表 4.5**、**表 4.6**、**表 4.7**、**表 4.8** のように定められており、API5L、STPG、STPT、STPY400 が主要鋼管材である。

表 4.3 鋼管の使用を規定している主要な法令・基準[3]

準拠法	適用機器・装置など
建築基準法	配管設備、土木・建築用鋼管
水道法	給水装置の材質基準
消防法	消火栓配管、防火区画貫通
電気事業法	発電設備にかかわる配管、ボイラ熱交換器用鋼管
ガス事業法	ガス配管

表 4.4 JIS に規定されている配管用鋼管[3]

JIS 番号	名称	種類の記号
G 3442	水配管用亜鉛めっき鋼管	SGPW
G 3443	水輸送用塗覆装鋼管	STW
G 3447	ステンレス製サニタリー鋼管	SUS-TB
G 3448	一般配管用ステンレス鋼管	SUS-TPD
G 3452	配管用炭素鋼管	SGP
G 3454	圧力配管用炭素鋼管	STPG
G 3455	高圧配管用炭素鋼管	STS
G 3456	高温配管用炭素鋼管	STPT
G 3457	配管用アーク溶接炭素鋼管	STPY
G 3458	配管用合金鋼管	STPA
G 3459	配管用ステンレス鋼管	SUS-TP ほか
G 3460	低温配管用鋼管	STPL
G 3468	配管用溶接大径ステンレス鋼	SUS-TPY
G 3469	ポリエチレン被覆鋼管	P

表4.5　API 5L の機械的性質[4]

級別	引張強さN／mm²	耐力N／mm²
X 42	414 以上	290 以上
X 46	434 以上	317 以上
X 52	455 以上	359 以上
X 56	490 以上	386 以上
X 60	517 以上	414 以上
X 65	531 以上	448 以上

※　伸びは、別途 API 規格を参照すること。

表4.6　JIS G 3454（STPG）の機械的性質[4]

種類の記号	引張強さ N／mm²	降伏点または耐力 N／mm²	伸び%					
			11号試験片 12号試験片		5号試験片		4号試験片	
			縦方向	横方向	縦方向	横方向	縦方向	横方向
STPG 370	370 以上	215 以上	30 以上	25 以上	28 以上	23 以上		
STPG 410	410 以上	245 以上	25 以上	20 以上	24 以上	19 以上		

※ 縦/横方向の列は11号・12号試験片、5号試験片、4号試験片のそれぞれに対応。

表4.7　JIS G 3456（STPT）の機械的性質[4]

種類の記号	引張強さ N／mm²	降伏点または耐力 N／mm²	11号試験片 12号試験片 縦方向	横方向	5号試験片 縦方向	横方向	4号試験片 縦方向	横方向
STPT 370	370 以上	215 以上	30 以上	25 以上	28 以上	23 以上		
STPT 410	410 以上	245 以上	25 以上	20 以上	24 以上	19 以上		
STPT 480	480 以上	275 以上	25 以上	20 以上	22 以上	17 以上		

表4.8　JIS G 3457（STPY 400）の機械的性質[4]

種類の記号	引張強さ N／mm²	降伏点または耐力 N／mm²	伸び% 5号試験片　横方向
STPY 400	400 以上	225 以上	18 以上

　一般的に、鋼管の破壊様式は**表4.9**に示す通りである。地震時破壊は地盤変動による座屈や圧潰が主な現象であるが、材料腐食状態の鋼管に地震時外力が加わって破壊された事例が多い。

　一方、鋼管には**図4.1**に示すクリープ現象が存在する[3]。

　400℃以上の高温環境では、弾性限以下の荷重を加えても、材料が時間とともに変形することがある。この現象をクリープ現象という。クリープには3段階あり、Ⅰ領域では時間とともに変形速度は減少し、Ⅱ領域では変形速度はほぼ一定

表 4.9　鋼管の破壊現象とその原因[3]

破壊の様式	破壊の原因
変形／延性破壊	材料強度を使用時の過大負荷
バースト（高速延性破壊）	ガスパイプラインの稼働時のダメージによる亀裂進展
疲労破壊	繰り返し荷重による疲労亀裂進展
脆性破壊	脆性亀裂の発生・進展
座屈／圧潰	地盤変動（地震、永久凍土地帯、地すべり）
	布設時の変形、深海などの静水圧
クリープ	高温における変形
腐食	環境からの水素の侵入による割れ（遅れ破壊、水素脆化、硫化水素割れ）
	環境の作用による割れの発生（応力腐食割れ、腐食疲労）
	管内面からの肉厚減少

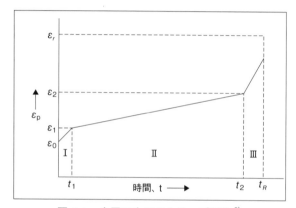

図 4.1　金属に生じるクリープ現象[3]

となる。Ⅲ領域では、変形速度は時間とともに増加し、ついには破断する。

　クリープ強度を改善するためには、使用温度で安定な微細析出物による析出硬化、拡散速度の遅い合金元素を添加する固溶強化、粒界すべりを抑制するための粗粒化などの効果がある。

1.3　ダクタイル鋳鉄管

　図 4.2 に鋳鉄管材料の改良の歴史を示している[5]。1961 年に日本水道協会規格となっている。DCIP（Ductile Cast Iron Pipe）はダクタイル鋳鉄管、FC（Ferrum Casting）はねずみ鋳鉄管で、脆弱材料の FC は地震時に被害を受けやすく、新たに布設される管路に使用されることはない。

　DCIP および FC の応力～ひずみ特性を図 4.3、図 4.4 に示している[6]。FC の

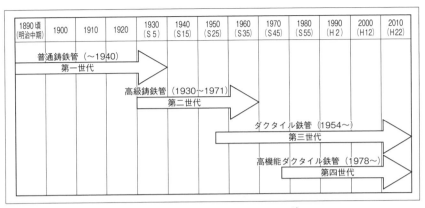

図4.2 鋳鉄管材料の歴史的改良[5]

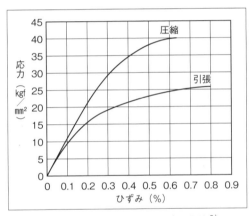

図4.3 DCIPの応力～ひずみ曲線[6]

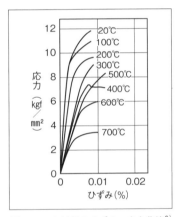

図4.4 FC材料のひずみ～応力曲線[6]
（ひずみ載荷速度：5.2×10^{-3} / sec）

降伏ひずみはDCIPの1／10よりも小さい。DCIPは強度が大であり、強靭性に富み、衝撃に強い。また、金属材料の中では腐食に強く、電気抵抗が高いため電食の影響を受けにくい。他方、重量が比較的重く、土壌が腐食性の場合には外面防食を必要とする、などの短所もある。

他の管種と比較したダクタイル鋳鉄管路の物理的特性を**表4.10**に示している[5]。

また、水道施設耐震工法指針・解説に示されているダクタイル鋳鉄管の機械的性質を**表4.11**[2)7)]に示す。

表 4.10　DCIP の物理的性質[5]

機械的性質＼材質	ダクタイル鉄管	鋼管	硬質塩化ビニル管	ポリエチレン管
引張強さ（N／mm^2）	420 以上	400 以上	49 以上（15℃）	20 以上[1), 2)]
曲げ強さ（N／mm^2）	600 以上	〃	78～98	24[4)]
伸び（％）	10 以上	18 以上	50～150	350 以上[1), 3)]
弾性係数（N／mm^2）	$1.5～1.7×10^5$	$2.1×10^5$	$2.7～3×10^3$	$1.30×10^3$ [4)]
硬さ	ブリネル 230 以下	ブリネル 140 以下	ロックウエル R 115	デュロメータ 63[4)]
ポアソン比	0.28～0.29	0.3	0.37	0.47[4)]
比重	7.15	7.85	1.43	0.96[4)]
線膨張係数 1／℃	$1.0×10^{-5}$	$1.1×10^{-5}$	$6～8×10^{-5}$	$1.3×10^{-4}$ [4)]

1) JWWA K 144「水道配水用ポリエチレン管」
2) 引張降伏強さ
3) 引張破断伸び
4) PE100 の基本物性値例

表 4.11　ダクタイル鋳鉄管の機械的性質[2) 7)]

引張強さ（N／mm^2）[1)]	420 以上
曲げ強さ（N／mm^2）[2)]	600 以上
耐力（N／mm^2）[3)]	270 以上
伸び（％）[1)]	10 以上
弾性係数（kN／mm^2）[2)]	150～170
硬さ [1)]	ブリネル 230 以下
ポアソン比 [2)]	0.28～0.29
比重 [2)]	7.15
線膨張係数 1／℃ [2)]	$1.0×10^{-5}$

1) JIS G 5526、5527-1998
2) JDPA T 23「ダクタイル鉄管管路　設計と施工」
3) ISO 2531-1991（E）

1.4　PVC 管

　合成樹脂の一つである塩化ビニルを付加重合したポリ塩化ビニル PVC（Polyvinyl Chloride）は、添加する可塑剤の量によって硬質にも軟質にもなり、優れた耐水性・耐酸性・耐アルカリ性・耐溶剤性をもつ。また難燃性であり、電気絶縁性である。このような優れた物性をもつにもかかわらず、苛性ソーダを作る際に副産する低価格の塩素ガスが主原料のため、値段が安いことから用途は多岐にわたっている。

　日本では、1941 年に工業化された。1990 年代には、ポリ塩化ビニルをはじめとする塩素系プラスチックがダイオキシン類の主要発生源と考えられ社会問題化した。図 4.5 には PVC 材料の載荷速度の違いによる応力～ひずみ関係を示して

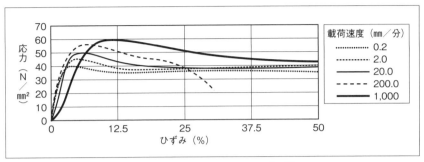

図 4.5　HPVC の応力〜ひずみ[8]

表 4.12　水道用耐衝撃性硬質塩化ビニル管の物性値（23℃）[2) 7)]

	試験名	試験方法	単位	物性値 HIVP	備考
物理的・機械的・電気的性質	密度	JIS K 7112	g／cm^3	1.40	水中置換法
	硬度	JIS K 7215	ディロメータ	110 〜 120	
	引張降伏強さ	JIS K 6815-1、2	MPa	49 〜 52	
	引張弾性率（ヤング率）	JIS K 7113	MPa	3,334	15℃
	圧縮強さ	JIS K 7181	MPa	59 〜 88	
	ポアソン比	JIS K 7161	—	0.38	
	曲げ強さ	JIS K 7171	MPa	78	
	曲げ弾性率	JIS K 7171	MPa	1,960 〜 2,450	
	線膨張係数	JIS K 7197	℃$^{-1}$	7×10^{-5}	TMA 法
	体積固有抵抗	JIS K 6911	MΩ・cm	10^9 以上	高度の電気絶縁体であり非磁性体

出典）塩化ビニル管・継手協会「水道用硬質塩化ビニル管技術資料＜規格・設計編＞平成 20 年 12 月版」

いる[8]。降伏ひずみは 2 〜 3 ％で、載荷速度が高くなるほど、応力値は増加する。水道施設耐震工法指針・解説に示される PVC の物性値を表 4.12 に示す[2) 7)]。

1.5　PE 管

PE 管（Polyethylene Pipe）は 1953 年日本において製造が開始され、1958 年に日本水道協会規格 JWSA K 101（水道用ポリエチレン管）が制定された。図 4.6 に示すような進展を経て[9]、第一世代高密度 PE（HDPE：比重 0.95 〜 0.97）（1980 〜）、第二世代高密度 PE（HDPE）（1990 〜）が採用された。低密度 PE（LDPE：比重 0.91 〜 0.93）もほぼ同様の時期に開発・使用されている。水道配水管路の現在の主流は HDPE／PE100 である。

図 4.6 中の IWSA、IWA、JWWA、JIS は、それぞれ国際上水道協会、国際水協会、

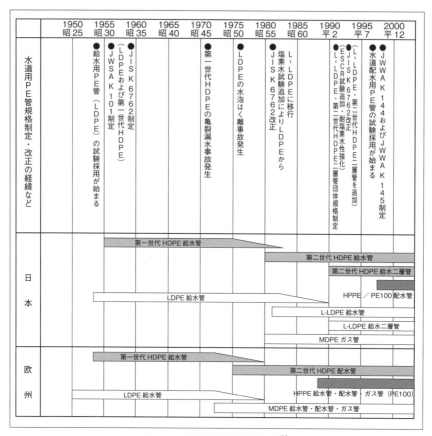

図 4.6　PE管の歴史的進展[9]

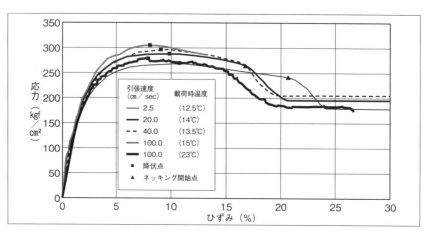

図 4.7　管体の応力とひずみの関係[10]

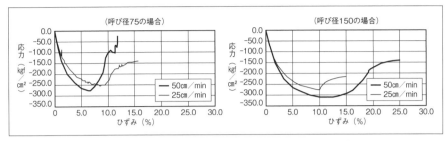

図 4.8　圧縮試験における管体応力と管体重みの関係

日本水道協会、日本工業規格を意味し、LDPE、MDPE、HDPE、L-LDPE、HPPE は、それぞれ低密度ポリエチレン、中密度ポリエチレン、高密度ポリエチレン、直鎖樹生低密度ポリエチレン、高性能ポリエチレンを意味する。

表 4.13　水道配水用ポリエチレン管の物性値（JWWA K 144）[11]

引張降伏強さ	20.0MPa 以上
引張破断伸び	350% 以上
耐圧性	漏れ、破損があってはならない
破壊水圧強さ	4.0MPa 以上
熱安定性	酸化誘導時間 20 分以上
加熱伸縮	±3% 以内

　PE 管は伸縮性に優れた材料である。載荷速度の違いによる応力～ひずみ関係を図 4.7 に示している[10]。3 % 前後の降伏ひずみで、7～8 % で最大張力を示す。

　また、図 4.8 に示すように圧縮載荷においても、同様な降伏ひずみと最大圧縮力を示している[10]。

　日本水道協会規格[11] では表 4.13 のような基準値を与えている。

1.6　HP（ヒューム管）

　ヒューム管方式による鉄筋コンクリート管は、1925 年（大正 14 年）から本格的に生産が開始された[12]。

　ヒューム管は、工業標準化法により 1950 年（昭和 25 年）JIS A 5303 として制定され、「遠心力鉄筋コンクリート管」という公式名称が定められた[12]。

　ヒューム管は用途および埋設方法により、外圧管、内圧管および推進管に大別され、また、管の規格には、日本工業規格として JIS A 5372：2010、日本下水道協会規格として JSWAS A-1、JSWAS A-2 および JSWAS A-6 がある（図 4.9 参照）。

　表 4.14[13] に日本下水道協会および日本工業規格による管路材料と継手特性をまとめた管種一覧表を示す。また、表 4.15[12] に呼び径 250 と 800 の JIS 規格に

おける外圧強さの変遷を示す。

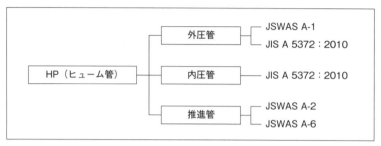

図 4.9 ヒューム管の用途別管の規格 [13]

表 4.14 ヒューム管の種類 [13]

規格	種類					
	形状	外圧強さ (または内圧強さ)	圧縮強度	継手性能 (または継手種類)	種類の記号	呼び径の範囲
JSWAS A-1-2011	外圧管	1種		A 形		150 ～ 350
				B 形		150 ～ 1,350
				NB 形		150 ～ 900
				NC 形		1,500 ～ 3,000
		2種		A 形		150 ～ 350
				B 形		150 ～ 1,350
				NB 形		150 ～ 900
				NC 形		1,500 ～ 3,000
		3種		NC 形		1,500 ～ 3,000
JSWAS A-2-1999	標準管	1種	50	JA	X51	800 ～ 3,000
			70	JB	X71	
		2種	50	JC	X52	
JSWAS A-6-2000	標準管	1種	50	SJS	X51	200 ～ 700
			70	SJA	X71	
		2種	50	SJB	X52	
JIS A 5372：2010	外圧管	1種		A 形		150 ～ 1,800
				B 形		150 ～ 1,350
				NB 形		150 ～ 900
				NC 形		1,500 ～ 3,000
		2種		A 形		150 ～ 1,800
				B 形		150 ～ 1,350
				NB 形		150 ～ 900
				NC 形		1,500 ～ 3,000
		3種		NC 形		1,500 ～ 3,000
	内圧管	2K		A 形		150 ～ 1,800
				B 形		150 ～ 1,350
				NC 形		1,500 ～ 3,000
		4K		A 形		150 ～ 1,800
				B 形		150 ～ 1,350
				NC 形		1,500 ～ 3,000
		6K		A 形		150 ～ 800
				B 形		150 ～ 800

表 4.15　JIS 規格における外圧強さ（呼び径 250 と 800 の場合）[12]

単位：kN／m，（　）内は kg／m

JIS 規格	制定および改訂年	呼び径 250				呼び径 800			
		ひび割れ荷重		破壊荷重		ひび割れ荷重		破壊荷重	
		1種	2種	1種	2種	1種	2種	1種	2種
JIS A 5303	1950	(1,100)		(2,000)		(2,200)		(4,800)	
	1956	(1,300)		(2,000)		(2,400)		(4,900)	
	1962	(1,300)		(2,000)		(2,400)		(4,900)	
	1965	(1,300)		(2,000)		(2,400)		(4,900)	
	1972	(1,300)	—	(2,000)	—	(2,400)	—	(4,900)	—
	1976	12.75 (1,300)	—	19.61 (2,000)	—	23.54 (2,400)	—	48.05 (4,900)	—
	1979	12.75 (1,300)	23.54 (2,400)	19.61 (2,000)	47.07 (4,800)	23.54 (2,400)	44.13 (4,500)	48.05 (4,900)	88.26 (9,000)
	1985	16.67 (1,700)	23.54 (2,400)	25.50 (2,600)	47.07 (4,800)	35.30 (3,600)	58.84 (6,000)	52.96 (5,400)	93.16 (9,500)
	1990	16.67 (1,700)	23.54 (2,400)	25.50 (2,600)	47.07 (4,800)	35.30 (3,600)	58.84 (6,000)	52.96 (5,400)	93.16 (9,500)
	1993	16.67 (1,700)	23.54 (2,400)	25.50 (2,600)	47.07 (4,800)	35.30 (3,600)	58.84 (6,000)	52.96 (5,400)	93.16 (9,500)
JIS A 5372	2000	16.7	23.6	25.6	47.1	35.4	58.9	53.0	93.2
	2004	16.7	23.6	25.6	47.1	35.4	58.9	53.0	93.2
	2010	16.7	23.6	25.6	47.1	35.4	58.9	53.0	93.2

2　継手特性

　地震時に管に作用する地盤変位は管体材料の伸縮特性と継手の伸縮特性によって吸収されて、地震時の安全性を確保している。したがって、地中管路の耐震設計における継手特性は極めて重要である。

2.1　鋼管

　大口径鋼管の接合は、基本的に溶接によって行われる。必要な箇所には、伸縮可撓継手が用いられる場合もある。小口径の場合には、ねじ接合が用いられる。溶接接合部における安全性の評価手順を図 4.10[3] に示す。基準は、表 4.16 に示す[3] 通りである。

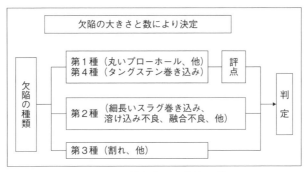

図 4.10　接続部の評価概要[3]

表 4.16　各規格における対象部および判定基準等の比較[3]

規格	対象物	判定基準	判定方法
JIS Z 3104 「鋼溶接部の放射透過試験方法・等級分類方法」	鋼板、鋼管の溶接部	欠陥の種類 第1種～第4種 合否の判定基準は3類が基本	欠陥の大きさと数により決定
JIS Z 3050 「パイプライン溶接部の非破壊検査方法」	鋼管の円周溶接部	欠陥の種類を14項目で判定 合否の判定基準は3類が基本	欠陥の大きさと数により決定
WSP 008 「水道用鋼管現場溶接継手部の非破壊検査基準」 JIS Z 3050 を基礎に規格化	鋼管の円周溶接部	欠陥の種類を14項目で判定 合否の判定基準は3類が基本	欠陥の大きさと数により決定
API 1104 （米国石油協会規格） 「Welding Pipelines and Related Faicil-ities」	ガス・石油等のパイプラインおよび関連設備の溶接部	欠陥の種類を14項目で判定 各項目毎に判定基準あり	欠陥の大きさと分布（間隔）により決定

鋼管ねじ継手

鋼管差し込みねじ継手部の構造寸法例を図 4.11、図 4.12 に示す。また、継手の特性値を表 4.17 に示す[14]。

上記鋼管は塗覆を施した鋼管であるが、一般的には、鋼管ねじ接合部が腐食により弱体化して、地震時に破損するケースが多くみられる。

図 4.13 は小口径（φ34mm）供給ガス管の曲り部に用いられるねじ継手の伸縮、曲げ特性である[15]。

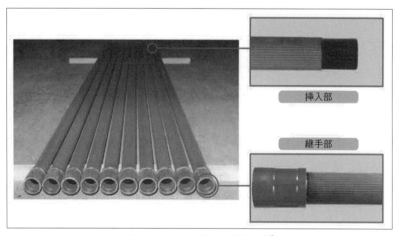

図 4.11　ねじ鋼管の構造例[14]

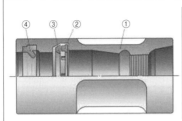

品番	品名	数量(個)	材質
①	継手本体	1	JIS G 5702 FCMB 2B
②	ストッパーリング支持用弾性体	1	JIS K 6380 BE807（NBR）
③	ストッパーリング	1	JIS G 4051 S45C JIS H 8615 MCr5
④	ゴムリング	1	JIS K 6353 Ⅰ類 A60（SBR）

図 4.12　ねじ鋼管の接合部詳細[14]

表 4.17　鋼管差し込み継手部の性能[14]

特性＼口径	25 mm	50 mm	75 mm	100 mm
差し込み構造部引抜き強度	49kN 以上	127.4kN 以上	196kN 以上	196kN 以上
電気抵抗	3 本の平均値が 0.74mΩ 以下			
気密性	－39kPa で 20 分間漏れがない		－78kPa および 294kPa で 20 分間漏れがない	
接続時挿入性	挿入力：0.98kN 以下		挿入力：2.45kN 以下	

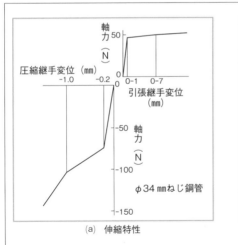

(a)　伸縮特性

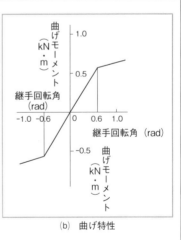

(b)　曲げ特性

図 4.13　ねじ継手の伸縮・曲げ特性[15]

2.2　ダクタイル鋳鉄管

　ダクタイル鋳鉄管は管材料の伸縮・曲げおよび継手の伸縮余裕・曲げ角によって地震力を吸収する。大半は継手が分担すると考えられるので、継手特性は極めて重要である。ダクタイルの耐震管といわれるものは伸縮余裕、曲げ角の性能が

優れているものを意味している。表 4.18[16]にはダクタイル鋳鉄管の継手種類を示している。

ダクタイル鋳鉄管の主な継手構造を図 4.14～図 4.19[17]に示した。

表 4.19[2)7)]にはダクタイル鋳鉄管の NS、S、K、U 形継手について、口径別の最大継手伸縮量および許容曲げ角度を示している[7)]。

図 4.20[2)7)]は K、U、S、SⅡ、NS 形継手の詳細図である。S、SⅡ、NS 形継手は一般的に耐震継手とされている。

耐震設計指針により、継手の設計を行う場合には、第 5 章、第 6 章でも後述するように、継手の特性の如何にかかわらず、地震動、地盤特性や管材料の特性が与えられると、継手変位・回転角が計算されて、その値と継手特性許容値（表 4.19 など）を比較して、管路の継手安全性が照査されることになる。すなわち、継手は存在しないものと仮定して、管路セグメント間は自由端として取り扱われる。しかし、管路の延長に応じて地盤特性が変化する場合や、T 字管や曲管などが含まれる場合には、管体や継手は一様に挙動することはなく、重要な管路では応答解析を実施して安全性を確認する必要がある。その際には、下記に述べる非線形

表 4.18　ダクタイル鋳鉄管の継手種別[16]

規格名称	番号	接合形式	適用呼び径
ダクタイル鋳鉄管	JIS G 5526 JWWA G 113	K 形	75～2,600
		T 形	75～2,000[1)]
		U 形	700～2,600
		KF 形	300～900
		UF 形	700～2,600
ダクタイル鋳鉄異形管	JIS G 5527 JWWA G 114	NS 形	75～250[2)]
		SⅡ形	75～450
		S 形	500～2,600
		US 形	700～2,600
		PⅠ形	300～1,350
		PⅡ形	300～1,350
		フランジ形	75～2,600
推進工法用 ダクタイル鋳鉄管	JDPA G 1029	T 形	250～700
		U 形	800～2,600
		UF 形	800～2,600
		US 形	800～2,600

注 1 ）T 形異形管は呼び径 250 までです。
　 2 ）NS 形管は、JWWA G 113、G114 で規定しています。
　　　なお、JDPA G 1042 では呼び径 1,000 まで規定しています。

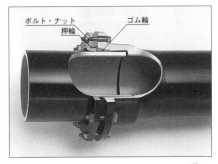
図 4.14　K形継手（75〜2,600）[17]

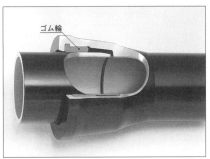
図 4.15　T形継手（75〜2,000）[17]

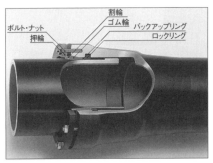
図 4.16　S形継手（1,100〜2,600）[17]

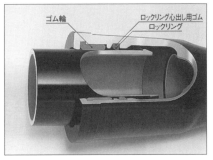
図 4.17　NS形継手（75〜450）[17]

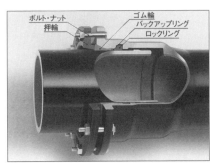
図 4.18　NS形継手（500〜1,000）[17]

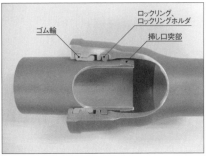
図 4.19　GX形継手（75〜400）[17]

継手挙動を導入して応答解析を行うことが求められる。以下では、これまでに実験などによって得られている継手変位あるいは回転角と、軸力あるいは曲げモーメントの関係について述べる。

表 4.19 ダクタイル鋳鉄管継手の伸縮（伸び）量[2)7)]

接合形式	NS形			S形（呼び形450以下はSⅡ形）			K形		U形	
呼び径	真直配管時最大伸び量Ⓐ[1)]	許容曲げ角度	設計照査用最大伸び量Ⓑ[2)]	真直配管時最大伸び量Ⓐ[1)]	許容曲げ角度	設計照査用最大伸び量Ⓑ[2)]	真直配管時最大伸び量Ⓐ[1)]	許容曲げ角度	真直配管時最大伸び量Ⓐ[1)]	許容曲げ角度
mm	mm		mm	mm		mm	mm		mm	
75	± 45.5	4° 00″	± 42	± 45.5	4° 00″	± 42	40	5° 00″	31	—	—
100	〃	〃	± 41	〃	〃	± 41	〃	〃	29	—	—
150	± 60.0	〃	± 54	± 60.5	〃	± 54	〃	〃	25	—	—
200	〃	〃	± 52	〃	〃	± 52	〃	〃	20	—	—
250	〃	〃	± 50	〃	〃	± 51	〃	4° 10″	20	—	—
300	± 69.0	3° 00″	± 60	± 75.5	3° 00″	± 66	64	5° 00″	35	—	—
350	± 70.0	〃	〃	〃	〃	± 65	〃	4° 50″	32	—	—
400	± 71.0	〃	〃	〃	〃	± 63	〃	4° 10″	33	—	—
450	± 73.0	〃	〃	〃	〃	± 62	〃	3° 50″	32	—	—
500	± 75.0	3° 20″	〃	± 77.0	3° 20″	± 61	〃	3° 20″	33	—	—
600	〃	2° 50″	〃	〃	2° 50″	〃	〃	2° 50″	32	—	—
700	〃	2° 30″	〃	〃	2° 30″	〃	〃	2° 30″	〃	64	2° 30″	32
800	〃	2° 10″	〃	〃	2° 10″	〃	〃	2° 10″	〃	〃	2° 10″	〃
900	〃	2° 00″	〃	〃	2° 00″	± 60	〃	2° 00″	31	〃	2° 00″	31
1,000	± 80.0	1° 50″	〃	± 78.5	1° 50″	± 61	72	1° 50″	38	67	1° 50″	33
1,100	—	—	—	〃	1° 40″	〃	〃	1° 40″	〃	〃	1° 40″	〃
1,200	—	—	—	〃	1° 30″	± 62	〃	1° 30″	39	〃	1° 30″	34
1,350	—	—	—	〃	〃	± 60	〃	1° 20″	〃	78	〃	40
1,500	—	—	—	± 81.0	〃	〃	〃	1° 10″	40	82	〃	41
1,600	—	—	—	± 72.5	〃	± 50	85	1° 30″	41	67	1° 10″	33
1,650	—	—	—	〃	〃	〃	90	〃	45	〃	1° 05″	34
1,800	—	—	—	± 75.0	〃	〃	95	〃	46	〃	1° 00″	〃
2,000	—	—	—	± 77.5	〃	〃	105	〃	51	72	〃	36
2,100	—	—	—	± 80.0	〃	± 51	110	〃	53	77	〃	39
2,200	—	—	—	〃	〃	± 50	115	〃	55	82	〃	42
2,400	—	—	—	± 82.5	〃	〃	125	〃	60	92	〃	49
2,600	—	—	—	± 85.5	〃	〃	141	〃	70	138	1° 30″	67

注 1)、2) 表4.19において、K形管およびU形管の「真直配管時最大伸び量」とは、まっすぐに配管した位置から、継手が伸びてゴム輪の端部に管の挿し口先端部が一致した時の伸び量であり、図4.20のⒶの値をいう。一方、S形管、NS形管およびSⅡ形管の「真直配管時最大伸び量」とは、まっすぐに配管した時の継手伸縮量を表している。

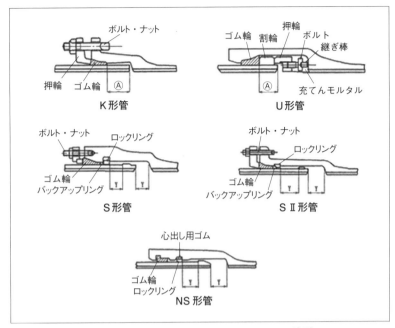

図 4.20 ダクタイル鋳鉄管の継手詳細図[2)7)]

① S形継手特性[16)]

φ1,000，1,500，2,000 mm の S 形管に水圧をかけた状態で、継手変位量と管周上下左右 4 点での抜出し力を測定（図 4.21）した結果を図 4.22〜図 4.24 に示す。継手の阻止力および最大屈曲角を、それぞれ表 4.20、表 4.21 に示す。

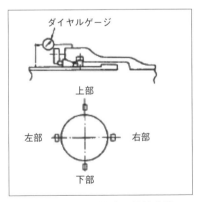

図 4.21　S 形継手の特性実験

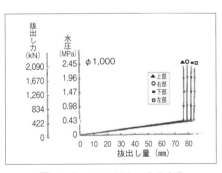

図 4.22　φ 1,000mm S-DCIP

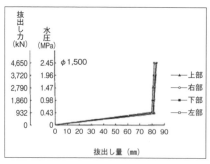

図 4.23　φ 1,500mm S-DCIP

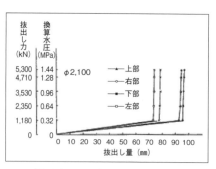

図 4.24　φ 2,000mm S-DCIP

表 4.20　継手の阻止力

呼び径（mm）	離脱防止力 kN（tf）
500	1,470（150）
600	1,770（180）
700	2,060（210）
800	2,350（240）
900	2,650（270）
1,000	2,940（300）
1,100	3,240（330）
1,200	3,530（360）
1,350	3,970（405）
1,500	4,410（450）
1,600	4,710（480）
1,650	4,850（495）
1,800	5,300（540）
2,000	5,880（600）
2,100	6,180（630）
2,200	6,470（660）
2,400	7,060（720）
2,600	7,650（780）

表 4.21　継手の最大屈曲角

呼び径（mm）	地震時に曲り得る最大屈曲角
500	7°
600	7°
700	7°
800	7°
900	7°
1,000	7°
1,100	7°
1,200	7°
1,350	6° 30′
1,500	5° 50′
1,600	5°
1,650	4° 50′
1,800	4° 40′
2,000	4° 20′
2,100	4° 10′
2,200	4°
2,400	3° 50′
2,600	3° 40′

② 　SⅡ形継手特性[16]

　ダクタイル鋳鉄管のSⅡ形継手についても同様な実験結果を図 4.25、図 4.26 に示すと同時に、口径毎の継手特性結果を表 4.22、表 4.23 に示している。

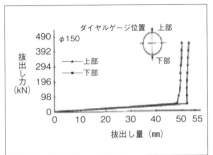

図 4.25　φ150mm SⅡ-DCIP

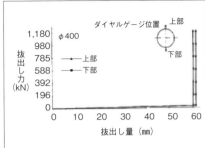

図 4.26　φ400mm SⅡ-DCIP

表 4.22　継手の離脱防止力

呼び径（mm）	離脱防止力 kN（tf）
75	221（22.5）
100	294（30）
150	441（45）
200	588（60）
250	735（75）
300	883（90）
350	1,030（105）
400	1,180（120）
450	1,320（135）

表 4.23　継手の最大屈曲角

呼び径（mm）	地震時に曲り得る最大屈曲角
75	8°
100	8°
150	8°
200	8°
250	8°
300	6°
350	6°
400	6°
450	6°

③　NS 形継手特性[16]

NS 形管による大口径管路は、現在最も多く用いられている耐震管路である。実験結果の一例と基準値を表 4.24、表 4.25 に示す。

表 4.24　継手の離脱防止力

呼び径（mm）	離脱防止力 kN（tf）
75	221（22.5）
100	294（30）
150	441（45）
200	588（60）
250	735（75）

表 4.25　継手の最大屈曲角

呼び径（mm）	地震時に曲り得る最大屈曲角
75	8°
100	8°
150	8°
200	8°
250	8°

④　GX 形継手[18)19]

コスト削減、耐久性、施工性を目指して最近に開発されたダクタイル鋳鉄管耐震継手である。切管ユニット（P-Link、G-Link）を採用して、現場における接合

作業を容易にしている（図 4.27、図 4.28）。

GX 形継手の性能を表 4.26 に示した。NS 形継手と同様な特性を有しており、伸縮量は管長の±1％、離脱防止力は 3DkN、許容曲げ角度は 4°である。

GX 形継手管のϕ100 mm および 200 mm 管について、伸縮特性を図 4.29、P-Link および G-Link の伸縮、曲げ特性を図 4.30、図 4.31 に示している。

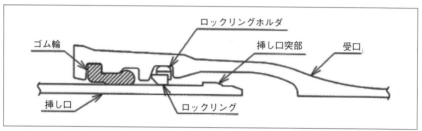

図 4.27　GX 形継手の継手詳細図

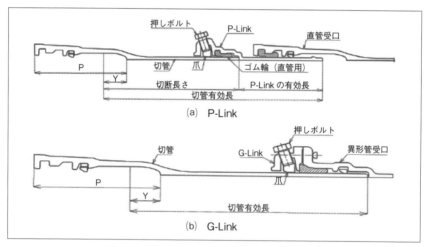

図 4.28　GX 形継手管の P-Link と G-Link[19]

表 4.26　GX 形継手性能 [18]

項目	性能
継手伸縮量	管長の±1％
離脱防止力	3 DkN（D：呼び径）
許容曲げ角度	4°
地震時に曲り得る最大屈曲角度	8°

第4章　管路材料と継手特性

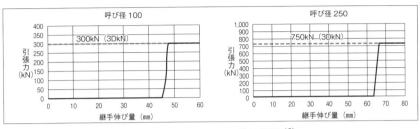

図 4.29　GX-DCIP の伸縮特性[19]

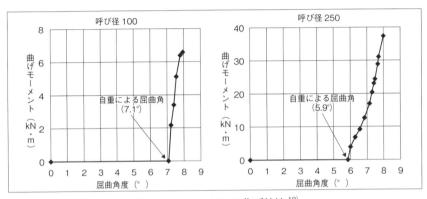

図 4.30　GX-DCIP の曲げ特性[19]

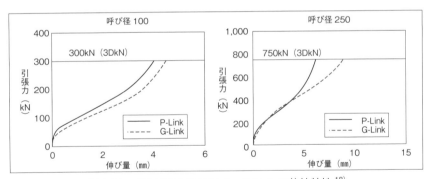

図 4.31　GX-DCIP の P-Link、G-Link の伸縮特性[18]

⑤　K 形継手[20) 21)]

　現在、広く使用されているダクタイル鋳鉄管の継手である。表 4.1 の耐震適合管路基準にも示されているように、埋立地などでは一部被害がみられたが、硬質地盤では被害例がなく、レベル 2 地震動に対しても耐震適合管路であることが注)書きで規定されている。K 形継手の特性は実験手法によってばらつきがあり、図

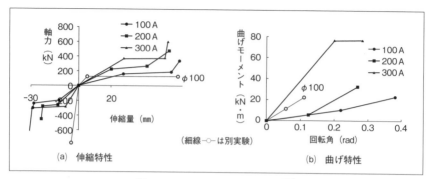

図 4.32 K-DCIP の継手特性[20]

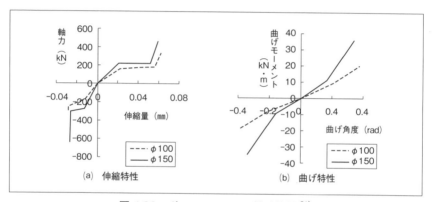

図 4.33 ガス・K-DCIP の継手特性[21]

4.32[20]、図 4.33[21] に実験例を示した。

図 4.32 には K 形継手の φ100、200、300 mm の継手伸縮、回転特性を示している。

図 4.33 はガス導管ダクタイル鋳鉄管 φ100 mm および φ150 mm 管のメカニカル耐震継手の伸縮、回転特性である。

2.3 PVC 管

図 4.34、図 4.35 には HPVC 耐衝撃性硬質塩化ビニル管の TS（Tapered Solvent）継手、RR（Rubber Ring）継手の形状を示している[7]。TS 継手は接着接合であるので、継手部での伸縮、回転は許容されない。

図 4.36 は、PVC φ75、100、150 mm の RR 継手の伸縮・回転特性である。また、図 4.37 は φ100 mm RR ロング継手の継手特性である[22]。図中、破線は通常の RR 継手の特性と比較した結果であるが、RR ロング継手は通常 RR 継手よりも伸縮

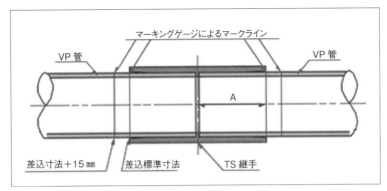

図 4.34　HPVC の TS 継手[7]

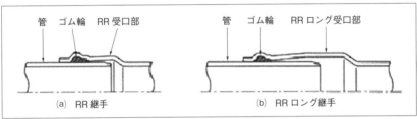

図 4.35　HPVC の RR 継手[2)7]

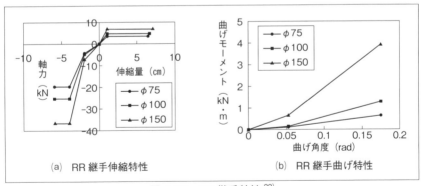

(a) RR 継手伸縮特性　　　(b) RR 継手曲げ特性

図 4.36　RR 継手特性[22]

量および回転角の許容値が大きいことが知られる。しかし、RR 継手、RR ロング継手とも、特別の器具を付与しない場合には、抜出し阻止機能はない。

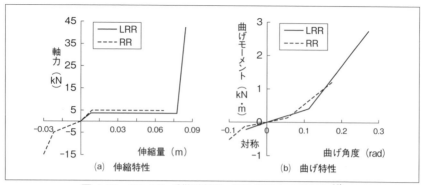

図 4.37 RR ロング継手特性（RR 継手との比較）[22]

2.4 PE 管

　PE 管の EF 継手の接合部形状を図 4.38 に示す。金属メカニカル継手が用いられる PE 管も多用されるが、耐震性の高い継手には EF 継手が用いられる。EF 継手は、外層とスティフナが耐熱性の架橋ポリエチレンでできており、電熱線を組み込んだ内層のポリエチレンと完全に一体化する。パイプを継手に差し込み、電熱線に通電するだけで、継手の内層とパイプの外層のポリエチレン部分が溶解し一体化接合できる。したがって、PE 管は溶接接合した鋼管と同じく、接合部では、管本体と同等あるいは、それ以上の耐震・耐久性能を有していると判断してよい。したがって、他管種のような継手伸縮、曲げ特性を配慮することなく一体管として耐震設計をすることが可能である。

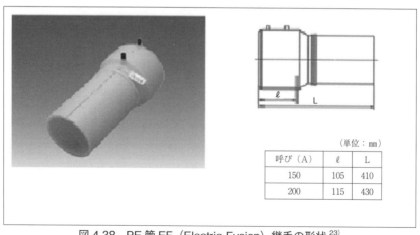

図 4.38　PE 管 EF（Electric Fusion）継手の形状[23]

2.5 HP（ヒューム管）

前述の**表 4.14**[13]より、外圧管（JSWAS A-1）はA形、B形、NB形、NC形、中大口径の推進管（JSWAS A-1）はJA、JB、JC、小口径の推進管（JSWAS A-6）ではSJS、SJA、SJBに区分される。

図 4.39[24]にヒューム管の継手構造を、**表 4.27**[24]に代表的な継手構造の許容抜出し量と最大抜出し量を、**表 4.28**[24]に許容曲げ角度と最大曲げ角度を示す。

レベル1地震動に対する抜出し量、屈曲角の照査では、設計流下能力を確保するため**表 4.27**、**表 4.28**の許容抜出し量、許容曲げ角度を、レベル2地震動に対する抜出し量、屈曲角の照査では、流下機能を阻害することのないように必要な性能を保持させるため**表 4.27**、**表 4.28**の最大抜出し量、最大曲げ角度を用いて行う。

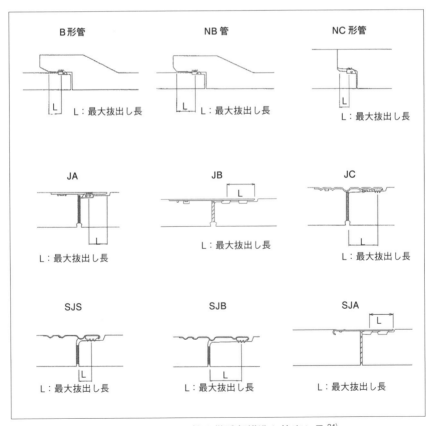

図 4.39　ヒューム管の継手部構造と抜出し長[24]

表 4.27 代表的なヒューム管継手構造の許容抜出し量と最大抜出し量[24]
単位：mm

継手形式 管径	B形		NC形		JA		JC		SJS		SJB	
	許容抜出し量	最大抜出し量	許容抜出し量	最大抜出し量	許容抜出し量	最大抜出し量	許容抜出し量	最大抜出し量	許容抜出し量	最大抜出し量	許容抜出し量	最大抜出し量
150	20	40	―	―	―	―	―	―	―	―	―	―
200	20	40	―	―	―	―	―	―	14.5	29	50	80.5
250	20	40	―	―	―	―	―	―	14.5	29	50	80.5
300	18	36	―	―	―	―	―	―	14.5	29	50	80.5
350	18	36	―	―	―	―	―	―	14.5	29	57	80.5
400	21.25	42.5	―	―	―	―	―	―	14.5	29	57	80.5
450	21.25	42.5	―	―	―	―	―	―	14.5	29	57	80.5
500	21.25	42.5	―	―	―	―	―	―	14.5	29	57	80.5
600	23.75	47.5	―	―	―	―	―	―	27	54	57	80.5
700	21.75	43.5	―	―	―	―	―	―	27	54	57	80.5
800	24.25	48.5	―	―	67	71.5	97	135.5	―	―	―	―
900	26.75	53.5	―	―	67	71.5	97	135.5	―	―	―	―
1,000	32.25	64.5	―	―	67	71.5	97	135.5	―	―	―	―
1,100	33.25	66.5	―	―	67	71.5	97	135.5	―	―	―	―
1,200	35.25	70.5	―	―	67	71.5	97	135.5	―	―	―	―
1,350	37.25	74.5	―	―	67	72	97	135.5	―	―	―	―
1,500	―	―	28.75	57.5	67	72	97	135.5	―	―	―	―
1,650	―	―	28.75	57.5	67	72	97	135.5	―	―	―	―
1,800	―	―	28.75	57.5	67	72	97	135.5	―	―	―	―
2,000	―	―	28.75	57.5	67	72	97	135.5	―	―	―	―
2,200	―	―	28.75	57.5	67	72	97	135.5	―	―	―	―
2,400	―	―	33	66	67	84	97	136	―	―	―	―
2,600	―	―	33	66	67	84	97	136	―	―	―	―
2,800	―	―	33	66	67	84	97	136	―	―	―	―
3,000	―	―	33	66	67	84	97	136	―	―	―	―

表 4.28 代表的なヒューム管継手構造の許容曲げ角度と最大曲げ角度[24]

継手形式 管径	B形		NC形		JA		JC		SJS		SJB	
	許容曲げ角度	最大曲げ角度	許容曲げ角度	最大曲げ角度	許容曲げ角度	最大曲げ角度	許容曲げ角度	最大曲げ角度	許容曲げ角度	最大曲げ角度	許容曲げ角度	最大曲げ角度
150	5°36′	11°12′	―	―	―	―	―	―	―	―	―	―
200	4°28′	8°56′	―	―	―	―	―	―	2°37′	5°13′	8°56′	14°12′
250	3°43′	7°26′	―	―	―	―	―	―	2°18′	4°36′	7°54′	12°36′
300	2°51′	5°42′	―	―	―	―	―	―	2°00′	4°00′	6°53′	11°00′
350	2°29′	4°58′	―	―	―	―	―	―	1°46′	3°32′	6°55′	9°43′
400	2°35′	5°10′	―	―	―	―	―	―	1°35′	3°09′	6°11′	8°42′
450	2°18′30″	4°37′	―	―	―	―	―	―	1°25′	2°51′	5°34′	7°51′
500	2°04′30″	4°09′	―	―	―	―	―	―	1°18′	2°36′	5°05′	7°10′
600	1°56′	3°52′	―	―	―	―	―	―	2°02′	4°04′	4°17′	6°25′
700	1°31′30″	3°03′	―	―	―	―	―	―	1°45′	3°31′	3°42′	5°33′
800	1°29′	2°58′	―	―	4°00′	4°16′	5°46′	8°02′	―	―	―	―
900	1°27′30″	2°55′	―	―	3°33′	3°47′	5°08′	7°09′	―	―	―	―
1,000	1°35′	3°10′	―	―	3°12′	3°25′	4°37′	6°27′	―	―	―	―
1,100	1°29′	2°58′	―	―	2°56′	3°07′	4°14′	5°54′	―	―	―	―
1,200	1°27′	2°54′	―	―	2°41′	2°52′	3°53′	5°25′	―	―	―	―
1,350	1°22′	2°44′	―	―	2°24′	2°35′	3°28′	4°50′	―	―	―	―
1,500	―	―	0°55′30″	1°51′	2°09′	2°19′	3°07′	4°21′	―	―	―	―
1,650	―	―	0°50′30″	1°41′	1°58′	2°07′	2°51′	3°58′	―	―	―	―
1,800	―	―	0°46′30″	1°33′	1°49′	1°57′	2°37′	3°39′	―	―	―	―
2,000	―	―	0°42′	1°24′	1°38′	1°45′	2°22′	3°18′	―	―	―	―
2,200	―	―	0°38′	1°16′	1°29′	1°36′	2°09′	3°00′	―	―	―	―
2,400	―	―	0°40′	1°20′	1°22′	1°43′	1°59′	2°46′	―	―	―	―
2,600	―	―	0°37′	1°14′	1°16′	1°35′	1°50′	2°34′	―	―	―	―
2,800	―	―	0°34′30″	1°09′	1°10′	1°28′	1°42′	2°23′	―	―	―	―
3,000	―	―	0°32′	1°04′	1°06′	1°22′	1°35′	2°14′	―	―	―	―

また、図4.40、図4.41にはφ800mmの既設HP下水道管を更生する場合の地震時挙動を解析したモデルと、HPの継手部伸縮特性を示す。

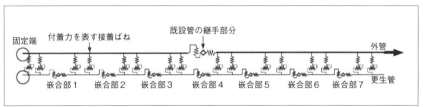

図4.40　更生既設ヒューム管の軸方向変位載荷モデル[25]

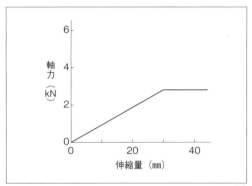

図4.41　φ800mmヒューム管の継手伸縮特性[25]

〈参 考 文 献〉

1) 厚生労働省：管路の耐震化に関する検討会報告書、平成19（2007）年3月
2) ㈳日本水道協会：水道施設耐震工法指針・解説、2009年版、Ⅱ 各論、平成21（2009）年7月
3) JFEスチール㈱：鉄管の基礎知識、JFE技報、No.17鋼管特集号、2007年4月
4) ㈳日本ガス協会・ガス工作物設置基準調査委員会：ガス導管耐震設計指針、pp.16-17、昭和57（1982）年3月
5) ㈳日本ダクタイル鉄管協会：下水道用ダクタイル鉄管管路のてびき、JDPA T46、2013年8月
6) 日本鋳造工学会編：鋳物工学便覧、2002年
7) ㈳日本水道協会：水道施設耐震工法指針・解説、1997年版、p.163、平成9（1997）年3月
8) 佐藤清彦・佐藤裕久・河野幸夫：塩化ビニル管の負荷速度依存性を考慮した管路の動的解析、土木学会東北支部技術研究発表会、Ⅱ-27、平成9（1997）年
9) ㈳日本水道協会：水道配水用ポリエチレン管・継手に関する調査報告書、p.5、平成10（1998）年9月
10) ㈳日本水道協会：水道配水用ポリエチレン管・継手に関する調査報告書、pp.30-31、平成10（1998）年9月
11) ㈳日本水道協会：規格K144、「水道配水用ポリエチレン管」、平成18（2006）年
12) 全国ヒューム管協会：ヒューム管の由来 http://www.hume-pipe.org/about/index.html、ヒューム管の規格の変遷 http://www.hume-pipe.org/about/about2.html

13) (公社)日本下水道協会：日本下水道協会規格、JSWAS A-1-2011、JSWAS A-2-1999、JSWAS A-6-2010、(財)日本規格協会：日本工業規格、JIS A 5372：2010
14) JFEスチール㈱：差込み継手塗覆装鋼管、Cat., No. E1J-024-02、http://www.jfe-steel.co.jp/products/koukan/catalog/e1j-024.pdf
15) Takada S. and K.Tanabe: Three dimensional seismic response analysis of buried continuous or jointed pipelines, Journal of Pressure Vessel Technology, ASME, No.109-1, pp.80-87, 1987
16) 日本ダクタイル鉄管協会：地震と管路、技術資料、JDPA05、平成12（2000）年12月
17) ㈱クボタ：パイプシステム事業部 ダクタイル鉄管：管路写真提供資料、2015年
18) (一社)日本ダクタイル鉄管協会：GX形ダクタイル鉄管 接合要領書 JDPAW16、平成27（2015）年4月
19) (一社)日本ダクタイル鉄管協会：GX形ダクタイル鉄管 T56、平成26（2014）年6月
20) Takada S.,T.Tsubakimoto and H.Hori: Earthquake response simulation of T-shaped portion in ductile iron pipelines and development earthquake resistant hot branch sleeve, Int. Conf. on Lifeline Earthquake Engineering,77,ASME, pp.357-364,1983
21) Hori K. and S.Takada: Seismic damage prediction of buried pipelines in due consideration of joint mechanism, 8-WCEE, Vol.8, pp.263-270,1984
22) 高田至郎、中野雅弘、片桐　信、谷　和宏、小柳　悟：地震時地盤不等沈下を受ける耐震性硬質塩化ビニル管路の挙動実験、土木学会論文集、No.619、pp.145-154、1999年4月
23) 三井化学産資㈱：ポリエチレン管PE管用継手、EF継手、片受ソケットES、http://search.yahoo.co.jp/search;_ylt=A3xTmEIBtPtV5H0AC9mJBtF7、平成27（2015）年9月
24) (公社)日本下水道協会：下水道施設耐震計算例―管路施設編―2015年版、第3章 管きょ等の耐震性能、平成27（2015）年6月
25) 山下慎吾・渋谷智明・高田至郎・鍬田泰子：下水道複合管の付着特性による耐震性評価、土木学会関西支部年次学術講演会、平成20（2008）年

第5章

レベル1地震動に対する管路耐震設計計算法

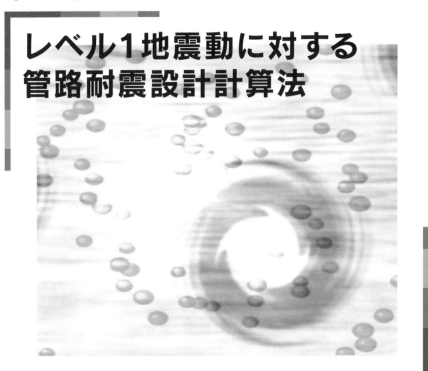

第5章
レベル1地震動に対する管路耐震設計計算法

1 地中管路耐震計算に用いる入力地震動

　図5.1には地中管路耐震設計指針における入力地震動設定に関して、各設計基準に共通する内容について設計フローを示した。

　まず、設計対象管路について、システム内での重要度や要求される耐震性能が決められる。同時に、管路が埋設される周辺あるいは深部地盤資料が収集されて、せん断波速度を求める。せん断波速度は、応答変位法あるいは動的解析による設

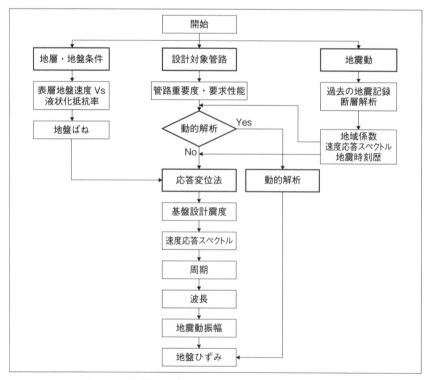

図5.1　地中管路耐震設計における入力地震動ひずみ

計計算結果に大きな影響を与える。また、主にレベル2地震動設計で検討される液状化抵抗率についても設計の初期段階からチェックされる。地震動については対象管路周辺での過去における地震発生頻度や地震動の特徴、断層の有無などを検討して、設計用の速度応答スペクトルや動的解析のための時刻歴が決められる。ついで、管路の耐震解析として、震度法、応答変位法、動的解析法の選択が行われるが、複雑で重要な管路システム以外は、応答変位法が採用されるのが通常である。次のステップとして、基盤面設計震度、周期、波長、管路位置での地盤応答速度値が求められる。以下に主な各設計パラメーターについて述べる。

1.1　地盤ばね

地中管路の応答解析では管路-地盤系を、図 5.2 のように、弾性床上の梁としてモデル化される。

水道施設耐震工法指針・解説（以下、水道指針）[1) 2)]、下水道施設の耐震対策指針と解説（以下、下水道指針）[3)] では K_{g1}、K_{g2} は管軸方向、管軸直交方向の単位長さあたりの地盤の剛性係数（Pa ＝ kN／m²）と呼ばれ、下水道指針では、鉛直断面設計時には、k_r、k_s の記号で表されて、部材軸方向、部材鉛直方向の地盤反力係数（kN／m³）と呼ばれる。本反力係数に、管の周長や長さを乗じることによって水道指針[1)]の剛性係数と同様な意味をもつ。また、高圧ガス導管耐震設計指針（以下、ガス指針）[6)] では、k_1、k_2 で表されて、管軸方向、管軸直角方向の地盤ばね係数（N／cm³）で与えられる。

水道指針[2)]、下水道指針[3)]とも地盤ばねは、式 5.1 で与えられている。一般には、FEM 解析結果などを参照して、管路軸方向 K_{g1} について、C_1 ＝ 1.5、直交方向 K_{g2} では C_2 ＝ 3.0 前後とされている。

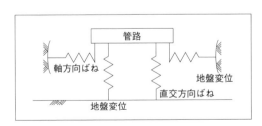

図 5.2　管路 - 地盤系の耐震解析モデル

$$K_{g1} = C_1 \cdot \frac{\gamma_t}{g} \cdot V_S^2$$
$$K_{g2} = C_2 \cdot \frac{\gamma_t}{g} \cdot V_S^2$$
 ………………………………………… 式5.1

水道指針[2]では、C_1、C_2 は、表層地盤の厚さ H = 5〜30 m、管径 ϕ = 150〜3,000 mm の管路に対して、式5.2 で C_1、C_2 が与えられることを FEM 解析結果を用いて提案している。

$$C_1 = 1.3 H^{-0.4} D^{0.25}$$
$$C_2 = 2.3 H^{-0.4} D^{0.25}$$
 ………………………………………… 式5.2

第3章で述べた石油パイプライン技術基準(案)[4]では、せん断応力と直応力が3倍程度異なるために、それらの値に、軸方向は円周分、直交方向は投影直径を乗じることによって、管路長手方向 K_{g1} と直交方向 K_{g2} では、同程度の値と考えられている。

一方、せん断波速度は、土質と地盤ひずみの大きさに応じて、異なる値を採用することとなっている。せん断波速度は弾性体波動論によれば次式で表される。

$$V_S = \sqrt{\frac{G}{\rho}}$$
 ………………………………………… 式5.3

ここに、ρ、G は弾性体地盤の密度、せん断弾性係数である。

地盤ひずみと G との関係については、種々の実験あるいは理論式により提案されている。図5.3は、その一例である[5]。

管路の設計指針では地盤ひずみが 10^{-3} でせん断波速度を区分しているケースが多いが、10^{-6} に対して 10^{-3} では約40%に G が低下することになる。せん断波速度では、√で影響するので約60〜80%低下する。

地盤ばねが式5.1で決定されると、非線形領域では40%低下したばね定数となるが、係数 C_1 あるいは C_2 などとともに、応答速度を決める周期 T なども勘案する必要がある。ひずみ計算に必要な波動の波長 L も関与する。

一方、地盤ばねは地盤変位が管路に伝達される割合を表す伝達係数 a_1、a_2 に関与して、式5.4、式5.5にみるように、地盤ばねが極めて大きくなれば、伝達係数は 1.0 に収束し、極めて小さくなれば 0 に収束する。良好な地盤では V_S が

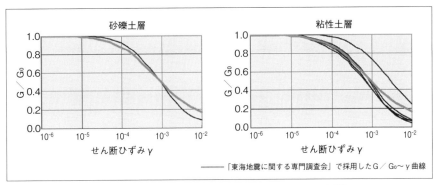

図 5.3　地盤せん断ひずみとせん断剛性Gの関係[5]

大きいために、地盤変位が管路に多く伝達されることになるが、入力変位振幅が小さいために、管路応答は、一般に小さい。

$$a_1 = \frac{1}{1+\left(\frac{2\pi}{\lambda_1 L'}\right)^2} \quad a_2 = \frac{1}{1+\left(\frac{2\pi}{\lambda_2 L}\right)^4} \quad \cdots\cdots\cdots 式5.4$$

$$\lambda_1 = \sqrt{\frac{K_{g1}}{EA}}\ (1/\mathrm{m}) \quad \lambda_2 = \sqrt[4]{\frac{K_{g2}}{EI}}\ (1/\mathrm{m}) \quad \cdots\cdots 式5.5$$

一方、ガス指針[6]では、地盤ばねは、通常地盤における実験結果から、軸方向ばねは式5.6、軸直交方向は表5.1で与えられており、地盤のせん断波速度とは関係しない。

表 5.1　ガス指針[6]における管軸直角方向地盤ばね係数

呼び径（mm）	最大地盤拘束力 σ_{cr}（N／cm²）	降伏変位 δ_{cr}（cm）	地盤ばね係数 $k_2 = \sigma_{cr}/\delta_{cr}$（N／cm³）
100	53	2.6	20
150	51	2.6	20
200	48	2.6	18
300	42	2.7	16
400	39	2.8	14
500	36	2.8	13
600	34	2.9	12
650	33	2.9	11
750	32	3.0	11
900	30	3.1	10

$$K_1 = \pi D k_1 \ (\mathrm{N/cm^2})$$
$$k_1 = 6.0 \ (\mathrm{N/cm^3}) \quad \cdots\cdots\cdots\cdots\cdots\cdots\cdots\cdots\cdots\cdots\cdots\cdots\cdots\cdots\cdots\cdots\cdots\cdots\cdots\cdots \text{式 5.6}$$

ちなみに、φ200mmの管路を対象にすると、水道指針[2]（V_S = 50 m/sec、C_1 = 1.5、C_2 = 3.0）、ガス指針[6]では、軸、軸直交地盤ばねは、それぞれ、水道指針[2]（610、1,220 N/cm²）、ガス指針[6]（380、360 N/cm²）となる。ガス指針[6]では、かなり軟弱な地盤 V_S=50〜60m/sec を対象にした地盤ばねであることが知られる。

1.2 速度応答スペクトルと周期

速度応答スペクトルの計算法は第2章で述べた。また、速度応答スペクトルを用いた表層地盤の水平変位振幅の計算法である**式 3.13**を第3章で誘導した。

$$u_s = \frac{2}{\pi^2} T \cdot k_{0h} \cdot S_V \quad \cdots\cdots\cdots\cdots\cdots\cdots\cdots\cdots\cdots\cdots\cdots\cdots\cdots\cdots\cdots\cdots \text{式 5.7}$$

上式にみるように、表層地盤の固有周期 T、基盤面での震度 k_{0h}、そして速度応答スペクトル S_V が表層地盤の変位 u_s にかかわってくる。各指針とも T は同様な式を用いている。次式（**式 5.8**、**式 5.9**）は下水道指針[3]における地盤の特性値 T_G と表層地盤の固有周期 T_S である。T_G は各層の地盤内で1/4波長則で最大の振幅を与える波長の波が各層を伝播する時間を足し合わせた値を周期として用いている。一方、T_S は、地盤の非線形性を考慮すれば V_S が低下した分、伝播時間が遅くなるので、レベル1地震動では a_D = 1.25、レベル2地震動では a_D = 2.00 としている。せん断波速度ではレベル1地震動では80%、レベル2地震動では最大50%の低下を考慮していることになる。

$$T_G = \sum_{i=1}^{n} \frac{4 \cdot H_i}{V_{si}} \quad \cdots\cdots\cdots\cdots\cdots\cdots\cdots\cdots\cdots\cdots\cdots\cdots\cdots\cdots\cdots\cdots\cdots \text{式 5.8}$$

$$T_S = a_D \cdot T_G \quad \cdots\cdots\cdots\cdots\cdots\cdots\cdots\cdots\cdots\cdots\cdots\cdots\cdots\cdots\cdots\cdots\cdots\cdots\cdots \text{式 5.9}$$

また、表層地盤変位を求めるに際しては、表層と基盤との境界における基盤面震度 k_{0h} が用いられている。速度応答スペクトルが、基盤面に1gの震度が入力した場合の速度応答スペクトルが規定されているためである。この考え方は、1974

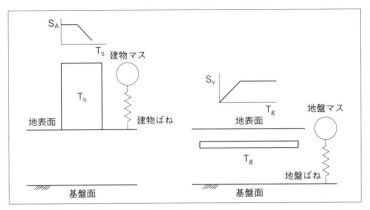

図 5.4　建物の設計加速度応答スペクトルと管路の設計速度応答スペクトル

年に策定された石油パイプライン技術基準（案）[4]以降、受け継がれている。しかし、第6章で述べるように、レベル2地震動での表層変位は、基盤面震度を与えることなく、表層での変位を計算する速度応答スペクトル曲線が与えられている。

基本的な事項であるが、土木構造物・施設の耐震設計では加速度応答スペクトルが用いられ、地中管路の耐震設計では、速度応答スペクトルが用いられる。図 5.4 には両者の応答スペクトルが計算されるモデルを示している。建物の設計加速度応答スペクトルは地表面での加速度入力であり、管路の設計速度応答スペクトルは基盤面での加速度入力である。地上、地下の施設が同様の地震安全性を有するためには、基盤面での入力加速度を同一レベルにする必要がある。地上施設設計応答スペクトルに対応した、"地中管路スペクトルと地上構造物のスペクトルの関係"については文献[7]を参照されたい。

管路の速度応答スペクトルの横軸は、表層地盤の固有周期、建物の加速度応答スペクトルの横軸は建物の固有周期である。加速度応答スペクトルから擬似速度応答スペクトルを計算できるが、物理的意味合いを考慮しなければならない。

1.3　地震波波長

地震波の伝播による地盤のひずみは、水道指針[2]、下水道指針[3]では式 5.10、ガス指針[5]では式 5.11 で求められる。

$$\varepsilon_G = \frac{\pi \cdot U_h}{L} \quad \cdots\cdots\cdots\cdots\cdots\cdots\cdots\cdots\cdots\cdots\cdots\cdots\cdots\cdots 式 5.10$$

ここに、
ε_G ：基準地盤ひずみ（管軸方向）
U_h ：管路埋設深さにおける45度斜め入射せん断波の変位振幅（cm）
L ：45度斜め入射せん断波の波長（cm）

$$\varepsilon_{G1} = \frac{2\pi \cdot U_h}{L} \quad \cdots\cdots\cdots\cdots\cdots\cdots\cdots\cdots\cdots\cdots\cdots\cdots\cdots \text{式5.11}$$

ガス指針[6)]では水道指針[2)]、下水道指針[3)]の2倍となっているのは、入射角の方向と考慮する波動の成分による違いである。地盤ひずみは管路応答を左右する主要要因であり、伝播波動の波長決定が重要である。

波長は、水道指針[2)]、下水道指針[3)]では、式5.12に示すように、基盤と表層地盤の調和平均で求められる。単純平均と調和平均では、一般的に、小さい数値に重みを与えることになる調和平均のほうが表層地盤のせん断波速度側に近い値になる。基盤、表層が300m／sec、100m／secの場合、単純平均では200m／sec、調和平均では、150m／secとなる。すなわち、高めの地盤ひずみ値を推定することになる。

$$L = \frac{2L_1 \cdot L_2}{L_1 + L_2} \quad \cdots\cdots\cdots\cdots\cdots\cdots\cdots\cdots\cdots\cdots\cdots \text{式5.12}$$
$$L_1 = V_{DS} \cdot T_G, \quad L_2 = V_{BS} \cdot T_G$$

ここに、
V_{DS} ：表層地盤の平均せん断弾性波速度（cm／s）
V_{BS} ：基盤の平均せん断弾性波速度（cm／s）
T_G ：表層地盤の固有周期（s）

また、図5.5に示すように、基盤と表層からなる2層地盤系にS波が鉛直下方から入射する際の、基盤、表層の変位は下記のように求められる。

$$\frac{1}{c_1^2} \frac{\partial^2 v_1}{\partial t^2} = \frac{\partial^2 v_1}{\partial x^2} + \frac{\partial^2 v_1}{\partial x^2} \quad \cdots\cdots\cdots\cdots\cdots\cdots\cdots\cdots\cdots \text{式5.13}$$

$$\frac{1}{c_2^2} \frac{\partial^2 v_2}{\partial t^2} = \frac{\partial^2 v_3}{\partial x^3} + \frac{\partial^2 v_2}{\partial z^2} \quad \cdots\cdots\cdots\cdots\cdots\cdots\cdots\cdots\cdots \text{式5.14}$$

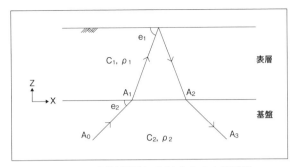

図 5.5　2層地盤系に入射するせん断波動

入射波動の振幅 A_0、基盤での屈折波の振幅 A_3、表層地盤内での反射波、屈折波の振幅を A_1、A_2 とすれば、平面波はその伝播方向を考慮して、次にように表すことができる。

$$v_1 = A_1 \exp\{ik_1(x\cos e_1 + z\sin e_1 - c_1 t)\} \\ + A_2 \exp\{ik_1(x\cos e_1 - z\sin e_1 - c_1 t)\} \quad \cdots\cdots 式5.15$$

$$v_2 = A_0 \exp\{ik_2(x\cos e_2 + z\sin e_2 - c_2 t)\} \\ + A_3 \exp\{ik_2(x\cos e_2 - z\sin e_2 - c_2 t)\} \quad \cdots\cdots 式5.16$$

境界条件として、不連続面で変位と応力が連続であり、地表面でせん断応力が 0 であることを用い、μ をせん断剛性とすれば、

$$z = 0 : v_1 = v_2 \quad \cdots\cdots 式5.17$$

$$\mu_1 = \frac{\partial v_1}{\partial z} = \mu_2 \frac{\partial v_2}{\partial z} \quad \cdots\cdots 式5.18$$

$$z = h : \mu_1 \frac{\partial v_1}{\partial z} = 0 \quad \cdots\cdots 式5.19$$

入射波動振幅 A_0 に対する比として A_1、A_2、A_3 を表示すると、

$$\frac{A_1}{A_0} = \frac{2}{(1+\beta)+(1-\beta)\exp(2ik_1 h \sin e_1)} \quad \cdots\cdots 式5.20$$

$$\frac{A_2}{A_0} = \frac{2\exp(2ik_1 h\sin e_1)}{(1+\beta)+(1-\beta)\exp(2ik_1 h\sin e_1)} \quad \cdots\cdots\cdots\cdots\cdots\cdots \text{式 5.21}$$

$$\frac{A_3}{A_0} = \frac{(1-\beta)+(1+\beta)\exp(2ik_1 h\sin e_1)}{(1+\beta)+(1-\beta)\exp(2ik_1 h\sin e_1)} \quad \cdots\cdots\cdots\cdots\cdots\cdots \text{式 5.22}$$

ここに、

$$\beta = \frac{\rho_1 c_1 \sin e_1}{\rho_2 c_2 \sin e_2} \quad \cdots\cdots\cdots\cdots\cdots\cdots\cdots\cdots\cdots\cdots\cdots\cdots\cdots \text{式 5.23}$$

β は、それぞれの振幅の大きさを決定するパラメーターであり、構成地盤の弾性が異なることによる散逸減衰効果に関係してくる物理量であり、隣接地盤への波動の通過に対する抵抗を表す振動インピーダンスである。表層地盤内での変位 v_1 を、表層地盤のせん断1次固有円振動数 ω_g を用いて表示すると、

$$v_1 = \frac{2A_0 \cos q\left(1-\frac{z}{h}\right)}{\sqrt{\cos^2 q + \beta^2 \sin^2 q}} = \exp\{i(k_1 x \cos e_1 - \omega t + \gamma)\} \quad \cdots\cdots\cdots \text{式 5.24}$$

ここに、

$$q = \frac{\omega}{\omega_g}\frac{\pi}{2}\sqrt{1-\left(\frac{c_1}{c_2}\right)^2 \cos^2 e^2} \quad \cdots\cdots\cdots\cdots\cdots\cdots\cdots\cdots \text{式 5.25}$$

$$\tan\gamma = \beta\cdot\tan\left(\frac{\omega}{\omega_g}\frac{\pi}{2}\sin e_1\right) \quad \cdots\cdots\cdots\cdots\cdots\cdots\cdots \text{式 5.26}$$

式 5.24 の時間項からも明らかなように、基盤に、ある入射角をもって入ってきた波は、表層地盤表面と不連続面での間に重複反射現象を生じるだけでなく、水平方向（x 方向）に波動が伝播する結果となる。これは、不連続面への波動の到達時間に遅れが生じ、みかけ上の伝播現象が起こるものと考えられる。その伝播速度 c_a は、次のように求められる。

$$c_a = \frac{c_2}{\cos e_2} = \frac{c_1}{\cos e_1} \quad \cdots\cdots\cdots\cdots\cdots\cdots\cdots\cdots\cdots\cdots \text{式 5.27}$$

$0 \leqq \cos e_1 \leqq 1$ であることにより、この水平方向への波動の伝播速度は、表層での横波の伝播速度 c_1 よりも大きい速度を有していることが知られる。また、鉛直下方から入射する場合、$e_2 = \pi/2$ となり、c_a の値は無限大となる。これは、境界面に到達する波動に位相差がなく、表層地盤が、各地点で同一の運動をしていることを示している。

このような波動は、表層地盤内では、水平方向に伝播するのと同様の効果をもち、その進行方向と運動方向に関しては、表面波であるLove波と同様な関係にある。

また、図5.6に示すように、基盤と表層からなる2層地盤系にS波が鉛直下方から入射する際には、表層地盤の1次固有振動数 f_{1st} は下記で求められる。

$$f_{1st} = \frac{V_{S1}}{4H_1} \quad \cdots\cdots\cdots 式5.28$$

V_{S1}、H_1 は図5.6に示す表層地盤のせん断速度、層厚である。

図5.6の波動成分（E_1、E_2、F_1、F_2）を考慮すると、基盤面から地表面への増幅率 R は式5.29で表される。

$$R = \frac{E_1 + F_1}{E_2 + F_2} \quad \cdots\cdots 式5.29$$

インピーダンス比（基盤面から表層への波動の透過しにくさ）を表す γ は、

$$\gamma = \frac{\rho_1 V_{DS}}{\rho_2 V_{BS}} \quad \cdots\cdots 式5.30$$

基盤面が解放基盤面である場合には、E_2 と F_2 は等しくなる。

第2層の基盤層の有無にかかわらず、表層の1次固有周期 T_G は式5.28 f_{1st} の逆数で与えられる。

基盤の平均せん断弾性波速度 V_{BS} が大きくなると波長 L_2 は長くなり、インピーダンス比が小さくなるので、表層の変位

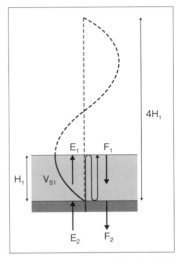

図5.6 基盤・表層地盤系の応答
（1／4波長期）

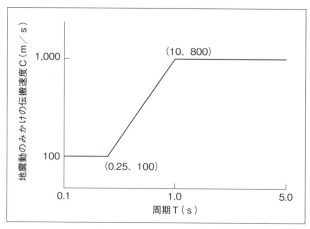

図5.7 ガス指針[6]における周期と波速の関係 ($L=C・T$)

振幅の応答値は大きくなる。耐震計算に用いる波長Lが式5.12で与えられることは、基盤内での波長L_{BS}の影響を小さく見積もり、安全側に式5.10、式5.11の地盤ひずみを計算することになる。

式5.12では、せん断波動の伝搬が考慮されているので、波長が波動の周期特性によって変動することはない。しかし、ガス指針[6]においては、管路の軸（長手方向）に伝搬するレーレー波の縦波的成分を考慮している。したがって、レーレー波は波動分散性を有しているので、波長が周期成分によって変化する図5.7の関係を与えている。

1.4 地盤ひずみ

地盤ひずみは 式5.10または式5.11で与えられる。水道指針[2]および下水道指針[3]では、波動振幅を波長で除してπを乗じる、ガス指針[6]では、波動振幅を波長で除して、2πを乗じる。両指針では考慮している波動が異なることによる。

水道指針[2]では、波動入射が45°方向からで、水平・鉛直面でそれぞれ2成分、管路長手方向に1成分で、合計5成分が考慮されている。その合計値は3.12となり、石油パイプライン技術基準（案）[4]以降、管路軸応力の算定には3.12が配慮されている。最近の指針では5成分を考えることの妥当性が検討され、重畳係数として、1.0～3.12の値を用いる傾向にある。一方、ガス指針[6]では1成分の波動（式5.31）で軸方向のひずみ（式5.32）が算定される。

$$U = U_h \cos \frac{2\pi x}{L} \quad \cdots\cdots\cdots\cdots\cdots\cdots\cdots\cdots\cdots\cdots\cdots\cdots\cdots\cdots\cdots\cdots\cdots 式 5.31$$

$$\frac{\partial U}{\partial x} = \varepsilon = \frac{2\pi x}{L} U_h \quad \cdots\cdots\cdots\cdots\cdots\cdots\cdots\cdots\cdots\cdots\cdots\cdots\cdots\cdots\cdots 式 5.32$$

すなわち、水道指針[2]、下水道指針[3]では3.12、ガス指針[6]では3.14が乗じられるが、その背景は、せん断波動の重畳によるものと、表面波の伝播による係数であり、背景が基本的に異なることを知る必要がある。

2　常時荷重と地震時荷重の組合せ

地震時荷重による管路応力、継手応答値と常時荷重を組み合わせて、管路の安全性照査を行うことを基本としている。本節では常時荷重による管体応力および継手伸縮量の計算式について述べる。

常時荷重としては下記を考慮する。
① 内圧によるもの
② 自動車荷重によるもの

また、継手伸縮量については、温度変化によるもの、および不同沈下によるものを考慮する。

1) 内圧による軸方向応力（σ_{pi}）

$$\sigma_{pi} = \nu \cdot \frac{P_i \cdot (D \cdot t)}{2 \cdot t} \quad \cdots\cdots\cdots\cdots\cdots\cdots\cdots\cdots\cdots\cdots\cdots\cdots\cdots\cdots 式 5.33$$

ここに、
σ_{pi}：内圧による軸方向応力（N／mm^2）
ν　：管きょのポアソン比
P_i　：内圧（N／mm^2）
D　：管の外径（mm）
t　：計算管厚（mm）

2) 自動車荷重による軸方向応力（σ_{po}）

$$\sigma_{po} = \frac{0.322 \cdot W_m}{Z} \cdot \sqrt{\frac{E \cdot I}{K_v \cdot D}} \quad \cdots\cdots\cdots\cdots\cdots\cdots\cdots\cdots\cdots\cdots\cdots\cdots\cdots\cdots\cdots 式5.34$$

ここに、

σ_{po} ：自動車荷重による軸方向応力（N／mm^2）
W_m ：自動車荷重（N／mm）
Z ：管の断面係数（mm^3）
E ：管の弾性係数（N／mm^2）
I ：管の断面二次モーメント（mm^4）
K_v ：鉛直方向地盤反力係数（N／mm^3）
D ：管の外径（mm）

ただし、自動車荷重 W_m は

$$W_m = \frac{2 \cdot P_m \cdot D \cdot (1+i) \cdot \beta}{C \cdot (a + 2 \cdot h \cdot \tan\theta)} \quad \cdots\cdots\cdots\cdots\cdots\cdots\cdots\cdots\cdots\cdots\cdots\cdots 式5.35$$

ここに、

W_m ：自動車荷重（N／mm^2）
P_m ：自動車1後輪あたりの荷重（N）
D ：管の外径（mm）
C ：車体占有幅（mm）
a ：車輪接地幅（mm）
h ：土被り（mm）
θ ：荷重分布角（°）
i ：衝撃係数
β ：断面力の低減係数

継手部の伸縮量

1) 内圧による継手伸縮量（e_i）

$$e_i = \frac{\ell \cdot \sigma_{pi}}{E} \quad \cdots\cdots\cdots\cdots\cdots\cdots\cdots\cdots\cdots\cdots\cdots\cdots\cdots\cdots\cdots\cdots\cdots\cdots\cdots 式5.36$$

ここに、
e_i ：内圧による継手伸縮量（mm）
ℓ ：管の有効長（mm）
σ_{pi}：内圧による軸方向応力（N／mm²）
E ：管の弾性係数（N／mm²）

2) 自動車荷重による継手伸縮量（e_o）

$$e_o = \frac{\ell \cdot \sigma_{po}}{E} \quad \cdots\cdots\cdots\text{式 5.37}$$

ここに、
e_o ：自動車荷重による継手伸縮量（mm）
ℓ ：管の有効長（mm）
σ_{po}：自動車荷重による軸方向応力（N／mm²）
E ：管の弾性係数（N／mm²）

3) 温度変化による継手伸縮量（e_t）

$$e_t = a \cdot \Delta T \cdot \ell \quad \cdots\cdots\cdots\text{式 5.38}$$

ここに、
e_t ：温度変化による継手伸縮量（mm）
a ：管の線膨張係数
ΔT：温度変化（℃）
ℓ ：管の有効長（mm）

4) 不同沈下による継手伸縮量（e_d）

不同沈下による継手伸縮量は、図5.8のような状態を想定して算出する。
軟弱地盤区間 2ℓ において、その中央部が Δ の不同沈下を生じたと想定する。軸心の伸び $\Delta\ell$ は、

$$\Delta\ell = \sqrt{\ell^2 + \Delta^2} - \ell \quad \cdots\cdots\cdots\text{式 5.39}$$

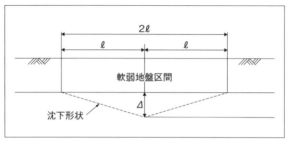

図 5.8 軟弱地盤沈下のモデル図

この伸び$\Delta \ell$は、継手に分散吸収されるが、1ヵ所の継手に集中した時を仮定する。

$$e_d = \Delta \ell \quad \cdots\cdots\cdots\cdots\cdots\cdots\cdots\cdots\cdots\cdots\cdots\cdots\cdots\cdots\cdots\cdots\cdots\cdots\cdots\cdots \text{式 5.40}$$

5) 内圧による軸方向ひずみ

$$\varepsilon_{pi} = \nu \cdot \frac{P_1 \cdot (D \cdot t)}{2 \cdot t \cdot E} \quad \cdots\cdots\cdots\cdots\cdots\cdots\cdots\cdots\cdots\cdots\cdots\cdots\cdots\cdots \text{式 5.41}$$

ここに、

ε_{pi}：内圧による軸方向ひずみ（％）
ν：管のポアソン比
P_1：内圧（N／mm^2）
D：管の外径（mm）
t：計算管厚（mm）
E：管の弾性係数（N／mm^2）

6) 自動車荷重による軸方向ひずみ

$$\varepsilon_{po} = \frac{0.322 \cdot W_m}{Z \cdot E} \cdot \sqrt{\frac{E \cdot I}{K_v \cdot D}} \quad \cdots\cdots\cdots\cdots\cdots\cdots\cdots\cdots\cdots\cdots \text{式 5.42}$$

ここに、

ε_{po}：自動車荷重による軸方向応力（％）
W_m：自動車荷重（N／mm）

Z ：管の断面係数（mm^3）
E ：管の弾性係数（N／mm^2）
I ：管の断面二次モーメント（mm^4）
K_v ：鉛直方向地盤反力係数（N／mm^3）
D ：管の外径（mm）

7) 温度変化による軸方向ひずみ

$$\varepsilon_{pt} = a \cdot \Delta T \quad \text{式 5.43}$$

ここに、
ε_{pt} ：温度変化による継手伸縮量（%）
a ：管の線膨張係数
ΔT ：温度変化（℃）

3　地中管路構造物種別と耐震設計手法

　水道、下水道、ガス施設について、管路の耐震設計法を第5章（レベル1地震動）、第6章（レベル2地震動）で項目毎に比較して述べるが、管路の形状や連結構造形式の違いによって耐震設計手法も異なっている。ガス管路は、基本的に円形断面で、高圧ガス導管は溶接継手、中低圧ガス導管は溶接あるいはメカニカル継手であり、それらに対して耐震設計法が提案されている。水道管路は、円形断面が多用されており、溶接継手あるいはメカニカル継手構造であり、それらに対しての耐震設計法が主流である。一方、下水道管路の耐震設計法は、差し込み継手管きょ、矩形管きょ、シールド管きょ、一体構造管きょ、マンホールに区分して耐震設計法が提案されている。差し込み継手はメカニカル継手で連結する構造形式である。表5.2には、水道、下水道、ガス管路について、耐震設計項目と構造形式について一覧にした。

表 5.2 構造形式の相違による耐震検討項目

	水道指針[2]		下水道指針[3]		ガス指針[6]	
	一体構造	継手構造	継手構造	一体構造	一体構造	継手構造
耐震設計検討項目	鋼管 ポリエチレン管	ダクタイル管 硬質塩化ビニール管 強化プラスチック管	円形きょ（矩形きょ） ヒューム管 ダクタイル管 硬質塩化ビニール管	シールド マンホール間 硬質塩化ビニール管 鋼管 ポリエチレン管	鋼管 ポリエチレン管	ダクタイル管
入力地震動 変形外力	同一		同一		同一	
耐震計算法	応答変位法（必要に応じて動的解析）、レベル 1, 2 地震動を考慮					
検討項目	管体応力	管体応力、継手変位	マンホールと管きょ （矩形きょ）の接続部 管きょと管きょの継手部 鉛直・軸方向断面 管きょ（矩形きょ） 本体の浮き上がり または沈下	軸・鉛直断面 マンホールと 管きょの接続部 管きょ本体の 浮き上がり	管体応力	マンホールと 管きょの接続部 管きょと管きょの 接続部 鉛直・軸方向断面 管きょの浮き上がり 継手部（屈曲） 液状化（伸縮・沈下）
安全性照査法 安全対策	レベル 1 地震動： 許容応力 使用限界継手変位 レベル 2 地震動： 許容応力 使用限界継手変位	レベル 1 地震動： 許容応力または使用限界 レベル 2 地震動： 終局限界位置の吸収 軸・鉛直断面力の確保	レベル 1 地震動： 許容応力または使用限界 レベル 2 地震動： 終局限界位置の吸収 鉛直・軸方向断面力の確保		管体応力 継手変位	レベル 1 地震動： 許容応力または使用限界 鉛直断面強度の確保 水平断面方向力を 目地の吸収 許容する構造 変位量の吸収 マンホールの浮上防止 レベル 1 地震動、レベル 2 地震動とも許容値内

4 地中管路耐震設計基準（レベル1地震動）

4.1 耐震設計の基本

項目	水道指針[1][2]	下水道指針[3]	ガス指針[6][8]
地震動レベル	1. レベル1地震動に対して耐震性能1の照査を行う場合には、一体構造管路おおよび継手構造管路の、耐震計算法および応答変位法による耐震性能の照査を行う 2. レベル1地震動または耐震性能2の照査を行う場合には、一体構造管路および継手構造管路の、耐震計算法および応答変位法に基づいて耐震性能の照査を行う。継手構造管路では、耐震計算法による規定に基づいて照査を行う。なお、継手構造管路では、併せて継手部の伸縮量も照査する 3. 液状化等の地盤変状により地盤ひずみが著しく増大する場合、レベル1地震動に対する埋設管路の耐震性能の照査は、ランクA1、A2であっても耐震性能2を満足することを照査する	下水道施設の耐震設計においては、施設の供用期間内に1～2度発生する確率を有する地震動（レベル1地震動）と供用期間内に発生する確率は低いが大きい強度を有する地震動（レベル2地震動）の、二段階の地震動を考慮する	表5.3 想定する地震動 | 設計で想定する地震動	耐震性能
---	---
レベル1地震動：ガス導管の供用期間中に1～2回発生する確率を有する一般的な地震動を想定する	被害がなく、修理することなく運転に支障がない
レベル2地震動：ガス導管の供用期間中に発生する確率は低いが、非常に強い地震動で内陸型地震と海溝型地震動を想定する	導管に変形は生じるが、漏えいは生じない	

項目	水道指針[1), 2)]			下水道指針[3)]	ガス指針[6), 8)]
	表 5.4 耐震性能と照査			管路施設をその重要度に応じて，「重要な幹線等」と「その他の管路」に区分するものとし，また，処理場・ポンプ場についてはすべての施設を重要な施設とする	地震動は，導管に対して繰り返し強制変位を与えるものとし，それにより導管に生じる地震時ひずみが極低サイクル疲労損傷評価に基づき定めたひずみを超えないことを照査する
耐震性能と照査		耐震性能1	耐震性能2		
	レベル1地震動の構造物性能	ランクA1，ランクA2	ランクB		
	レベル2地震動の耐震性能	—	ランクA1，ランクA2	（1）管路施設「重要な幹線等」はレベル1地震動に対して設計流下能力を確保するとともに，レベル2地震動に対して流下機能を確保する「その他の管路」は，レベル1地震動に対して設計流下能力を確保する	ただし，導管の布設路線において，液状化等による大きな地盤変状の恐れがある場合には，適切な検討を行わなければならない
	一体構造管路の照査基準	（原則として弾性域検討）管体応力≦管体降伏点応力管体ひずみ≦許容ひずみ	（塑性域検討）管体ひずみ≦許容ひずみ		
	継手構造管路の照査基準	（管体：弾性域検討）管体応力≦許容応力継手部伸縮量≦設計照査用最大伸縮量	（管体：弾性域検討）管体応力≦許容応力継手部伸縮量≦設計照査用最大伸縮量	（2）処理場・ポンプ場施設処理場・ポンプ場施設の土木構造物においては，レベル1地震動に対して処理場・ポンプ場としての本来の機能を確保する。レベル2地震動に対しては構造物が損傷を受けても速やかに機能回復を可能とする性能を確保するまた，建築構造物においては，建築基準法に適合する耐震性能を確保する	

第5章 レベル1地震動に対する管路耐震設計計算法

項目	水道指針[1) 2)]	下水道指針[3)]	ガス指針[6) 8)]
耐震計算法	1. 耐震計算における埋設管路の耐震性能は、常時荷重（自重および常時の積載荷重）と地震の影響を組み合わせた状態に対して照査するものとする 2. 埋設管路の耐震計算は、原則として応答変位法を用いて行い、レベル1地震動に対しては管と地盤のすべりを考慮せず、レベル2地震動に対しては管と地盤のすべりを考慮してもよい 3. 埋設管路の耐震性能の照査は ① 応答変位法を用いる地盤ひずみは、「地震動に伴う地盤ひずみ」により算定することを原則とする ② 応答変位法による埋設管路の継手の変位、管体応力、ひずみの耐震計算は、レベル1地震動とレベル2地震動について行うものとする 地割れや液状化等大きな地盤変状に対しては、伸縮可撓性のある継手の伸縮、もしくは管体の変形能力によって管路が地盤の動きに追従し得るかどうかにより耐震性能を照査する		

4.2 レベル1地震動に対する耐震設計計算式

(1) 入力地震動

項目	水道指針[1),2)]	下水道指針[1.3)]	ガス指針[6),8)]
設計地震動変位	$U_h(x) = \dfrac{2}{\pi^2} S_V \cdot T_G K'_{h1} \cos \dfrac{\pi x}{2H}$ ……式5.44 $U_h(x)$：地表面からの深さ x (m) における地盤の水平変位振幅 (cm) S_V：基盤地震動の単位震度あたりの速度応答スペクトル (cm/s) T_G：表層地盤の固有周期 (s) K'_{h1}：耐震計算上の基盤面における設計水平震度 H：表層地盤の厚さ (m) また、地震の鉛直変位振幅 U_V を考慮する場合には、$U_V = U_h / 2$ より求める	$U_h(z) = \dfrac{2}{\pi^2} S_V \cdot T_S \cdot \cos \dfrac{\pi z}{2 \cdot H_g}$ ……式5.45 $U_h(z)$：地表面から深さ z (m) における地盤の水平変位振幅 (m) H_g：表層地盤の厚さ (m) S_V：設計応答速度 (m/s) で、レベル1・レベル2の各地震動レベルに応じた設計用応答速度スペクトルより求める T_S：表層地盤の固有周期 (sec) また、地震の鉛直変位振幅 U_V は、$U_V = U_h / 2$ より求める	$U_h = \dfrac{2}{\pi^2} T \cdot S_V \cdot K_{oh} \cdot \cos \dfrac{\pi \cdot z}{2 \cdot H}$ ……式5.46 U_h：表層地盤変位 (cm) S_V：単位震度あたりの速度応答速度 (cm/s) T：表層地盤面の固有周期 (s) K_{oh}：表層基盤面における設計水平震度 z：地震管の埋設深さ (m) H：表層地盤の厚さ (m)

項目	水道指針[1) 2)]	下水道指針[3)]	ガス指針[6) 8)]
周期	$T_G = 4 \sum_{i=1}^{n} \dfrac{H_i}{V_{si}}$ ……… 式5.47 T_G：地盤の固有周期（s） H_i：i番目の地層厚さ（m） V_{si}：i番目の地層の平均せん断弾性波速度（m／s） 実測値がない場合は式5.47によるせん断ひずみ 10^{-3} レベルに対応する V_{si} を用いた T_G を表層地盤の固有周期として使用 シールドトンネルでは地震時における地盤のひずみレベルによる剛性低下を考慮した表層地盤の固有周期 T_S を使用 $T_S = 1.25 \cdot T_G$ ……… 式5.48 T_S：表層地盤の固有周期（s） T_G：微小ひずみ振幅領域の表層地盤の基本固有周期（s） 　　微小ひずみ振幅領域における地盤の特性値であり、式5.47による せん断ひずみ 10^{-6} レベルに対応する V_{si} を使用	$T_G = 4 \sum_{i=1}^{n} \dfrac{H_i}{V_{si}}$ ……… 式5.49 $T_S = a_D \cdot T_G$ ……… 式5.50 T_S：表層地盤の固有周期（s） a_D：地震時に生じるせん断ひずみの大きさを考慮した係数　$a_D = 1.25$ T_G：地盤の基本固有周期（s） 　　微小ひずみ振幅領域における表層地盤の固有周期であり、せん断ひずみ 10^{-6} レベルに対応する V_{si} を用いる H_i：i番目の地層の厚さ（m） V_{si}：i番目の地層の平均せん断弾性波速度（m／s） 実測値がない場合は下式によって N 値から推定してもよい 粘性土層の場合 　$V_{si} = 100 N_i^{1/3}$　（$1 \leq N_i \leq 25$） 砂質土層の場合 　$V_{si} = 80 N_i^{1/3}$　（$1 \leq N_i \leq 50$） 　　　　　……… 式5.51	$T = \dfrac{4 \cdot H}{V_s}$ ……… 式5.52 ここに、 T：表層地盤の固有周期（s） H：表層地盤の厚さ $\left(= \sum_{i=1}^{h} H_i\right)$（m） $\overline{V}_s$：表層地盤のせん断弾性波速度（m／s）

項目	水道指針[1) 2)]	下水道指針[3)]	ガス指針[6) 8)]
水平震度	1) 地表面における設計水平震度 $K_{h1} = C_Z \cdot K_{h01}$ ……… 式 5.53 2) 基盤面における設計水平震度 $K'_{h1} = C_Z \cdot K'_{h01}$ ……… 式 5.54 表 5.5 水平震度 | 地盤種別	地表面における基準水平震度 (K_{h01})	基盤面における基準水平震度 (K'_{h01})
---	---	---
I 種地盤 [$T_G < 0.2$]	$K_{h01} = 0.16$	
II 種地盤 [$0.2 \leq T_G < 0.6$ (s)]	$K_{h01} = 0.20$	$K'_{h01} = 0.15$
III 種地盤 [0.6 (s) $\leq T_G$]	$K_{h01} = 0.24$	| C_Z (地域係数): A:1.0, B:0.9, C:0.8, その他:0.7	震度法および応答変位法に用いる設計水平震度は下式による。なお、鉛直方向の設計震度は、原則として考慮しない。 ① 地上部の設計水平震度 $K_{hf} = C_Z \times S_G \times S_I \times K_{h0}$ ……… 式 5.55 ここに、 K_{hf} : レベル 1 地震動における地上部の設計水平震度 C_Z : 地域別補正係数 A1・A2:1.0, B1・B2:0.85, C:0.7 S_G : 地盤別補正係数 (表 5.7 参照) S_I : 重要度別補正係数 (=1.1) K_{h0} : 標準設計水平震度 (一般構造物:0.2, 特殊構造物:0.3) ただし、設計荷重おおび重の組合せに示す増設状態の場合は 1.0 とする。 ② 地下部の設計水平震度 $K_{hb} = (1 - 0.015z) \times K_{hf}$ $= C_Z \times S_G \times S_I \times K_{h0} \times (1 - 0.015z)$ ……… 式 5.56	$K_{oh} = 0.15 \cdot v_1 \cdot v_2$ ……… 式 5.57 表 5.6 埋設区分 v_1 | 区分	市街地において公道に埋設する場合	その他
---	---	---
v_1	1.0	0.8	 地域別補正係数 v_2 特 A 地区:1.0 A 地区:0.8 B 地区:0.6 C 地区:0.4

項目	水道指針[1),2)]	下水道指針[3)]	ガス指針[6),8)]
水平震度		ここに、 K_{hb}：レベル1地震動における地下部の設計水平震度 z：計画地表面からの深さ (m)（ただし、$1 - 0.015z \geq 0.50$） **表 5.7　地盤別補正係数 S_G** | 地盤の特性値 T_G	地盤種別	地盤別補正係数 S_G
---	---	---
$T_G < 0.2$	Ⅰ種	0.8
$0.2 \leq T_G < 0.6$	Ⅱ種	1.0
$0.6 \leq T_G$	Ⅲ種	1.2		

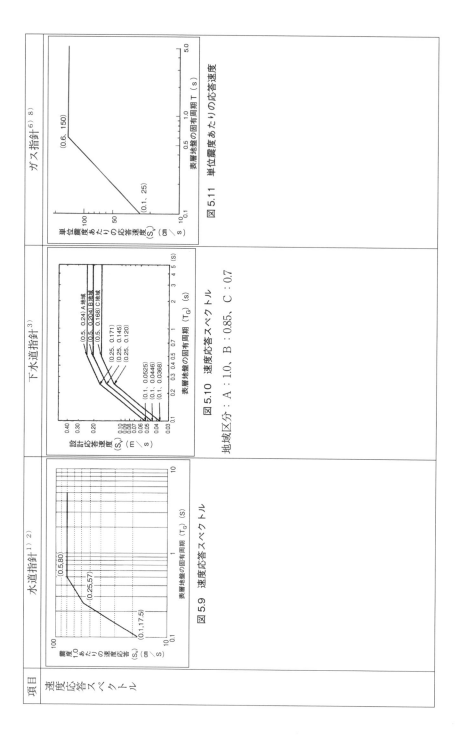

項目	水道指針[1)2)]	下水道指針[3)]	ガス指針[6)8)]
速度応答スペクトル	図 5.9 速度応答スペクトル	図 5.10 速度応答スペクトル 地域区分：A：1.0、B：0.85、C：0.7	図 5.11 単位震度あたりの応答速度

第5章 レベル1地震動に対する管路耐震設計計算法

項目	水道指針[1)2)]	下水道指針[3)]	ガス指針[6)8)]
波長	$L = \dfrac{2L_1 \cdot L_2}{L_1 + L_2}$ ………… 式5.58 $L_1 = V_{DS} \cdot T_G$ ………… 式5.59 $L_2 = V_{BS} \cdot T_G$ ここに、 V_{DS}：表層地盤の平均せん断弾性波速度（cm／s） V_{BS}：基盤の平均せん断弾性波速度（cm／s） T_G：表層地盤の固有周期（s） **表5.8 地盤のせん断弾性波速度** 	堆積時代 おょび土質	V_s（m／s）		
	せん断 ひずみ10^{-3}	せん断 ひずみ10^{-4}	せん断 ひずみ10^{-6}
洪積世 粘性土	$129N^{0.183}$	$156N^{0.183}$	$172N^{0.183}$
洪積世 砂質土	$123N^{0.125}$	$200N^{0.125}$	$205N^{0.125}$
沖積世 粘性土	$123N^{0.777}$	$142N^{0.777}$	$143N^{0.777}$
沖積世 砂質土	$61.8N^{0.211}$	$90N^{0.211}$	$103N^{0.211}$ | 注：・粘性土の組成分率により区分した ・応答変位法の地震時地盤固有周期T_G を求める際、せん断弾性波速度V_Sは10^{-3} レベルとする ・基盤においては10^{-6}レベルの値を用いる	$L = \dfrac{2L_1 \cdot L_2}{L_1 + L_2}$ ………… 式5.60 $L_1 = V_{DS} \cdot T_S$ ………… 式5.61 $L_2 = V_{BS} \cdot T_S$　$T_S = 4H$ ここに、 V_{DS}：表層地盤のせん断弾性波速度（m／s） V_{BS}：基盤のせん断弾性波速度（m／s） T_S：表層地盤の固有周期（s） H：表層地盤の厚さ（m） V_{DS}、V_{BS}は共同溝設計指針[9)]などを参考に定める	（図：表層地盤の固有周期 T(s) に対するみかけの伝播速度 V(m/s)、点(0.25, 100)、(10, 800)、最大5.0） **図5.12 表層地盤の固有周期と地震動のみかけの伝播速度** $L = V \cdot T$ ………… 式5.62

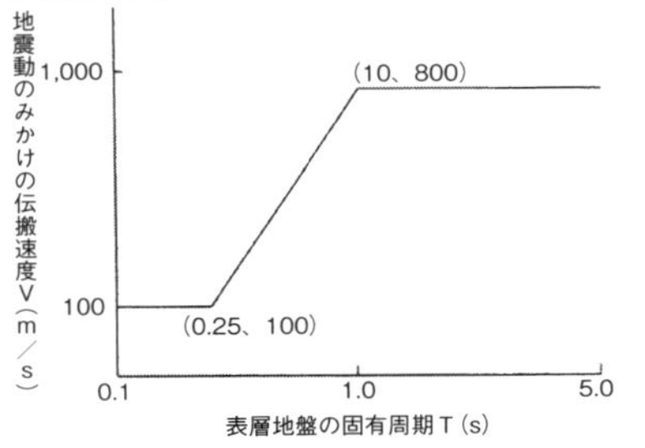

(2) 地盤ひずみ

項目	水道指針[1][2]	下水道指針[3]	ガス指針[6][8]
地盤ひずみ	$\varepsilon_G = \dfrac{\pi \cdot U_h}{L}$ ……………… 式 5.63 ここに、 ε_G：基準地盤ひずみ（管軸方向） U_h：管路埋設深さにおける 45 度斜め入射せん断波の波長 (cm) L：45 度斜め入射せん断波の波長 (cm) 地盤条件に応じて下表の不均一度係数 η を乗じる。 表 5.9 地盤の不均一度係数 η | 不均一の程度	不均一係数	地盤条件
---	---	---
均一	1.0	洪積地盤、均一な沖積地盤
不均一	1.4	層厚の変化がやや激しい沖積地盤、普通の丘陵宅造地
極めて不均一	2.0	河川流域、おぼれ谷などの非常に不均一な沖積地盤、大規模な切土・盛土の造成地 | ※ 洪積地盤であっても平坦でない地形の場合は、不均一な地盤とみなす。	$\varepsilon_{gd} = \dfrac{\pi}{L} U_h(z)$ ……………… 式 5.64 ε_{gd}：地震動により地盤に生じるひずみ L：地盤震動の波長 (m) $U_h(z)$：管きょ布設深度 z (m) における地盤の水平変位振幅 (m) z：管きょ中心の深度 (m)	$\varepsilon_{G1} = \dfrac{2\pi \cdot U_h}{L}$ ……………… 式 5.65 ε_{G1}：一様地盤の表層地盤ひずみ L：地震動のみかけの波長 (cm) U_h：表層地盤変位 (cm)

(3) 地盤ばね

項目	水道指針[1) 2)]	下水道指針[3)]	ガス指針[6) 8)]
地盤ばね	$K_{g1} = C_1 \cdot \dfrac{\gamma_t}{g} \cdot V_s^2$ ……… 式 5.66 $K_{g2} = C_2 \cdot \dfrac{\gamma_t}{g} \cdot V_s^2$ ……… 式 5.67 通常、管路埋設地盤での V_s を用いる K_{g1}、K_{g2}：埋設管路の管軸および管軸直交方向の単位長さあたりの地盤の剛性係数（Pa） γ_t：土の単位体積重量（N／m³） g：重力加速度（9.8 m／s²） V_s：表層地盤のせん断弾性波速度（m／s） C_1、C_2：埋設管路の管軸および管軸直交方向の単位長さに対する定数であり、一般には、概ね C_1 = 1.5 前後、C_2 = 3 前後	$V_{SD} = \dfrac{4H_g}{T_S}$ …………… 式 5.66 $K_{g1} = C_1 \cdot \dfrac{\gamma_{teq}}{g} \cdot V_{SD}^2$ ……… 式 5.68 $K_{g2} = C_2 \cdot \dfrac{\gamma_{teq}}{g} \cdot V_{SD}^2$ ……… 式 5.69 $\gamma_{teq} = \dfrac{\Sigma \gamma_{ti} \cdot H_i}{H_g}$ ……… 式 5.70 γ_{teq}：表層地盤の単位体積重量（kN／m³） γ_{ti}：表層地盤の第 i 層の土の単位体積重量（kN／m³） H_i：表層地盤の第 i 層の地盤の厚さ（m） H_g：表層地盤の厚さ（m）	$K_1 = \pi D k_1$ （N／cm²） $k_1 = 6.0$ （N／cm³）……… 式 5.71 限界せん断応力 $\tau_{cr} = 1.5$ N／cm² 地盤ばね係数 $k_1 = 6.0$ N／cm³ 図 5.13 管軸方向の管軸直角方向地盤拘束力 表 5.10 呼び径別の管軸方向地盤拘束力 | 呼び径 （mm）	最大地盤拘束力 σ_{cr} （N／cm²）	降伏変位 δ_{cr}（cm）	地盤ばね係数 $k_0 = \sigma_{cr}/\delta_{cr}$ （N／cm³）
100	53	2.6	20
150	51	2.6	20
200	48	2.6	18
300	42	2.7	16
400	39	2.8	14
500	36	2.8	13
600	34	2.9	12
650	33	2.9	11
750	32	3.0	11
900	30	3.1	10	

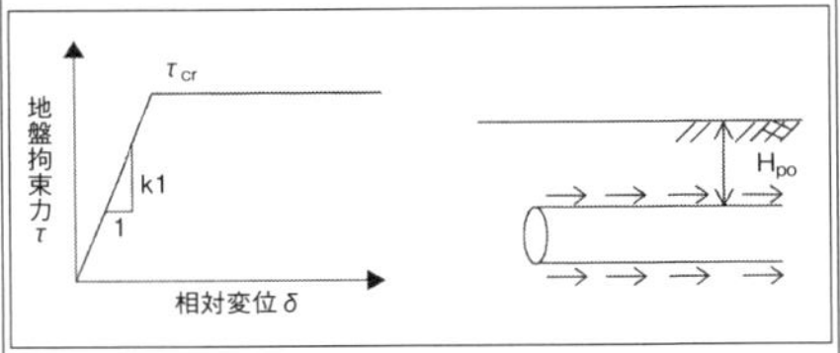

項目	水道指針[1) 2)]	下水道指針[3)]	ガス指針[6) 8)]
地盤ばね	なお、C_1、C_2 の詳細な値については有限要素法（FEM）等によって求めるのが望ましい。参考までに表層地盤厚さ5～30 m、管径150～3,000 mmに対して線形有限要素法（FEM）によって地盤の剛性係数に対する定数を求めた結果を下記に示す $C_1 = 1.3H^{-0.4}D^{-0.025}$ ……… 式5.72 $C_2 = 2.3H^{-0.4}D^{-0.025}$ ……… 式5.73 ここに、 H：表層地盤厚さ（m） D：管径（cm） 管と地盤のすべりを考慮した耐震計算を行う場合は、管と地盤との摩擦力はおむねね0.01MPa（0.1kgf／cm²）前後としてよい。	鉛直断面設計時の地盤反力係数は以下で求める $kr = \dfrac{3 \cdot E_D}{(1+v_D) \cdot (5-6 \cdot v_D)} \cdot R_c$ ‥式5.74 $k_s = \dfrac{kr}{3}$ ……………………… 式5.75 ここに、 kr：部材鉛直方向の地盤反力係数（kN／m³） R_c：管きょの図心半径（m） k_s：部材軸方向の地盤反力係数（kN／m³） E_D：表層地盤の動的変形係数（kN／m²） v_D：表層地盤の動的ポアソン比	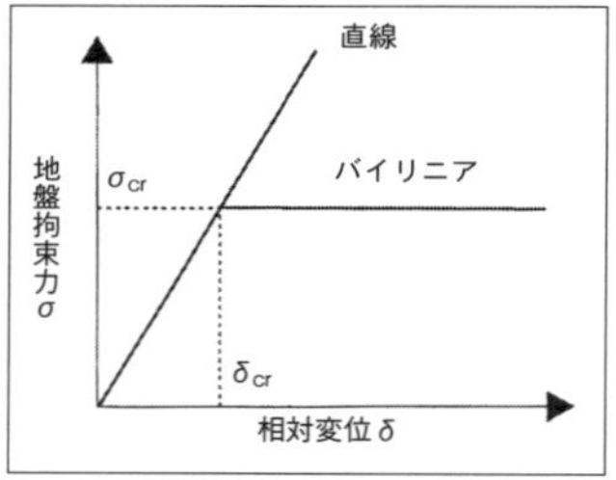 図5.14 地盤ばね 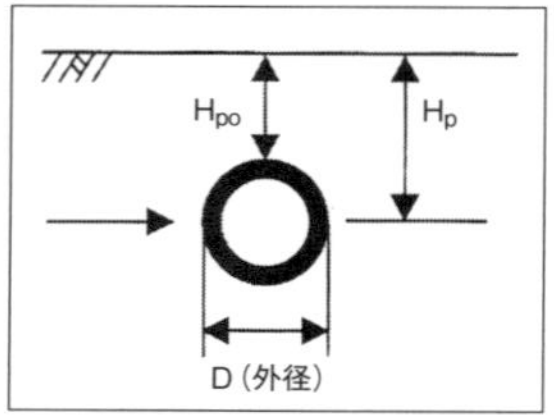 図5.15 円断面管路埋設位置と外径

第5章　レベル1地震動に対する管路耐震設計計算法

(4) 管路のすべり

項目	水道指針[1) 2)]	下水道指針[3)]	ガス指針[6) 8)]
すべりの導入	レベル1地震動に対しては、地盤と管路のすべりを考慮しない耐震計算式を適用する	すべりを考慮しない	q ：すべり低減係数 $$\tau_G \geq \tau_{cr}, \quad q = 1 - \cos\xi + \Omega \cdot \left(\dfrac{\pi}{2} - \xi\right)\sin\xi$$ $\tau_G < \tau_{cr}, \quad q = 1$　…… 式5.76 ただし、$\xi = \arcsin\left(\dfrac{\tau_{cr}}{\tau_G}\right)$ であり、$q \leq 1$ とする τ_G：すべりを考慮しない場合に管表面に作用する最大せん断応力 (N／cm²) で、 $$\tau_G = k_1 \cdot (1 - a_O) \cdot U_h$$ …… 式5.77 k_1 (N／cm³) = 6.0 τ_{cr} (N／cm²) = 1.5 Ω：q を安全側に評価するための修正係数で、1.5 の値を用いる

(5) 周面せん断力

項目	水道指針[1)2)]	下水道指針[3)]	ガス指針[6)8)]
周面せん断力	暗きょ、共同溝については下水道管路と同一	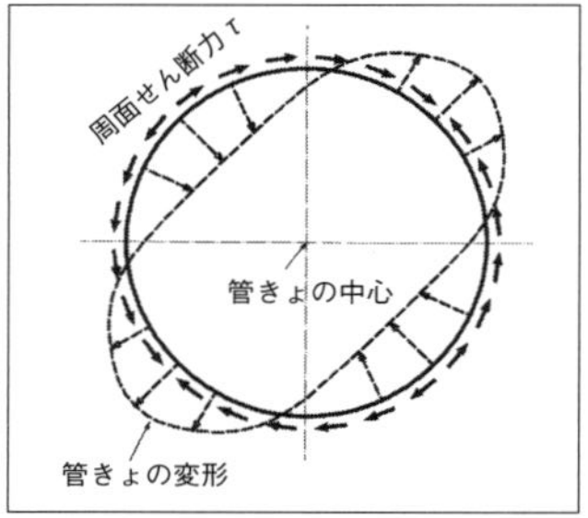 図5.16 周面せん断力の分布 $$\tau = \frac{G_D}{\pi \cdot H_g} \cdot S_V \cdot T_S \cdot \sin\frac{\pi \cdot z}{2 \cdot H_g}$$ ……式5.78 τ ：地震時周面せん断力 (kN／m²) $\tau_{\max} = C + \sigma_n \cdot \tan\phi$ C ：地盤の粘着力 (kN／m²) σ_n ：有効上載圧 (kN／m²) ϕ ：地盤の内部摩擦角 (°) G_D ：表層地盤の動的せん断弾性係数 (kN／m²)	考慮しない

項目	水道指針[1) 2)]	下水道指針[3)]	ガス指針[6) 8)]
周面せん断力		$V_{SD} = \dfrac{4 \cdot H_g}{T_S}$ ……………… 式 5.79 $G_D = \dfrac{\gamma_{teq}}{g} \cdot V_{SD}^2$ ……………… 式 5.80 γ_{teq} ：表層地盤の単位体積重量 (kN／m^3) g ：重力加速度 (9.8 m／sec^2) V_{SD} ：表層地盤の動的せん断弾性波速度 (m／sec) H_g ：表層地盤の厚さ (m) T_S ：表層地盤の固有周期 (sec)	

(6) 管体応力または管体ひずみ計算

項目	水道指針[1) 2)]	下水道指針[3)]	ガス指針[6) 8)]
管体応力または管体ひずみ	一体構造管路・ダクタイル管応力（1997年版） $\sigma_{1L} = a_1 \cdot \dfrac{\pi U_h}{L} \cdot E$ ……… 式5.81 $\sigma_{1B} = a_2 \cdot \dfrac{2\pi^2 DU_h}{L^2} \cdot E$ ……… 式5.82 $\sigma_{1x} = \sqrt{\sigma_{1L}^2 + \sigma_{1B}^2}$ ……… 式5.83 ここに， σ_{1L}：埋設管路の軸応力（Pa） σ_{1B}：埋設管路の曲げ応力（Pa） σ_{1x}：軸応力と曲げ応力の合成応力（Pa） a_1：管軸方向の地盤変位の伝達係数 a_2：管軸直交方向の地盤変位の伝達係数 $a_1 = \dfrac{1}{1 + \left(\dfrac{2\pi}{\lambda_1 L'}\right)^2}$ ……… 式5.84 $a_2 = \dfrac{1}{1 + \left(\dfrac{2\pi}{\lambda_2 L}\right)^4}$ ……… 式5.85	$\sigma_x(x) = \sqrt{\gamma \cdot \sigma_L^2(x) + \sigma_B^2(x)}$ …… 式5.86 $\sigma_L(x) = a_1 \cdot \zeta_1(x) \cdot \dfrac{\pi \cdot U_h(z)}{L} \cdot E$ ……… 式5.87 $\sigma_B(x) = a_2 \cdot \zeta_2(x) \cdot \dfrac{2 \cdot \pi^2 \cdot D \cdot U_h(z)}{L^2} \cdot E$ ……… 式5.88 ここに， $\sigma_x(x)$：可撓性継手から管軸方向の距離 x（m）の点における管軸方向応力度と曲げ応力度の合成応力度（kN／m²） $\sigma_L(x)$：可撓性継手から管軸方向の距離 x（m）の点における管軸方向応力度（kN／m²） $\sigma_B(x)$：可撓性継手から管軸方向の距離 x（m）の点における管軸方向の曲げ応力度（kN／m²） $U_h(z)$：管きょ中心深度 z（m）における地盤の水平変位振幅（m）で，式5.45で求める	$a = q \cdot a_0$ ……… 式5.89 ここで， a：直管のひずみ伝達係数 a_0：すべりを考慮しない場合の直管のひずみ伝達係数 $a_0 = \dfrac{1}{1 + \left(\dfrac{2\pi}{\lambda_1 L}\right)^2}$ ……… 式5.90 $\lambda_1 = \sqrt{\dfrac{K_1}{E \cdot A}}$ ……… 式5.91 K_1：導管単位長さあたりの管軸方向の地盤ばね係数（N／cm²） L：地震動のみかけの波長（m） E：管の弾性係数（N／cm²） 　　$E = 2.06 \times 10^7$ N／cm² A：管の断面積（cm²） q：すべり低減係数

第5章　レベル1地震動に対する管路耐震設計計算法

項目	水道指針[1)2)]	下水道指針[3)]	ガス指針[6)8)]
管体応力または管体ひずみ	$\lambda_1 = \sqrt{\dfrac{K_{g1}}{EA}}$（1/m）……式5.92 $\lambda_2 = \sqrt[4]{\dfrac{K_{g2}}{EI}}$（1/m）……式5.93 ここに、 π：円周率 L'：みかけの波長（$=\sqrt{2}L$）（m） L：波長（m） K_{g1}、K_{g2}：埋設管路の管軸方向および管軸直交方向の単位長さあたり地盤管路の剛性係数（Pa） E：埋設管路の弾性係数（Pa） A：埋設管路の断面積（m²） I：埋設管路の断面二次モーメント（m⁴） U_h：管軸上の地盤の水平変位振幅（m） D：埋設管路の外径（m）	L：地盤振動の波長（m） E：管きょの弾性係数（kN/m²） D：管きょの外径（m） γ：重量係数（地震の波動成分（スペクトル）により$\gamma=1.00\sim 3.12$の値を取り、重要度に応じて選定する） α_1、α_2：管きょの管軸方向、管軸直交方向の地盤変位の伝達係数 $\xi_1(x)$：可撓性継手から管軸方向の距離x（m）の点における管軸方向応力補正係数 可撓性継手を設けない場合は$\xi_1(x)=1$ $\xi_2(x)$：可撓性継手から管軸方向の曲げ応力補正係数 可撓性継手を設けない場合は$\xi_2(x)=1$	$\tau_G \geqq \tau_{cr}$, $q=1-\cos\xi+\Omega\cdot\left(\dfrac{\pi}{2}-\xi\right)\sin\xi$ $\tau_G < \tau_{cr}$, $q=1$ ただし、$\xi=\arcsin\dfrac{\tau_{cr}}{\tau_G}$であり、 $q\leqq 1$とする。 ……式5.94 $\tau_G = k_1 \cdot (1-\alpha_0) \cdot U_h$ ……式5.95 τ_G：すべりを考慮しない場合に管表面に作用する最大せん断応力（N/cm²）で、k_1（N/cm³）は式5.71により、U_h（cm）は式5.46による τ_{cr}：管と周辺地盤間ですべりが発生する時のすべり開始限界せん断応力であり、安全側に評価するために値を用いる Ω：qを安全側に評価するための修正係数で、1.5値を用いる

項目	水道指針[1) 2)] 一体構造管路・鋼管（ひずみ）(2009年版)	下水道指針[3)]	ガス指針[6) 8)]
管体応力または管体ひずみ	$\varepsilon_{1L} = \alpha_1 \cdot \varepsilon_G$ ……… 式 5.96 $\varepsilon_{1B} = \alpha_2 \cdot \dfrac{2\pi D}{L} \cdot \varepsilon_G$ ……… 式 5.97 $\varepsilon_{1x} = \sqrt{\varepsilon_{1L}^2 + \varepsilon_{1B}^2}$ ……… 式 5.98 ここに， ε_{1L} ：埋設管路の軸ひずみ ε_{1B} ：埋設管路の曲げひずみ ε_{1x} ：軸ひずみと曲げひずみの合成ひずみ ε_G ：管軸方向の地盤ひずみ α_1 ：管軸方向の地盤変位の伝達係数 α_2 ：管軸直交方向の地盤変位の伝達係数 $\alpha_1 = \dfrac{1}{1+\left(\dfrac{2\pi}{\lambda_1 \cdot L'}\right)^2}$ ……… 式 5.84 $\lambda_1 = \sqrt[4]{\dfrac{K_{g1}}{E \cdot A}}$ ……… 式 5.92 $L' = \sqrt{2}L$ ……… 式 5.99 K_{g1} ：管軸方向の地盤剛性係数（Pa） E ：埋設管路の弾性係数（Pa） A ：埋設管路の断面積（m²）	$\alpha_1 = \dfrac{1}{1+\left(\dfrac{2\pi}{\lambda_1 \cdot L'}\right)^2}$ ……… 式 5.100 $\alpha_2 = \dfrac{1}{1+\left(\dfrac{2\pi}{\lambda_2 \cdot L}\right)^4}$ ……… 式 5.101 $\lambda_1 = \sqrt{\dfrac{K_{g1}}{E \cdot A}}$ ……… 式 5.102 $\lambda_2 = \sqrt[4]{\dfrac{K_{g2}}{E \cdot I}}$ ……… 式 5.103 $\xi_1(x) = \sqrt{\dfrac{\phi_1(x)^2 + \phi_2(x)^2}{\exp(v' \cdot \lambda_1 \cdot L') - \exp(-v' \cdot \lambda_1 \cdot L')}}$ ……… 式 5.104 $\xi_2(x) = \sqrt{\phi_3(x)^2 + \phi_4(x)^2}$ ……… 式 5.105 A ：管きょの断面積（m²） I ：管きょの断面二次モーメント（m⁴/m） L' ：地盤振動のみかけの波長（m）	$\varepsilon_{G2} = \sqrt{\varepsilon_{G1}^2 + \varepsilon_{G3}^2}$ ……… 式 5.106 $\varepsilon_{G3} = \kappa \cdot \dfrac{K_{oh}}{\overline{V_s}} \cdot \tan\theta \cdot \cos\dfrac{\pi \cdot z}{2H}$ ……… 式 5.107 ここで， ε_{G2} ：浅層不整形地盤ひずみ ε_{G1} ：浅層不整形地盤の各地点での表層厚さにおける一様地盤ひずみで，式 5.65 による ε_{G3} ：地表基礎面が傾斜していることによって生じる地盤ひずみで，浅層不整形地盤の各地点において求めるものとする K_{oh} ：設計水平震度 θ ：基盤傾斜角（ただし，θ が30°を超える場合は，$\theta = 30°$ とする） $\overline{V_s}$ ：表層地盤のせん断弾性波速度（cm／s） κ ：係数（cm／s） 　　$T < 0.3$（s）の時 $\kappa = 405 \cdot T$ 　　$T \geq 0.3$（s）の時 $\kappa = 122$ T ：浅層不整形地盤の各地点における表層地盤の固有周期（s） z ：導管の埋設深さ（m） H ：表層地盤の厚さ（m）

項目	水道指針[1) 2)]	下水道指針[3)]	ガス指針[6) 8)]
管体応力または管体ひずみ	弾性域における ε_{1L} は上記の方法で計算することとするが、ε_{1L} が管の降伏ひずみ ε_y (0.11%) よりも大きくて、塑性域における軸ひずみ ε_{1L} を計算する場合には、λ_1 を $\lambda_1 = [\{K_{g1}/(\varepsilon_y + 2\varepsilon_{1L})EA\}]^{\frac{1}{4}}$ によって修正	$\mu' = \dfrac{x}{L'}$ ……………… 式5.108 $v' = \dfrac{\ell}{L'}$ ……………… 式5.109 $\phi_1(x) = \{\exp(-v' \cdot \lambda_1 \cdot L') - \cos(2 \cdot \pi \cdot v')\}$ $\cdot \exp(\mu' \cdot \lambda_1 \cdot L') - \{\exp(v' \cdot \lambda_1 \cdot L')$ $-\cos(2 \cdot \pi \cdot v')\} \exp(-\mu' \cdot \lambda_1 \cdot L')$ $+2 \cdot \sinh(v' \cdot \lambda_1 \cdot L')$ $\cdot \cos(2 \cdot \pi \cdot \mu')$ ……… 式5.110 $\phi_2(x) = 2 \cdot \sin(2 \pi \cdot v') \cdot \sinh(\mu' \cdot \lambda_1 \cdot L')$ $-2 \cdot \sinh(2 \pi \cdot \mu') \cdot \sinh(v' \cdot \lambda_1 \cdot L')$ ……… 式5.111 $\phi_3(x) = f_3 \cdot e_3 - f_1 \cdot e_2 - f_4 \cdot e_1 - \sin(2 \pi \cdot \mu)$ ……… 式5.112 $\phi_4(x) = e_4 + f_2 \cdot e_3 - f_2 \cdot e_2 - f_5 \cdot e_1 - \cos(2 \pi \cdot \mu)$ ……… 式5.113 ℓ：管きょの可撓継手間の長さ（m）	直管の地震時ひずみ (1) 直管の地震時ひずみは、次式により求めるものとする $\varepsilon_{P1} = \alpha \cdot \varepsilon_G$ ……………… 式5.114 ここで、 ε_{P1}：直管の地震時ひずみ α：直管のひずみ伝達係数で、式5.89による ε_G：地盤ひずみで、浅層不整形地盤を考慮しない場合 $\varepsilon_G = \varepsilon_{G1}$ 浅層不整形地盤を考慮する場合 $\varepsilon_G = \varepsilon_{G2}$ ε_{G1}：一様地盤の表層地盤ひずみ（式5.65による） ε_{G2}：浅層不整形地盤ひずみ（式5.106による） (2) 直管の接合部の地震時ひずみは、次式により求めるものとする $\varepsilon_{P2} = i_p \cdot \alpha \cdot \varepsilon_G$ ……………… 式5.115 ここで、 ε_{P2}：直管の接合部（周継手）の地盤時ひずみ i_p：接合部の軸荷重に対する応力指数で原則として2.0とする

項目	水道指針[1)2)]	下水道指針[3)]	ガス指針[6)8)]
管体応力または管体ひずみ	継手構造管・ダクタイル管（応力）(2009年版) $\sigma'_{1L}(x) = \zeta_1(x) \cdot \sigma_{1L}$ ……… 式5.116 $\sigma'_{1B}(x) = \zeta_2(x) \cdot \sigma_{1B}$ ……… 式5.117 $\sigma'_{1x}(x) = \sqrt{\|\sigma'_{1L}(x)\|^2 + \|\sigma'_{1B}(x)\|^2}$ ……… 式5.118 ここに、 $\sigma'_{1L}(x), \sigma'_{1B}(x)$：伸縮可撓継手から管軸方向の距離 x (m) の点における軸応力と曲げ応力 (Pa) σ_{1L}, σ_{1B}：軸応力と曲げ応力 (Pa) $\sigma'_{1x}(x)$：伸縮可撓継手から管軸方向の距離 x (m) の点における合成応力 (Pa) $\zeta_1(x), \zeta_2(x)$：埋設管路を連続した管路の応力に対する埋設管路の伸縮可撓継手がある場合の応力の補正係数、$\zeta_1(x)、\zeta_2(x)$ は下水道指針と同じ $\|\sigma'_{1L}(x)\|^2$ には各管種とも重要度に応じて1.00～3.12を乗じるのが望ましい	f_1 : $\frac{1}{\Delta}[(C_3+C_4)\cdot C_7-(C_3+C_4)\cdot C_7\cdot \cos(2\pi\nu)+(C_6+C_5)\cdot \frac{2\pi}{\beta L}\cdot \sin(2\pi\nu)]$ f_2 : $\frac{1}{\Delta}[(C_3+C_4)\cdot C_5-(C_3+C_4)\cdot C_7\cdot \cos(2\pi\nu)+(C_6+C_5)\cdot \frac{2\pi}{\beta L}\cdot \sin(2\pi\nu)]$ f_3 : $\frac{1}{\Delta}[(C_3+C_4)\cdot C_6-(C_3-C_7)\cdot \cos(2\pi\nu)-2\cdot C_5\cdot \frac{2\pi}{\beta L}\sin(2\pi\nu)]$ Δ : $[(C_3+C_4)^2+2\cdot C_5\cdot C_6-2\cdot C_5\cdot \cos(2\pi\nu)]+2\cdot C_5^2$ C_3 : $\sin(\nu\cdot\beta\cdot L)\cdot \sinh(\nu\cdot\beta\cdot L)$	$\sin(\nu\cdot\beta\cdot L)\cdot \cosh(\nu\cdot\beta\cdot L)$ C_4 : $\cos(\nu\cdot\beta\cdot L)\cdot \sinh(\nu\cdot\beta\cdot L)$	$\cos(\nu\cdot\beta\cdot L)\cdot \cosh(\nu\cdot\beta\cdot L)$ e_3 : $\sin(\mu\cdot\beta\cdot L)\cdot \sinh(\mu\cdot\beta\cdot L)$	$\sin(\mu\cdot\beta\cdot L)\cdot \cosh(\mu\cdot\beta\cdot L)$ e_4 : $\cos(\mu\cdot\beta\cdot L)\cdot \sinh(\mu\cdot\beta\cdot L)$	$\cos(\mu\cdot\beta\cdot L)\cdot \cosh(\mu\cdot\beta\cdot L)$ μ : $\frac{\ell}{L}$ ν : $\frac{x}{L}$ β : $\sqrt[4]{\frac{K_G}{4E\cdot I}}$ ………式5.119	

168

項目	水道指針[1) 2)]	下水道指針[3)]	ガス指針[6) 8)]
管体応力または管体ひずみ	継手構造管路・鋼管（ひずみ）（1997年版） $\varepsilon'_{1L}(x) = \zeta_1(x)\cdot\varepsilon_{1L}$ ……… 式5.120 $\varepsilon'_{1B}(x) = \zeta_2(x)\cdot\varepsilon_{1B}$ ……… 式5.121 $\varepsilon'_{1x}(x) = \sqrt{\|\varepsilon'_{1L}(x)\|^2 + \|\varepsilon'_{1B}(x)\|^2}$ ……… 式5.122 ここに、 $\varepsilon'_{1L}(x)、\varepsilon'_{1B}(x)$：伸縮可撓継手から管軸方向の距離 x（m）の点における軸ひずみと曲げひずみ $\varepsilon_{1L}、\varepsilon_{1B}$：軸ひずみと曲げひずみ $\varepsilon'_{1x}(x)$：伸縮可撓継手から管軸方向の距離 x（m）の点における軸ひずみと曲げひずみの合成ひずみ $\zeta_1(x)、\zeta_2(x)$：伸縮可撓継手がある場合のひずみの補正係数		

(7) 継手伸縮変位・屈曲角

項目	水道指針[1) 2)]	下水道指針[3)]	ガス指針[6) 8)]
継手伸縮変位・屈曲角	$\lvert u_j \rvert = u_0 \bar{u}_J$ ……………… 式5.123 ここに， $\lvert u_j \rvert$：管軸方向継手伸縮量 (m) u_0：無限連続梁とした場合の管軸方向相対変位量 (m) $\bar{u}_J = \dfrac{2\gamma_1\lvert \cosh\beta_1 - \cos\gamma_1 \rvert}{\beta_1 \sinh\beta_1}$ … 式5.124 $u_0 = a_1 U_a$ …………………… 式5.125 $a_1 = \dfrac{1}{1+(\gamma_1/\beta_1)^2}$ …………… 式5.126 $\beta_1(\lambda_1 l) = \sqrt{\dfrac{K_{g1}}{EA}} \cdot l$ …………… 式5.127 $\gamma_1 = \dfrac{2\pi l}{L'}$ ……………………… 式5.128 EA：伸び剛性 (N) l：継手間の長さ (m) K_{g1}：埋設管路の管軸方向の単位長さあたりの地盤の管軸方向の剛性係数 (Pa) L'：みかけの波長 $(L' = \sqrt{2}L)$ (m) U_a：地盤の管軸方向の水平変位振幅 (m)	差し込み継手管きょ $\delta = \varepsilon_{gd} \cdot \ell$ ………………… 式5.129 δ：地震動による抜出し量 (m) ℓ：管の有効長 (m) ε_{gd}：地震動により地盤に生じるひずみ 一体構造管きょ $\lvert u_{jl} \rvert = u_o \cdot \bar{u}_J$ ………………… 式5.130 ここに， $\lvert u_{jl} \rvert$：管軸方向継手伸縮量 (m) u_o：無限に連続するはりとした場合の管軸方向相対変位量 (m) $\bar{u}_J$：継手変位の係数 $u_o = a_1 \cdot U_a$ …………………… 式5.131 ここに， U_a：地盤の軸方向の水平変位振幅 (m) $U_a = \dfrac{1}{\sqrt{2}} \cdot U_h(z)$ ……………… 式5.132	規定せず

第5章 レベル1地震動に対する管路耐震設計計算法

項目	水道指針[1) 2)]	下水道指針[3)]	ガス指針[6) 8)]
継手伸縮変位・屈曲角	$U_a = \dfrac{1}{\sqrt{2}} U_h$ ………… 式5.133 U_h：地表面からの深さ x (m) における地盤の水平変位振幅 (m) ダクタイル鉄管路の場合で、震度Ⅳ程度以上の時地震時挙動観測結果から得られた次式によって計算してもよい。 $e_p = \varepsilon_G \cdot l$ ………… 式5.134 ここに、 e_p：管軸方向継手伸縮量 (m) ε_G：地盤ひずみ l：管長 (m)	ここに、 $U_h(z)$：管きょ中心深度 z (m) における地盤の水平変位振幅 (m) $\overline{u}_{gl} = \dfrac{2 \cdot \gamma_1 \cdot |\cosh\beta_1 - \cos\gamma_1|}{\beta_1 \cdot \sinh\beta_1}$ ………… 式5.135 $a_1 = \dfrac{1}{1+\left(\dfrac{\gamma_1}{\beta_1}\right)^2}$ $\beta_1 = \sqrt{\dfrac{K_{g1}}{E \cdot A} \cdot \ell}$ ………… 式5.136 $\gamma_1 = \dfrac{2 \cdot \pi \cdot \ell}{L'}$ ここに、 E：管きょの弾性係数 (kN／m²) A：管きょの断面積 (m²) ℓ：継手間隔 (m) K_{g1}：管きょの管軸方向の単位長さあたりの地盤の剛性係数 (kN／m²) L'：地盤振動のみかけの波長 (m)	

項目	水道指針[1)2)]	下水道指針[3)]	ガス指針[6)8)]
屈曲角	$\theta = \dfrac{4 \cdot \pi^2 \cdot l \cdot U_h}{L^2}$ …… 式5.137 ここに、 θ：継手部の屈曲角度（rad） l：継手間の長さ（m） U_h：地表面からの深さ x（m）における地盤の水平変位振幅（m） L：波長（m）	$\theta = \left(\dfrac{2 \cdot \pi}{T_S}\right)^2 \cdot \dfrac{U_h(z)}{V_{SD}^2} \cdot \ell$ …… 式5.138 ここに、 θ：地震動による継手部の屈曲角度（rad） T_S：表層地盤の固有周期（sec） $U_h(z)$：管きょの布設深度 z（m）における地盤の水平変位振幅（m） V_{SD}：表層地盤の動的せん断弾性波速度（m／sec） ℓ：管の有効長（m） マンホール接続部の屈曲部については別途規定	規定せず

第5章　レベル1地震動に対する管路耐震設計計算法

(8) 異形管

項目	水道指針[1]	下水道指針[3]	ガス指針[6) 8)]
異形管 曲管	規定せず	**マンホールと管きょの接合部** 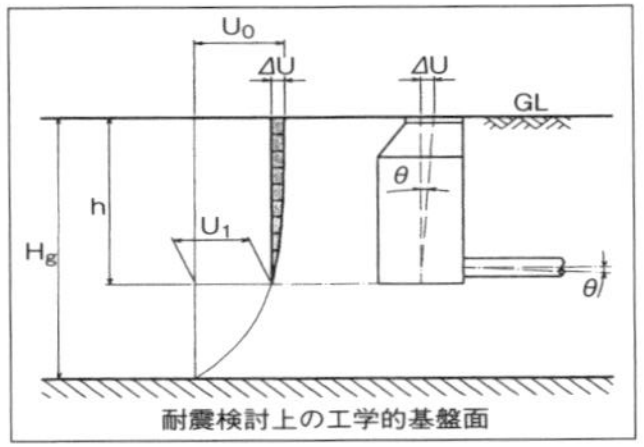 図5.17 マンホールと管きょ接続部の回転角と変位 $\theta = \tan^{-1}\left(\dfrac{\Delta U}{h}\right)$ ……… 式5.139 $U_h(z) = \dfrac{2}{\pi^2} \cdot S_V \cdot T_S \cdot \cos\dfrac{\pi \cdot z}{2 \cdot H_g}$ … 式5.140 $\Delta U = U_h(0) - U_h(h) = U_0 - U_1$ ここに、 θ　：マンホールと管きょの回転角（可撓性継手の屈曲角）（rad） $U_h(z)$：地表面から深さ z (m) における地盤の水平変位振幅（m） h　：マンホール床付面の深さ（m） H_g　：表層地盤の厚さ（mm） S_V　：設計応答速度（m／s） T_S　：表層地盤の固有周期（sec）	

173

項目	ガス指針[6) 8)]
異形管曲管・T字管	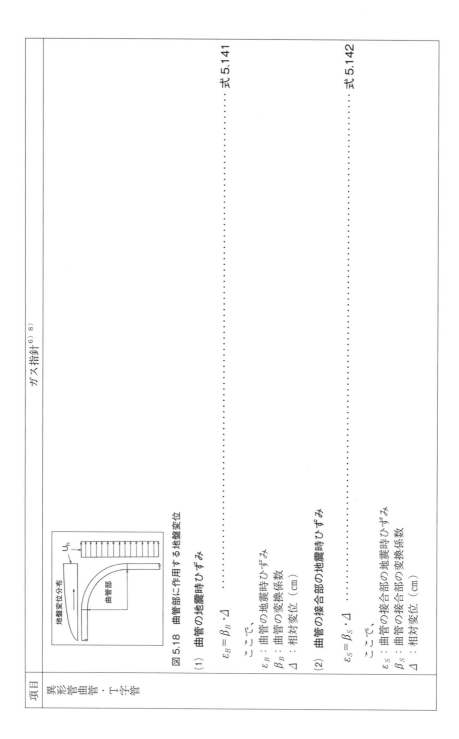

図5.18 曲管部に作用する地盤変位

(1) 曲管の地震時ひずみ

$$\varepsilon_B = \beta_B \cdot \Delta \quad \cdots\cdots 式5.141$$

ここで、
ε_B：曲管の地震時ひずみ
β_B：曲管の変換係数
Δ：相対変位（cm）

(2) 曲管の接合部の地震時ひずみ

$$\varepsilon_S = \beta_S \cdot \Delta \quad \cdots\cdots 式5.142$$

ここで、
ε_S：曲管の接合部の地震時ひずみ
β_S：曲管の接合部の変換係数
Δ：相対変位（cm） |

項目	ガス指針[6) 8)]
異形管 曲管 曲管・T字管	曲管部の変換係数は次式により求めるものとする $$\beta_b = \frac{2i_B \cdot A \cdot \bar{\lambda}^2 \cdot D\{(5+R\cdot\bar{\lambda})\cdot b_1| + 4\bar{\lambda}^3 I\{5(I+b_2) - b_1|}{10A + 5L\cdot I\cdot\bar{\lambda}^3(1+b_2) + 10A\cdot b_3} \quad \cdots\cdots 式5.143$$ $$b_1 = \frac{1+2R\cdot\bar{\lambda}+(\pi-2)n\cdot R^2\cdot\bar{\lambda}^2}{(1+R\cdot\bar{\lambda})\{2+\pi\cdot n\cdot R\cdot\bar{\lambda}+(4-\pi)\cdot n\cdot R^2\cdot\bar{\lambda}^2\}}$$ $$b_2 = \frac{1-2n\cdot R^2\cdot\bar{\lambda}^2-(4-\pi)n\cdot R^3\cdot\bar{\lambda}^3}{(1+R\cdot\bar{\lambda})\{2+\pi\cdot n\cdot R\cdot\bar{\lambda}+(4-\pi)\cdot n\cdot R^2\cdot\bar{\lambda}^2\}}$$ $$b_3 = n\cdot R^3\cdot\bar{\lambda}^3\left\{\frac{\pi}{2} + \frac{\pi\cdot I}{2n\cdot A\cdot R^2} + \left(1-\frac{I}{n\cdot A\cdot R^2}\right)b_1 + \left(\frac{2}{R\cdot\bar{\lambda}} + \frac{\pi}{2} + \frac{\pi I}{2n\cdot A\cdot R^2}\right)b_2\right\} \quad \cdots\cdots 式5.144$$ ここで、 β_B：曲管の変換係数（1／cm） i_B：曲管の曲げ荷重に対する応力指数で、次式による $$i_B = \frac{1.95}{h^{2/3}} \text{ または、1.5 のいずれかの大きいほうの値} \quad \cdots\cdots 式5.145$$ n：曲管のたわみ係数で、次式による $$n = \frac{1.65}{h} \quad \cdots\cdots 式5.146$$ h：パイプファクター $$h = \frac{tR}{r^2} \quad \cdots\cdots 式5.147$$

項目	ガス指針[6), 8)]
異形管・曲管・T字管	D ：管の外径 (cm) t ：管厚 (cm) r ：管平均半径 (cm) $$r = \frac{D-t}{2} \qquad \cdots\cdots\cdots 式5.148$$ A ：管の断面積 (cm^2) R ：曲率半径 (cm) I ：管の断面二次モーメント (cm^4) L ：地震動のみかけの波長 (cm) $$\frac{1}{\lambda} = \sqrt[4]{\frac{K_2}{4EI}} \qquad \cdots\cdots\cdots 式5.149$$ K_2 ：単位長さあたりの管軸直角方向の地盤ばね係数 (N／cm^2) で、$K_2 = Dk_2$ E ：弾性係数 (N／cm^2) で、$E = 2.06 \times 10^7$ N／cm^2

第5章 レベル1地震動に対する管路耐震設計計算法

項目	ガス指針[6) 8)]
異形管 曲管・T字管	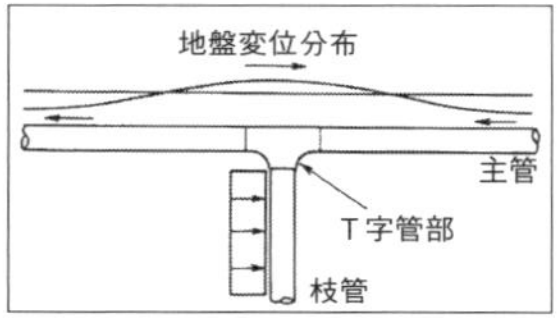 図5.19 T字管部のモデル化 T字管部の地震時ひずみは、次式あるいはFEM解析により求めるものとする (1) T字管部の地震時ひずみが弾性および部分塑性域の場合、すなわち $\beta_T \cdot \Delta \leq 1.27\varepsilon_y$ の場合 $$\varepsilon_T = \beta_T \cdot \Delta \quad \cdots\cdots\cdots\cdots\cdots\cdots\cdots\cdots\cdots\cdots\cdots\cdots\cdots\cdots\cdots\cdots\cdots\cdots \text{式}5.150$$ (2) T字管部の地震時ひずみが全塑性域の場合、すなわち $\beta_T \cdot \Delta > 1.27\varepsilon_y$ の場合 $$\varepsilon_T = 2\beta_T \cdot \Delta \quad \cdots\cdots\cdots\cdots\cdots\cdots\cdots\cdots\cdots\cdots\cdots\cdots\cdots\cdots\cdots\cdots\cdots \text{式}5.151$$ ここで、 ε_T：T字管部の地震時ひずみ β_T：T字管部の変換係数（1／cm） Δ：相対変位（cm） ε_y：T字管部に隣接する枝管材の降伏ひずみ

項目	ガス指針[6) 8)]
異形管・曲管・T字管	管と地盤の相対変位は次式により求めるものとする $\Delta = (1-a^*) \cdot U_h$ …… 式5.152 ここで、 Δ：相対変位（cm） U_h：表層地盤変位（cm） a^*：直管と地盤変位の相対変位に関する係数 $\quad a^* = q^* \cdot a_0$ a_0：すべりを考慮しない場合の直管のひずみ伝達係数 q^*：相対変位に関するすべり低減係数 $\tau_G \geq \tau_{cr}\ \ q^* = \sin\xi \cdot \left(1 + \dfrac{\pi^2}{8} - \dfrac{\xi^2}{2}\right) - \xi \cdot \cos\xi$ $\tau_G < \tau_{cr}\ \ q^* = 1$ …… 式5.153 ただし、$\xi = \arcsin\left(\dfrac{\tau_{cr}}{\tau_G}\right)$であり、 $q^* \leq 1$とする τ_G：すべりを考慮しない場合に管表面に作用する最大せん断応力（N／cm^2） τ_{cr}：管と周辺地盤間ですべりが発生する時のすべり開始限界せん断応力（N／cm^2） $\tau_G = k_1 \cdot (1-a_0) \cdot U_h$ …… 式5.154

項目	ガス指針[6) 8)]
異形管曲管・T字管	T字管部の変換係数は次式により求めるものとする $$\beta_T = \frac{4\bar{\lambda}_1^2 \cdot D_1 \cdot A_2 \cdot (C-1)}{4A_2 + L \cdot I_1 \cdot \bar{\lambda}_1^3 \cdot C} \quad \cdots\cdots 式5.155$$ $$C = \frac{1 + 4\left(\frac{\bar{\lambda}_1}{\bar{\lambda}_2}\right)^3 \cdot \left(\frac{D_2}{D_1}\right)}{1 + 2\left(\frac{\bar{\lambda}_1}{\bar{\lambda}_2}\right)^3 \cdot \left(\frac{D_2}{D_1}\right)} \quad \cdots\cdots 式5.156$$ ここで、 β_T：T字管の変換係数（1／cm） D：外径（cm） A：断面積（cm^2） I：断面二次モーメント（cm^4） L：地震動のみかけの波長（cm） 　D, A, I およびの添字は 　添字1：枝管側, 添字2：主管側 $\bar{\lambda}：\sqrt[4]{\dfrac{K_2}{4E \cdot I}} \quad \cdots\cdots 式5.157$ K_2：単位長さあたりの管軸直角方向の地盤ばね係数（N／cm^2）で、$K_2 = Dk_2$ E：弾性係数（N／cm^2）で、$E = 2.06 \times 10^7$ N／cm^2

(9) 安全性照査

項目	水道指針[1) 2)]			下水道指針[3)]	ガス指針[6) 8)]
安全性照査	表 5.11 耐震性能			レベル1地震動に対する照査 許容応力度または使用限界状態で行う 許容値または限界状態を超えた場合（耐震対策を実施する） (1) 変位量の吸収 (2) 鉛直断面の強度の確保 (3) 軸方向断面の強度の確保 照査基準値 (1) 継手部：水密性の保持を前提条件として、管材料の最大許容値に安全性を見込んだ値 (2) 管きょ本体：ひび割れが生じて漏水しないように、管構造管路の許容応力度法に基づく許容耐力 (3) 鉄筋コンクリート管：ひび割れ保証モーメント (M_c) $M_c = 0.318 \cdot P_c + 0.239 \cdot W \cdot r$ ……… 式 5.158 ここに， M_c：ひび割れ保証モーメント (kN・m) P_c：ひび割れ荷重 (kN/m) W：管きょの自重 (kN/m) r：管きょの管厚中心半径 (m)	直管・異形管の許容ひずみは3%
	耐震性能	耐震性能1	（原則として弾性域検討） 管体応力≦降伏点応力 管体ひずみ≦許容ひずみ		
	レベル1地震動の耐震性能※1	ランクA1，ランクA2			
	一体構造管路の照査基準				
	継手構造管路の照査基準※2	耐震性能1	（管体・弾性検討） 管体応力≦許容応力 継手部伸縮量≦設計照査用最大伸縮量		

※1：液状化等の地盤変状により地盤ひずみが著しく増大する場合，レベル1地震動に対する管路の耐震性能は，ランクA1，A2であっても耐震性能2を満足することを照査する

※2：離脱防止機能を有する鎖構造管路は，一つの継手の継手部伸縮量が設計照査用最大伸び量を超えた場合でも，隣接する管を引張ることで管路全体として地盤変位を吸収できるため，これを照査するものとする

〈 参 考 文 献 〉

1）㈳日本水道協会：水道施設耐震工法指針・解説、1997年版、平成9（1997）年3月
2）㈳日本水道協会：水道施設耐震工法指針・解説、2009年版、Ⅰ総論、Ⅱ各論、平成21（2009）年7月
3）(公社)日本下水道協会：下水道施設の耐震対策指針と解説、2014年版、平成28（2014）年6月
4）㈳日本道路協会：石油パプライン技術基準（案）、昭和49（1974）年3月
5）内閣府・中央防災会議：東海地震に関する専門調査会資料、2001年
6）㈳日本ガス協会・ガス工作物設置基準調査委員会：高圧ガス導管耐震設計指針、中低圧ガス導管耐震設計指針、2004年3月
7）澤田純男・土岐憲三・高田至郎：地表面を基準とした応答変位法の設計スペクトル、土木学会論文集、No.5701-40、pp.277-286、1997年
8）㈳日本ガス協会・ガス工作物設置基準調査委員会：ガス導管耐震設計指針、昭和57（1982）年3月
9）㈳日本道路協会：共同溝設計指針、昭和61（1986）年3月

第6章

レベル2地震動に対する 管路耐震設計計算法

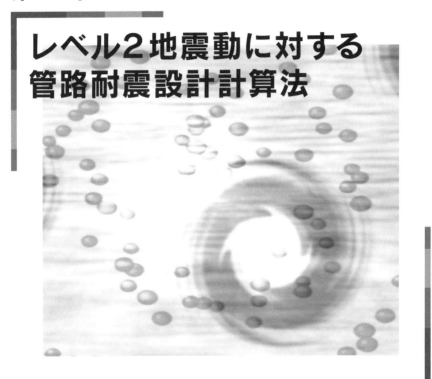

第6章
レベル2地震動に対する管路耐震設計計算法

1 レベル2地震動設計とレベル1地震動設計の主な相違点

1.1 速度応答スペクトルのレベル

　レベル1地震動では、軟弱地盤（水道施設耐震工法指針・解説[1)2)]（以下、水道指針）：A地域、下水道施設の耐震対策指針と解説[3)]（以下、下水道指針）：A地域での最大速度応答スペクトルは、基盤面震度を考慮すると、水道：12.0cm／sec、下水道：24.0cm／sec、高圧ガス導管耐震設計指針[4)]：22.5cm／secを与えていることになる。

　一方、レベル2地震動では、最大速度応答スペクトル値は、水道：100cm／sec、下水道：80cm／secで、レベル1地震動に比較して、3～5倍の値となっている。

　レベル1地震動は、石油パイプライン技術基準（案）[5)]の80cm／sec×0.15（基盤面震度）×1.6（地盤種別係数）＝19.2cm／secをベースに定められている。一方、レベル2地震動は、1995年兵庫県南部地震で得られた地震動記録（神戸大学、東神戸大橋：GL-33 m、ポートアイランド：GL-83 m）をもとに基盤地震動スペクトルを定めたものである[1)]。

　兵庫県南部地震以降、2000年鳥取県西部地震、2004年新潟県中越地震、2007年能登半島地震、2007年新潟県中越沖地震、2008年岩手・宮城内陸地震と、大規模地震動が観測されており、水道指針（2009）[2)]では、それらの地震記録の応答加速度スペクトルに対する検討も行われたが、水道指針（1997）[1)]の設計スペクトルからの変更はない。今後、静的解析との整合性、動的解析による設計に用いるレベル2地震動、静的解析による設計に用いるレベル2地震動、設計応答スペクトルの課題、について検討していくことを掲げている。

1.2 管路のすべり

　昭和57年（1982年）のガス導管耐震設計指針[6)]の策定にあたって、導管の地

第6章 レベル2地震動に対する管路耐震設計計算法

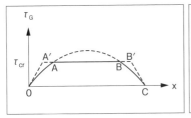

図6.1 管路のすべり

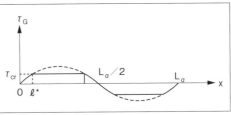

図6.2 管路すべりの簡略化

震時すべりについて理論的な研究が実施されている[7]。図6.1に示すように、地震動による地盤のせん断応力τ_Gが管路と地盤のすべり限界せん断力τ_{cr}を超えると地盤せん断応力は、形状OABCの挙動となる。簡略化のために、すべり時の管路ひずみ分布をOA'B'Cのように台形状と仮定している。

図6.2のℓ^*は次式で与えられる。L_aは波長である。

$$\ell^* = \frac{L_a}{2\pi} \arcsin \frac{\tau_{cr}}{\tau_G} \quad \cdots\cdots\cdots 式6.1$$

管にせん断力が作用している場合の管の軸方向つり合い式は次式となる。

$$\frac{d^2 u_s}{dx^2} + \frac{\tau(t,x)}{Ed} = 0 \quad \cdots\cdots\cdots 式6.2$$

ここに、u_sは管の軸方向応答変位、E、dは管のヤング率、直径である。
式6.2の$\tau(t,x)$は式6.3で与えられる。

$$\tau(t,x) = \begin{cases} \tau_G \sin\left(\frac{2\pi}{L_a}x\right); & 0 \leq x \leq \ell^* \\ \tau_{cr} & ; \ell^* < x < L_a/4 \end{cases} \quad \cdots\cdots 式6.3$$

管路ひずみε_sとひずみ変化率の境界条件より、式6.4が成立し、管路ひずみは式6.5となる。

$$\varepsilon_s(t, \ell^*_{+0}) = \varepsilon_s(t, \ell^*_{-0})$$
$$\left.\frac{\partial \varepsilon_s}{\partial x}\right|_{x=\ell^*_{+0}} = \left.\frac{\partial \varepsilon_s}{\partial x}\right|_{x=\ell^*_{-0}} \quad \cdots\cdots 式6.4$$
$$\varepsilon_s(t, L_a/4) = 0$$

$$\varepsilon_s(t,x) = \begin{cases} \beta_s \varepsilon_G \left\{ \cos\left(\dfrac{2\pi}{L_a}x\right) - \cos\left(\dfrac{2\pi}{L_a}\ell^*\right) \right. \\ \left. \quad + \dfrac{2\pi}{L_a}\dfrac{\tau_{cr}}{\tau_G}\left(\dfrac{L_a}{4} - \ell^*\right) \right\} ; 0 \leq x \leq \ell^* \\ \dfrac{2\pi}{L_a}\varepsilon_{cr}\left(\dfrac{L_a}{4} - x\right) ; \ell^* < x < L_a/4 \end{cases} \quad \cdots\cdots\cdots 式6.5$$

ここに、

$$\beta_s = \dfrac{\varepsilon_S}{\varepsilon_G} \cdots\cdots\cdots\cdots\cdots\cdots\cdots\cdots\cdots\cdots\cdots\cdots\cdots\cdots\cdots\cdots 式6.6$$

$$\zeta \cong \dfrac{Ed}{G} \cdots\cdots\cdots\cdots\cdots\cdots\cdots\cdots\cdots\cdots\cdots\cdots\cdots\cdots\cdots\cdots\cdots 式6.7$$

$$\varepsilon_{cr} = \tau_{cr}/(G\zeta) \cdots\cdots\cdots\cdots\cdots\cdots\cdots\cdots\cdots\cdots\cdots\cdots\cdots 式6.8$$

上式を代入すると、式6.9、式6.10 が得られる。

$$\varepsilon_s = \beta_s \varepsilon_G \left\{ 1 - \cos\left(\dfrac{2\pi}{L_a}\ell^*\right) \right. \\ \left. + \dfrac{\pi}{2}\sin\left(2\pi\dfrac{\ell^*}{L_a}\right)\left(1 - 4\dfrac{\ell^*}{L_a}\right) \right\} \quad \cdots\cdots\cdots 式6.9$$

$$q^* = \sin\left(2\pi\dfrac{\ell^*}{L_a}\right)\left\{ 1 + \dfrac{\pi^2}{8} - 2\pi^2\left(\dfrac{\ell^*}{L_a}\right)^2 \right\} \\ - 2\pi\dfrac{\ell^*}{L_a}\cos\left(2\pi\dfrac{\ell^*}{L_a}\right) \quad \cdots\cdots\cdots 式6.10$$

また、管と地盤の相対変位Δ_R は、次式で算定できる。

$$\Delta_R = \int_0^{L_a/4}\left\{ \varepsilon_G \sin\left(\dfrac{2\pi}{L_a}x\right) - \varepsilon_s(t,x) \right\}dx \\ = \dfrac{L_a}{2\pi}\varepsilon_G\left\{ 1 - \beta_s \cdot \left[\sin\left(2\pi\dfrac{\ell^*}{L_a}\right)\left\{1 + \dfrac{\pi^2}{8} - 2\pi^2\left(\dfrac{\ell^*}{L_a}\right)^2\right\} \right.\right. \\ \left.\left. - 2\pi\dfrac{\ell^*}{L_a}\cos\left(2\pi\dfrac{\ell^*}{L_a}\right) \right]\right\} \quad \cdots\cdots\cdots 式6.11$$

結局、管路ひずみと管と地盤の相対変位は下式で与えられる。

$$\varepsilon_s = q\beta_s \varepsilon_G \quad \cdots\cdots\cdots\cdots\cdots\cdots\cdots\cdots\cdots\cdots\cdots\cdots\cdots\cdots\cdots\cdots \text{式 6.12}$$

$$\Delta_R = (1 - q^*\beta_s)\frac{L_a}{2\pi}\varepsilon_G \quad \cdots\cdots\cdots\cdots\cdots\cdots\cdots\cdots\cdots\cdots\cdots\cdots \text{式 6.13}$$

ここに、

$$q = 1 - \cos\left(2\pi\frac{\ell^*}{L_a}\right) + \frac{\pi}{2}\left(1 - 4\frac{\ell^*}{L_a}\right)\sin\left(2\pi\frac{\ell^*}{L_a}\right) \quad \cdots\cdots\cdots \text{式 6.14}$$

本式が管路すべりを考慮したガス導管設計式に導入されている。なお、簡略式は厳密式と比較した結果、十分な精度が得られていることが確認されている。

上記は、ガス導管のすべりについて検討され、耐震設計指針に導入された計算式であるが、水道管路のレベル2地震動耐震設計については、すべりを考慮した簡便計算法を提案している。すなわち、「継手構造管路・ダクタイル管」については、軸応力 σ_{2L} は非線形応答を考慮した速度応答スペクトルを用いることによって耐震解析を行っている。

$$U'_h = \frac{2}{\pi}S'_v T_G \cos\frac{\pi x}{2H} \quad \cdots\cdots\cdots\cdots\cdots\cdots\cdots\cdots\cdots\cdots\cdots\cdots\cdots \text{式 6.15}$$

ここに、
U'_h：すべりを考慮した等価入力地盤変位
S'_v：すべりを考慮した等価応答速度スペクトル

なお、図6.3および図6.4は、地盤と管との間のすべりを考慮した非線形応答計算での管体応力と、すべりを考慮しない式を用いて計算した管体応力が等価となるようなみかけ上の速度応答を逆算し、種々の管径、地質に対してそれらの結果を包絡するような速度応答スペクトルを求めたものである[1]。

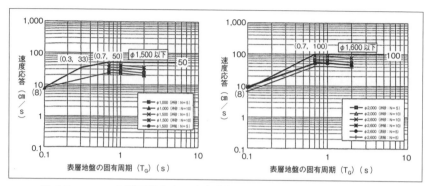

図 6.3　レベル 2 地震動入力の速度応答スペクトル（上限 90％に相当）

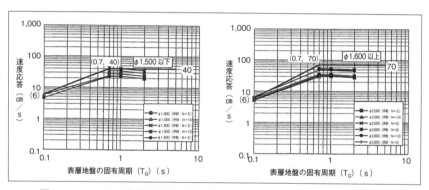

図 6.4　レベル 2 地震動入力の速度応答スペクトル（上限 70％に相当）

2 レベル2地震動に対する耐震設計計算式

2.1 入力地震動

項目	水道指針[1)2)]	下水道指針[3)]	ガス指針[4)]
設計地震動変位	$U_h(x) = \dfrac{2}{\pi^2} S_v \cdot T_G \cos \dfrac{\pi x}{2H}$ …… 式6.16 ここに， $U_h(x)$：地表面からの深さ x (m)における地盤の水平変位振幅 (cm) x：地表面からの深さ (m) S_v：基盤地震動の速度応答スペクトル (cm/s) T_G：表層地盤の固有周期 (s) H：表層地盤の厚さ (m) また，地盤の鉛直変位振幅 U_V を考慮する場合には，$U_V = U_h / 2$	$U_h(z) = \dfrac{2}{\pi^2} \cdot S_V \cdot T_S \cdot \cos \dfrac{\pi \cdot z}{2 H_g}$ ‥ 式6.17 $U_h(z)$：地表面から深さ z (m) における地盤の水平変位振幅 (m) H_g：表層地盤の厚さ (m) S_V：設計応答速度 (m/s) で，レベル2の地震動レベルに応じた設計用速度応答スペクトルより求める T_S：表層地盤の固有周期 (sec) また，地震の鉛直変位振幅は，$U_h / 2$ より求める	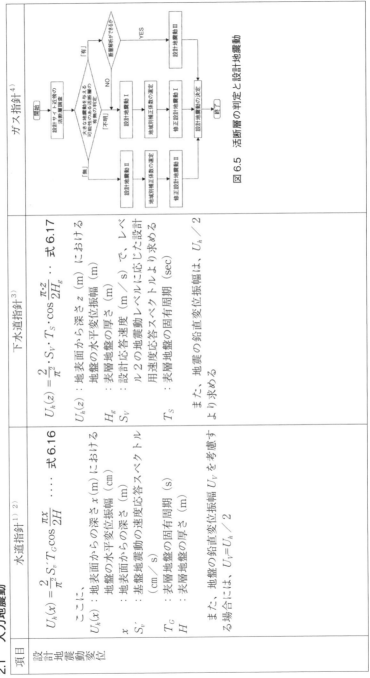 図6.5 活断層の判定と設計地震動

項目	水道指針[1) 2)]	下水道指針[3)]	ガス指針[4)]
設計地震動・変位			**表 6.1 活断層の有無判定と設計地震動** | 判定区分	判定方法
---	---
「有」	・図 6.6 に示す活断層からの距離、マグニチュードを考慮した場合に活断層有の範囲に入る場合
「無」	・図 6.6 に示す活断層からの距離、マグニチュードを考慮した場合に活断層無の範囲に入る場合
「不明」	・厚い堆積層に覆われている平野部で活断層がないことが確認されていない場合 ・首都圏の地下のように3つのプレートの境界が集まって複雑な地体構造となっている場合	 **図 6.6 活断層有無の判定法**

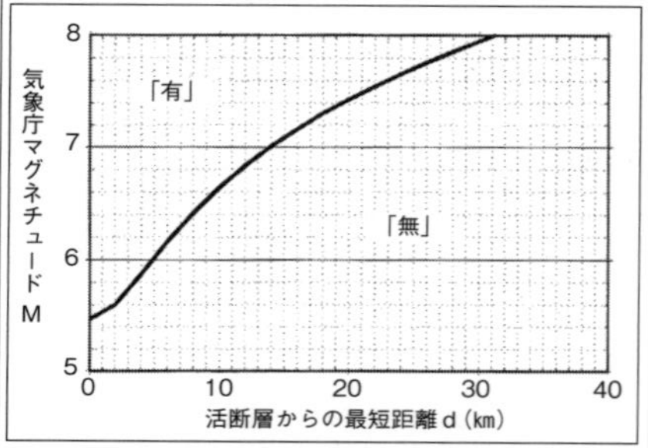

項目	水道指針[1,2]	下水道指針[3]	ガス指針[4]
設計地震動変位			(1) 設計地震動Iを用いる場合 $$U_h = \frac{2}{\pi^2} \cdot T \cdot v \cdot S_{VI} \cdot \cos\left(\frac{\pi z}{2H}\right) \quad \text{式 6.18}$$ U_h：表層地盤変位 (cm) v：地域別補正係数 S_{VI}：設計地震動Iの応答速度 (cm／s) T：表層地盤の固有周期 (s) z：導管の埋設深さ (m) H：表層地盤の厚さ (m) (2) 設計地震動IIを用いる場合 $$U_h = \frac{2}{\pi^2} \cdot T \cdot v \cdot S_{VII} \cdot \cos\left(\frac{\pi z}{2H}\right) \quad \text{式 6.19}$$ S_{VII}：設計地震動IIの応答速度 (cm／s) (3) 設計地震動IIIを用いる場合は、導管埋設位置での表層地盤変位を直接算定する 表 6.2 地域別補正係数 <table><tr><th>地域区分</th><th>地域別補正係数</th></tr><tr><td>特A地区</td><td>1.0</td></tr><tr><td>A地区</td><td>0.8</td></tr><tr><td>B地区、C地区</td><td>0.7</td></tr></table>

項目	水道指針[1)2)]	下水道指針[3)]	ガス指針[4)]
周期	$T_G = 4\sum_{i=1}^{n}\dfrac{H_i}{V_{si}}$ ………… 式6.20 T_G：地盤の固有周期（s） H_i：i番目の地層厚さ（m） V_{si}：i番目の地盤の平均せん断弾性波速度（m／s） 実測値がない場合は表6.5によってN値から推定してもよい 埋設管路では式6.20によるせん断ひずみ10^{-3}レベルに対応するV_{si}を用いたT_Gを表層地盤の固有周期としてもよい シールドトンネルでは地震時における地盤のひずみレベルによる剛性低下を考慮した表層地盤の固有周期T_Sを使用 $T_S = 2.00 \cdot T_G$ ………… 式6.21 T_S：表層地盤の固有周期（s） T_G：微小ひずみ振幅領域における地盤の基本固有周期（s） 微小ひずみ振幅領域であり、式6.20によるせん断ひずみ10^{-6}レベルに対応するV_{si}を用いたT_Gを使用	$T_G = 4\sum_{i=1}^{n}\dfrac{H_i}{V_{si}}$ ………… 式6.22 $T_S = \alpha_D \cdot T_G$ ………… 式6.23 α_D：地震時に生じるせん断ひずみの大きさを考慮した係数 T_G：地盤の特性値 10^{-6}レベルの地盤のひずみに対応するV_{si}を用いる $\alpha_D = 1.25 \sim 2.0$	表層地盤の固有周期は、次式により求めるものとする $T = \dfrac{4 \cdot H}{\bar{V_s}}$ …………………… 式6.24 ここで、 T：表層地盤の固有周期（s） H：表層地盤の層厚（m）$= \sum_{j=1}^{n} H_j$ (m) $\bar{V_s}$：表層地盤のせん断弾性波速度（m／s） $\bar{V_s} = \dfrac{\sum_{j=1}^{n} V_{sj} \cdot H_j}{H}$ ………… 式6.25 V_{sj}：第j層のせん断弾性波速度（m／s） H_j：第j層の層厚（m） i）表層地盤の層厚さHは、地震基盤面から地表面までの厚さとする ii）各地層毎のせん断弾性波速度V_{sj}は、現地実測法から求めることを基本とするがN値から推定法を用いてもよい 表6.3 せん断弾性波速度V_sを求める方法

方法	内容	V_s値
現地実測法	各地層毎にPS検層等に実測する	・$V_s = C_{v1} \cdot V_{sv}$ ・C_{v1}：レベル2地震動に対する補正係数でレベル1地震動に対する補正係数C（砂質土は0.60、粘性土は0.85）から次式により算定する。 $C_{v1} = 0.7 \cdot C$ ・V_{sv}：実測のせん断弾性波速度（m／s）
推定法	N値から地層毎に推定する	砂質土 $V_s = 0.7 \cdot 62 N^{0.23}$ 粘性土 $V_s = 0.7 \cdot 122 N^{0.078}$ N：N値	

第6章 レベル2地震動に対する管路耐震設計計算法

項目	水道指針[1) 2)]	下水道指針[3)]	ガス指針[4)]
水平震度	設計水平震度は、耐震計算上の基盤面における設計水平震度 (K_{h2}') と地表面の設計水平震度 (K_{h2}) を用いて求める 表 6.4 水平震度 | 地盤種別	地表面における設計水平震度 K_{h2} の下限値～上限値	基盤面における設計水平震度 K_{h2}' の下限値～上限値
---	---	---
I 種地盤 [$T_G < 0.2$] T_G は地盤の固有周期 (s)	$K_{h2} = $ 0.60～0.70	$K_{h2}' = $ 0.40～0.50
II 種地盤 [$0.2 \leqq T_G < 0.6$]	$K_{h2} = $ 0.70～0.80	
III 種地盤 [$0.6 \leqq T_G$]	$K_{h2} = $ 0.40～0.60			① 地上部の設計水平震度 (i) 一般構造物 $K_{hF2} = 0.8 \times C_s$ [第 I 種地盤] ‥ 式 6.26 $K_{hF2} = 0.6 \times C_s$ [第 II 種および第 III 種地盤] ‥‥‥ 式 6.27 ここに、 K_{hF2}：レベル 2 地震動における地上部の設計水平震度 ($K_{hF2} \geqq 0.3$) C_s：じん性を考慮した場合の構造物特性係数 (ii) 特殊構造物 $K_{hF2} = 1.2 \times C_s$ [第 I 種地盤] ‥‥ 式 6.28 $K_{hF2} = 0.9 \times C_s$ [第 II 種および第 III 種地盤] ‥‥‥ 式 6.29 ② 地下部の設計水平震度 $K_{hb2} = (1-0.015z) \times K_{hF2}$ ‥‥‥ 式 6.30 ここに、 K_{hb2}：レベル 2 地震動における地下部の設計水平震度	

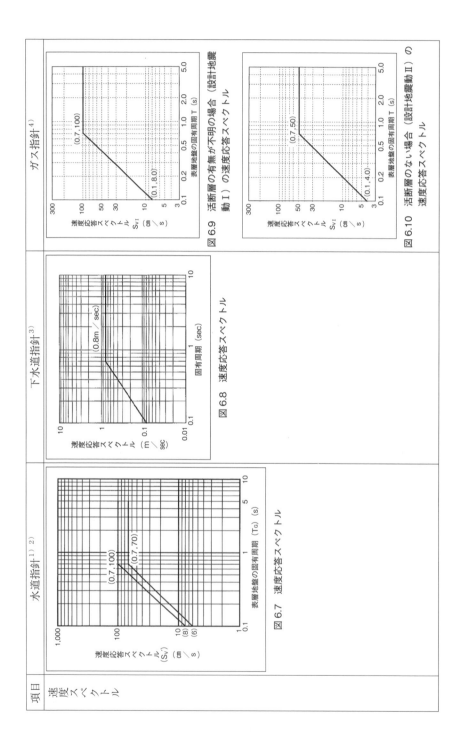

第6章 レベル2地震動に対する管路耐震設計計算法

項目	水道指針[1)2)]	下水道指針[3)]	ガス指針[4)]
波長	$L = \dfrac{2L_1 \cdot L_2}{L_1 + L_2}$ ……… 式 6.31 $L_1 = V_{DS} \cdot T_G$ ……… 式 6.32 $L_2 = V_{BS} \cdot T_G$ ……… 式 6.33 ここに， V_{DS}：表層地盤の平均せん断弾性波速度（cm／s） V_{BS}：基盤の平均せん断弾性波速度（cm／s） T_G：表層地盤の固有周期（s） **表 6.5 地盤のせん断弾性波速度** 	堆積時代 および土質		V_s (m／s)		
---	---	---	---	---
		せん断 ひずみ 10^{-3}	せん断 ひずみ 10^{-4}	せん断 ひずみ 10^{-6}
洪積世	粘性土	$129N^{-0.183}$	$156N^{-0.183}$	$172N^{-0.183}$
	砂質土	$123N^{-0.125}$	$200N^{-0.125}$	$205N^{-0.125}$
沖積世	粘性土	$123N^{-0.0777}$	$142N^{-0.0777}$	$143N^{-0.0777}$
	砂質土	$61.8N^{-0.211}$	$90N^{-0.211}$	$103N^{-0.211}$ | 注：・砂，粘性土の組成百分率により区分した ・応答変位法の地震時地盤固有周期 T_G を求める際，せん断弾性波速度 V_S は 10^{-3} レベルとする ・基盤においては 10^{-6} レベルの値を用いる	$L = \dfrac{2L_1 \cdot L_2}{L_1 + L_2}$ ……… 式 6.34 $L_1 = V_{DS} \cdot T_S = 4H$ ……… 式 6.35 $L_2 = V_{BS} \cdot T_S$ ……… 式 6.36 ここに， V_{DS}：表層地盤のせん断弾性波速度（m／s） V_{BS}：基盤のせん断弾性波速度（m／s） T_S：表層地盤の固有周期（s） H：表層地盤の厚さ（m）	 **図 6.11 周期とみかけの伝播速度の関係** （グラフ：横軸 表層地盤の固有周期（s） 0.1～5.0、縦軸 地震動のみかけの伝播速度 V (m／s) 100～1,000、屈曲点 (0.15, 100)、(2.5, 800)） レベル1地震動と同一，用いる周期は異なる $L = V \cdot T$ ……… 式 6.37

195

2.2 地盤ひずみ

項目	水道指針[1][2]	下水道指針[3]	ガス指針[4]
地盤ひずみ	$\varepsilon_G = \dfrac{\pi \cdot U_h}{L}$ …… 式 6.38 ここに、 ε_G：基準地盤ひずみ（管軸方向） U_h：管路埋設深さにおける45度斜め入射せん断波の変位振幅（cm） L：45度斜め入射せん断波の波長（cm） 地盤条件に応じて下表の不均一度係数 η を乗じる 表 6.6 地盤の不均一度係数 η | 不均一の程度	不均一度係数	地盤条件
---	---	---
均一	1.0	洪積地盤、均一な沖積地盤
不均一	1.4	層厚の変化がやや激しい沖積地盤、普通の丘陵な造成地
極めて不均一	2.0	河川流域、おぼれ谷などの非常に不均一な沖積地盤、大規模な切土・盛土の造成地 | ※ 洪積地盤であっても平坦でない地形の場合は、不均一な地盤とみなす	$\varepsilon_{gd} = \dfrac{\pi}{L} U_h(z)$ …………… 式 6.39 ε_{gd}：地震動により地盤に生じるひずみ L：地盤振動の波長（m） $U_h(z)$：管きょ布設深度 z (m) における地盤の水平変位振幅（m） z：管きょ中心の深度（m）	(1) 設計地震動 I を用いる場合 $\varepsilon_{G1} = \nu \cdot \varepsilon_{G10} \cdot \cos\left(\dfrac{\pi z}{2H}\right)$ …… 式 6.40 ε_{G1}：一様地盤の表層地盤ひずみ ν：地域別補正係数 ε_{G10}：設計地震動 I の地表面での一様地盤の表層地盤ひずみで図 6.12 による (2) 設計地震動 II を用いる場合 $\varepsilon_{G1} = \nu \cdot \varepsilon_{G110} \cdot \cos\left(\dfrac{\pi z}{2H}\right)$ …… 式 6.41 ε_{G110}：設計地震動 II の地表面での一様地盤の表層地盤ひずみで図 6.13 による (3) 設計地震動 III を用いる場合は、浅層不整形地盤の影響も含めて、導管埋設位置での表層地盤ひずみを直接算定する

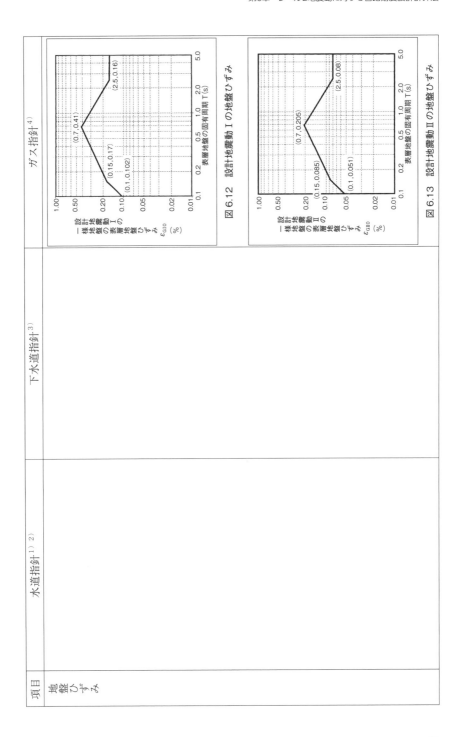

2.3 地盤ばね

項目	水道指針[1) 2)]	下水道指針[3)]	ガス指針[4)]
地盤ばね	$K_{g1} = C_1 \cdot \dfrac{\gamma_t}{g} \cdot V_s^2$ ……… 式6.42 $K_{g2} = C_2 \cdot \dfrac{\gamma_t}{g} \cdot V_s^2$ ……… 式6.43 K_{g1}、K_{g2} : 埋設管路の管軸および管軸直交方向の単位長さあたりの地盤の剛性係数 (Pa) γ_t : 土の単位体積重量 (N/m^3) g : 重力加速度 ($9.8 m/s^2$) V_s : 表層地盤のせん断弾性波速度 (m/s) C_1、C_2 : 埋設管路の管軸および管軸直交方向の単位長さあたりの地盤の剛性係数に対する定数であり、一般には、おおむね C_1 = 1.5 前後、C_2 = 3 前後 なお、C_1、C_2 の詳細な値については有限要素法 (FEM) 等によって求めるのが望ましい。参考までに表層地盤厚さ 5〜30 m、管径 150〜3,000 mm に対して線形有限要素法 (FEM) によって定数を求めた結果は以下の通りである	$K_{g1} = C_1 \cdot \dfrac{\gamma_{teq}}{g} \cdot V_{SD}^2$ ……… 式6.44 $K_{g2} = C_2 \cdot \dfrac{\gamma_{teq}}{g} \cdot V_{SD}^2$ ……… 式6.45 γ_{teq} : 表層地盤の単位体積重量 (kN/m^3) $\gamma_{teq} = \dfrac{\Sigma \gamma_{ti} H_i}{H_g}$ ……… 式6.46 γ_{ti} : 表層地盤の第 i 層の土の単位体積重量 (kN/m^3) H_i : 表層地盤の第 i 層の地層の厚さ (m) H_g : 表層地盤の厚さ (m) g : 重力加速度 ($9.8 m/s^2$) V_{SD} : 表層地盤の動的せん断弾性速度 (m/s) $V_{SD} = \dfrac{4 \cdot H_g}{T_s}$ ……… 式6.47 H_g : 表層地盤の厚さ (m) T_s : 表層地盤の固有周期 (s) C_1, C_2 : 管きょの単位長さ、管軸方向、管軸直交方向の単位長さあたりの地盤の剛性係数に対する係数で、C_1 = 1.5、C_2 = 3.0 とする	$K_1 = \pi D k_1$ (N/cm^2) ……式6.48 $k_1 = 6.0$ (N/cm^3) ……式6.49 限界せん断応力 $\tau_{cr} = 1.5 N/cm^2$ 地盤ばね係数 $k_1 = 6.0 N/cm^3$ 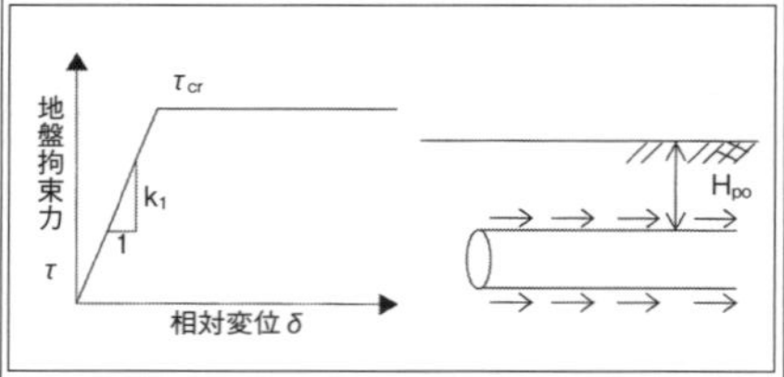 図6.14 相対変位と地盤拘束力の関係

第6章 レベル2地震動に対する管路耐震設計計算法

項目	水道指針[1) 2)]	下水道指針[3)]	ガス指針[4)]
地盤ばね	$C_1 = 1.3H^{-0.4}D^{0.25}$ ……… 式 6.50 $C_2 = 2.3H^{-0.4}D^{0.25}$ ……… 式 6.51 ここに， H：表層地盤厚さ (m) D：管径 (cm) 管と地盤のすべりを考慮した耐震計算を行う場合には，管と地盤との摩擦力はおおむね 0.01MPa（0.1kgf／cm²）前後としてよい。	鉛直断面設計時の地盤反力係数は以下で求める $kr = \dfrac{3 \cdot E_D}{(1+\nu_D) \cdot (5-6 \cdot \nu_D)} \cdot R_c$ …… 式 6.52 $k_s = \dfrac{k_r}{3}$ ……………… 式 6.53 ここに， kr：部材鉛直方向の地盤反力係数 (kN／m³) R_c：管きょの図心半径 (m) k_s：部材軸方向の地盤反力係数 (kN／m³) E_D：表層地盤の動的変形係数 (kN／m²) ν_D：表層地盤の動的ポアソン比	表 6.7 管軸直交方向地盤拘束力 | 呼び径 (mm)	最大地盤拘束力 σ_{cr} (N／cm²)	降伏変位 δ_{cr} (cm)	地盤ばね係数 $k_2 = \sigma_{cr}/\delta_{cr}$ (N／cm³)
100	53	2.6	20
150	51	2.6	20
200	48	2.6	18
300	42	2.7	16
400	39	2.8	14
500	36	2.8	13
600	34	2.9	12
650	33	2.9	11
750	32	3.0	11
900	30	3.1	10 | 図 6.15 相対変位と鉛直方向地盤拘束力の関係　図 6.16 管径と埋設深さ

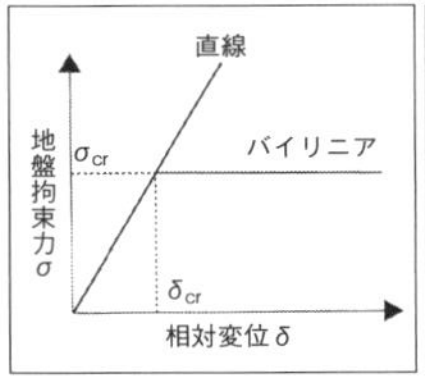

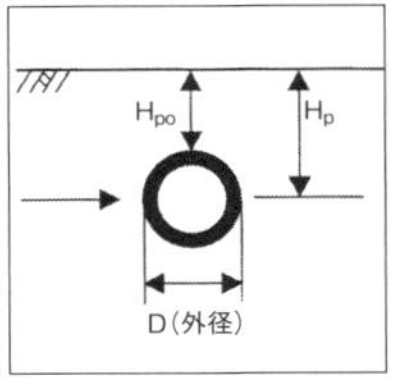

2.4 管路のすべり

項目	水道指針[1),2)]	下水道指針[3)]	ガス指針[4)]
すべりの導入	**一体構造管路・鋼管** a_0：すべりを考慮した場合の管軸方向の伝達係数 $a_0 = q \cdot a_1$ …………… 式 6.54 q：すべり低減係数 $\tau_G \geqq \tau_{cr}, q = 1 - \cos\xi + \left(\dfrac{\pi}{2} - \xi\right)\sin\xi,$ $\xi = \sin^{-1}\left(\dfrac{\tau_{cr}}{\tau_G}\right), q \leqq 1$ …………… 式 6.55 $\tau_G < \tau_{cr}, q = 1$ …………… 式 6.56 a_1：管軸方向の地盤変位の伝達係数 τ_G：管表面に作用するせん断応力 （kN／m²） $\tau_G = \dfrac{2\pi}{L'} E \cdot t \cdot a_1 \cdot \varepsilon_G$ …………… 式 6.57 τ_{cr}：管と周辺地盤間ですべりが発生する時のすべり開始限界せん断応力 （10kN／m²） L'：地震動のみかけの波長 （$=\sqrt{2}L$ m） E：管の弾性係数 （kN／m²） t：管厚 （m） **継手構造管路・ダクタイル管** 式6.15および図6.3, 図6.4を用いて、すべりを考慮して管体軸方向応力σ_{2L}を求める		q：すべり低減係数 $\tau_G \geqq \tau_{cr}, q = 1 - \cos\xi + \Omega \cdot \left(\dfrac{\pi}{2} - \xi\right)\sin\xi$ …………… 式 6.58 $\tau_G < \tau_{cr}, q = 1$ …………… 式 6.59 ただし、$\xi = \arcsin\left(\dfrac{\tau_{cr}}{\tau_G}\right)$であり、$q \leqq 1$とする …………… 式 6.60 τ_G：すべりを考慮しない場合に管表面に作用する最大せん断応力 （N／cm²） $\tau_G = k_1 \cdot (1 - a_0) \cdot U_h$ k_1 （N／cm³）= 6.0 …………… 式 6.61 τ_{cr} （N／cm²）= 1.5 Ω：qを安全側に評価するために修正係数で、1.5の値を用いる

2.5 周面せん断力

項目	水道指針[1) 2)]	下水道指針[3)]	ガス指針[4)]
周面せん断力	暗きょ、共同溝については下水道管路と同一	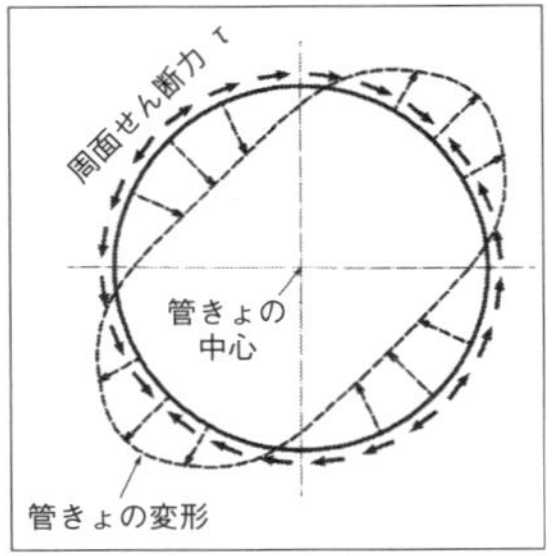 図6.17 円形管路（φ800mm以上）の周面せん断力分布 $$\tau = \frac{G_D}{\pi \cdot H_g} \cdot S_V \cdot T_S \cdot \sin\frac{\pi \cdot z}{2 \cdot H_g} \quad \cdots\cdots \text{式 6.62}$$ τ ：地震時周面せん断力 （kN／m²） $$\tau_{max} = C + \sigma_n \cdot \tan\phi \quad \cdots\cdots\cdots \text{式 6.63}$$ C ：地盤の粘着力 （kN／m²） σ_n ：有効上載圧 （kN／m²） ϕ ：地盤の内部摩擦角 （度）	考慮しない

項目	水道指針[1) 2)]	下水道指針[3)]	ガス指針[4)]
周面せん断力		$G_D = \dfrac{\gamma_{teq}}{g} \cdot V_{SD}^2$ ……… 式6.64 $V_{SD} = \dfrac{4 \cdot H_g}{T_S}$ ……… 式6.65 G_D：表層地盤の動的せん断弾性係数（kN／m²） γ_{teq}：表層地盤の単位体積重量（kN／m³） g：重力加速度（9.8m／sec²） V_{SD}：表層地盤の動的せん断弾性波速度（m／sec） H_g：表層地盤の厚さ（m） T_S：表層地盤の固有周期（sec）	

2.6 管体応力または管体ひずみ計算

項目	水道指針[1),2)]	下水道指針[3)]	ガス指針[4)]
管体応力または管体ひずみ	一体構造管路・ダクタイル管応力（1997年版） 軸応力 σ_{2L} $$\sigma_{2L} = \frac{\pi D \tau L'}{4A} \quad \cdots\cdots 式6.66$$ ここに、 σ_{2L} ：埋設管路の軸応力（Pa） τ ：管と地盤の摩擦力（Pa） D ：管の外径（m） L' ：みかけの波長（$=\sqrt{2}L$）（m） A ：埋設管路の断面積（m²） 曲げ応力および合成応力計算式はレベル1地震動と同様	$$\sigma_X(x) = \sqrt{\gamma \cdot \sigma_L^2(x) + \sigma_B^2(x)} \quad \cdots\cdots 式6.67$$ $$\sigma_L(x) = \alpha_1 \cdot \xi_1(x) \cdot \frac{\pi \cdot U_h(z)}{L} \cdot E \quad \cdots\cdots 式6.68$$ $$\sigma_B(x) = \alpha_2 \cdot \xi_2(x) \cdot \frac{2 \cdot \pi^2 \cdot D \cdot U_h(z)}{L^2} \cdot E \quad \cdots\cdots 式6.69$$ ここに、 $\sigma_X(x)$ ：可撓性継手から管軸方向の距離 x（m）の点における管軸方向応力度と曲げ応力度の合成応力度（kN／m²） $\sigma_L(x)$ ：可撓性継手から管軸方向の距離 x（m）の点における管軸方向応力度（kN／m²） $\sigma_B(x)$ ：可撓性継手から管軸方向の距離 x（m）の点における管軸方向の曲げ応力度（kN／m²） $U_h(z)$ ：管きょ中心深度 z（m）における地盤の水平変位振幅（m）で、式6.17で求める	$a = q \cdot a_0 \quad \cdots\cdots 式6.70$ ここで、 a ：直管のひずみ伝達係数 a_0 ：すべりを考慮しない場合の直管のひずみ伝達係数 $$a_0 = \frac{1}{1+\left(\dfrac{2\pi}{\lambda_1 \cdot L}\right)^2} \quad \cdots\cdots 式6.71$$ $$\lambda_1 = \sqrt{\frac{K_1}{E \cdot A}} \quad \cdots\cdots 式6.72$$ K_1 ：導管単位長さあたりの管軸方向の地盤ばね係数（N／cm²） L ：地震動のみかけの波長（cm） E ：管の弾性係数（N／cm²）で、$E = 2.06 \times 10^7$ N／cm² A ：管の断面積（cm²） q ：すべり低減係数

項目	水道指針[1], [2] 一体構造管路・鋼管（ひずみ）（1997年版）	下水道指針[3]	ガス指針[4]
管体応力または管体ひずみ	軸ひずみ ε_{2L} $\varepsilon_{2L} = L/\zeta$　　($L \leq L_1$)　……　式 6.73 $\varepsilon_{2L} = L/(\kappa\zeta) + (1-1/\kappa)\varepsilon_y$　($L_1 \leq L < L_2$) 　　　　　　　　　　　　　　……　式 6.74 $\varepsilon_{2L} = \varepsilon_{Gmax}$　　($L_2 \leq L$)　……　式 6.75 $L_1 = \zeta\varepsilon_y$　……　式 6.76 $L_2' = \kappa\zeta\{\varepsilon_{Gmax} - (1-1/\kappa)\varepsilon_y\}$ 　　　　　　　　　　　……　式 6.77 $\zeta = (2\sqrt{2})Et/\tau$　……　式 6.78 ここに， ε_{2L} ：埋設管路の軸ひずみ L ：波長 (m) κ ：埋設管路のひずみ硬化特性値 　　　　　($\kappa = 0.1$) ε_y ：埋設管路の降伏ひずみ τ ：管と地盤の摩擦力 (Pa) ε_{Gmax} ：$S_{vmax} (0.7 \leq T_G における S_V)$ における地盤ひずみ	L ：地盤振動の波長 (m) E ：管きょの弾性係数 (kN/m^2) D ：管きょの外径 (m) γ ：重畳係数（地震の波動成分（スペクトル）によりγ＝1.00～3.12の値をとり，重要度に応じて選定する α_1, α_2 ：管きょの管軸方向，管軸直交方向の地盤変位の伝達係数 $\xi_1(x)$ ：可撓性継手から管軸方向の距離 x (m) の点における応力補正係数 　可撓性継手を設けない場合は 　$\xi_1(x) = 1$ $\xi_2(x)$ ：可撓性継手から管軸方向の距離 x (m) の点における管きょの曲げ応力補正係数 　可撓性継手を設けない場合は 　$\xi_2(x) = 1$	$\tau_G \geq \tau_{cr}, q = 1 - \cos\zeta + \Omega \cdot \left(\dfrac{\pi}{2} - \zeta\right)\sin\zeta$ 　　　　　　　　　……　式 6.79 $\tau_G < \tau_{cr}, q = 1$　……　式 6.80 ただし，$\zeta = \arcsin\left(\dfrac{\tau_{cr}}{\tau_G}\right)$ であり， $q \leq 1$ とする。　……　式 6.81 τ_G ：すべりを考慮しない場合に管表面に作用する最大せん断応力 (N/cm^2) で， $\tau_G = k_1 \cdot (1-\alpha_0) \cdot U_h$　……　式 6.82 であり，k_1 (N/cm^3) は式 6.61 により，U_h (cm) は式 6.18 または式 6.19 による τ_{cr} ：管と周辺地盤間ですべりが発生する時のすべり開始限界せん断応力 Ω ：q を安全側に評価するための修正係数で，1.5 の値を用いる

第6章　レベル2地震動に対する管路耐震設計計算法

項目	水道指針[1][2]	下水道指針[3]	ガス指針[4]
管体応力または管体ひずみ	曲げひずみおよび合成ひずみはレベル1地震動と同様 **継手構造管路・ダクタイル鉄管路（2009年版）** 軸応力σ'_{2L}は非線形応答を考慮した解析を用いた簡便計算法で計算する (1) 地盤と管との間のすべりを考慮した非線形応答計算を行い、管体応力を求める (2) すべりを考慮しない式を用いて計算した結果が(1)で求めた管体応力と等価になるようなみかけ上の速度応答スペクトルを求める (3) 種々の管径、地質に対し(2)を計算した結果を包絡するような速度応答スペクトルを求める (4) (3)で求めた速度応答スペクトルを用いて、レベル1地震動と同一式で地震動レベル2地震動に対する管軸方向の管体応力σ'_{2L}を求める $\sigma'_{2L}(x) = \xi_1(x) \cdot \sigma_{2L}$ ……… 式6.83 $\sigma'_{1B}(x) = \xi_2(x) \cdot \sigma_{1B}$ ……… 式6.84 $\sigma'_{2x}(x) = \sqrt{\{\sigma'_{2L}(x)\}^2 + \{\sigma'_{1B}(x)\}^2}$ ……… 式6.85	$a_1 = \dfrac{1}{1+\left(\dfrac{2\pi}{\lambda_1 \cdot L'}\right)^2}$ ……… 式6.86 $a_2 = \dfrac{1}{1+\left(\dfrac{2\pi}{\lambda_2 \cdot L'}\right)^4}$ ……… 式6.87 $\lambda_1 = \sqrt{\dfrac{K_{g1}}{E \cdot A}}$ ……… 式6.88 $\lambda_2 = \sqrt[4]{\dfrac{K_{g2}}{E \cdot I}}$ ……… 式6.89 $\xi_1(x) = \sqrt{\phi_1(x)^2 + \phi_2(x)^2} \cdot exp(v' \cdot \lambda_1 \cdot L') - exp(-v' \cdot \lambda_1 \cdot L')$ ……… 式6.90 $\xi_2(x) = \sqrt{\phi_3(x)^2 + \phi_4(x)^2}$ ……… 式6.91 E：管きょの弾性係数 (kN/m^2) A：管きょの断面積 (m^2) I：管きょの断面二次モーメント (m^4/m) L'：みかけの波長 (m)	**直管のひずみ** 直管の地震時ひずみは、次式により求めるものとする (1) 直管ひずみが弾性域の場合、すなわち $a \cdot \varepsilon_G \leq \varepsilon_y$ の場合 $\varepsilon_P = a \cdot \varepsilon_G$ ……… 式6.92 (2) 直管ひずみが塑性域の場合、すなわち $a \cdot \varepsilon_G > \varepsilon_y$ の場合 $\varepsilon_P = \varepsilon_G$ ……… 式6.93 ここで、 ε_P：直管の地震時ひずみ a：直管ひずみ伝達係数で、式6.70による ε_G：地盤ひずみ 浅層不整形地盤を考慮しない場合 $\varepsilon_G = \varepsilon_{G1}$ ……… 式6.94 浅層不整形地盤を考慮する場合 $\varepsilon_G = \varepsilon_{G2}$ ……… 式6.95 ε_y：管材の降伏ひずみ ε_{G1}：一様地盤の表層地盤ひずみ ε_{G2}：浅層不整形地盤に発生する地盤ひずみ

項目	水道指針[1),2)]	下水道指針[3)]	ガス指針[4)]
管体応力または管体ひずみ	ここに、 $\sigma'_{2L}(x), \sigma'_{LB}(x)$：伸縮可撓継手から管軸方向の距離 x (m) の点における軸応力と曲げ応力 (Pa) $\sigma'_{2x}(x)$：伸縮可撓継手から管軸方向の距離 x (m) の点における軸応力と曲げ応力の合成応力 (Pa) σ_{2L}, σ_{LB}：埋設管路の軸応力と曲げ応力 (Pa) $\sigma_{2L} = \alpha_1 \dfrac{\pi U_h}{L} \cdot E$ ……… 式 6.96 U_h'：式 6.15 によるすべりを考慮した速度応答スペクトル S_v (図 6.3, 図 6.4) を用いた管軸上の地盤の水平変位振幅 (m) 地盤の条件に応じて、地盤不均一度係数 η を U_h に乗じることで、地盤ひずみの増幅を考慮する	$\mu' = \dfrac{x}{L'}$ ……… 式 6.97 $\nu' = \dfrac{\ell}{L'}$ ……… 式 6.98 $\phi_1(x) = \{\exp(-\nu' \cdot \lambda_1 \cdot L') - \cos(2 \cdot \pi \cdot \nu')\}$ $\cdot \exp(\mu' \cdot \lambda_1 \cdot L') - \{\exp(\nu' \cdot \lambda_1 \cdot L')$ $-\cos(2 \cdot \pi \cdot \nu')\} \cdot \exp(-\mu' \cdot \lambda_1 \cdot L')$ $+2 \cdot \sinh(\nu' \cdot \lambda_1 \cdot L') \cdot \cos(2 \cdot \pi \cdot \mu')$ ……… 式 6.99 $\phi_2(x) = 2 \cdot \sin(2 \cdot \pi \cdot \nu') \cdot \sinh(\mu' \cdot \lambda_1 \cdot L')$ $-2 \cdot \sin(2 \cdot \pi \cdot \mu') \cdot \sinh(\nu' \cdot \lambda_1 \cdot L')$ ……… 式 6.100 $\phi_3(x) = f_3 \cdot e_3 - f_1 \cdot e_2 - f_4 \cdot e_1 - \sin(2 \cdot \pi \cdot \mu)$ ……… 式 6.101 $\phi_4(x) = e_4 + f_2 \cdot e_3 - f_2 \cdot e_2 - f_5 \cdot e_1 - \cos(2 \cdot \pi \cdot \mu)$ ……… 式 6.102 ℓ：管きょの可撓性継手間の長さ (m)	$\varepsilon_{G2} = \sqrt{\varepsilon_{G1}^2 + \varepsilon_{G3}^2}$ ……… 式 6.103 $\varepsilon_{G3} = n \cdot 0.3$ (%) ……… 式 6.104 ε_{G2}：浅層不整形地盤に発生する地盤ひずみ ε_{G3}：地震基盤面が傾斜していることによって生じる地盤ひずみ n：修正設計地震係数：ν（地域別補正係数で、表 6.2 による） 修正設計地震動 I の場合：$0.5 \times \nu$

第6章　レベル2地震動に対する管路耐震設計計算法

項目	水道指針[1][2]	下水道指針[3]	ガス指針[4]
管体応力または管体ひずみ	一体構造管路・鋼管（2009年版） $\varepsilon_{2x} = \sqrt{\varepsilon_{L2}^2 + \varepsilon_{B2}^2}$ （ただし、$\varepsilon_s \leq \varepsilon_G$） ……… 式6.105 ここに、 ε_{2x}：軸ひずみと曲げひずみの合成ひずみ ε_{2L}：埋設管路の軸ひずみ 弾性領域 $\alpha_0 \cdot \varepsilon_G \leq \varepsilon_y$ の場合：$\varepsilon_{2L} = \alpha_0 \cdot \varepsilon_G$ 塑性領域 $\alpha_0 \cdot \varepsilon_G > \varepsilon_y$ の場合：$\varepsilon_{2L} = \varepsilon_G$ ε_{2B}：埋設管路の曲げひずみ $\varepsilon_{2B} = \alpha_2 \cdot \dfrac{2\pi D}{L} \cdot \varepsilon_G$ ‥ 式6.106 α_2：管軸直交方向の地盤変位の伝達係数 （式6.85を適用） ε_y：管材の降伏ひずみ ε_G：地盤の軸ひずみ（式6.38を適用） α_0：すべりを考慮した場合の管軸方向の地盤変位の伝達係数	f_1: $\dfrac{1}{A}\left[(C_1 \cdot (C_4 - C_5) \cdot C_2 \cdot (C_4 + C_5) + C_3 \cdot \cos(2\pi \cdot v) + (C_4 + C_5) \cdot C_3 \cdot \sin(2\pi \cdot v)\right]$ f_2: $\dfrac{1}{A}\left[(C_1 \cdot (C_4 - C_5) \cdot C_2 \cdot (C_4 + C_5) + C_3 \cdot \cos(2\pi \cdot v) + (C_4 + C_5) \cdot C_3 \cdot \sin(2\pi \cdot v)\right]$ f_3: $\dfrac{1}{A}\left[(C_1 \cdot (C_4 + C_5) \cdot C_2 \cdot (C_4 - C_5) + C_3 \cdot \cos(2\pi \cdot v) + (C_4 - C_5) \cdot C_3 \cdot \sin(2\pi \cdot v)\right]$ f_4: $\dfrac{1}{A}\left[(C_4 + C_5) \cdot C_3 \cdot C_2 \cdot 2 \cdot C_1 - C_3 \cdot 2 \cdot C_1 \cdot (C_4 - C_5) \cdot C_3 \cdot \sin(2\pi \cdot v)\right]$ A: $(C_4 + C_5)^2 \cdot (C_4 - C_5) + 2 \cdot C_1^2$ |	
---	---
C_1	$\sin(v \cdot \beta \cdot L) \cdot \sinh(v \cdot \beta \cdot L)$
C_2	$\cos(v \cdot \beta \cdot L) \cdot \sinh(v \cdot \beta \cdot L)$
C_3	$\sin(v \cdot \beta \cdot L) \cdot \cosh(v \cdot \beta \cdot L)$
C_4	$\cos(v \cdot \beta \cdot L) \cdot \cosh(v \cdot \beta \cdot L)$
C_5	$\sin(\mu \cdot \beta \cdot L) \cdot \sinh(\mu \cdot \beta \cdot L)$
C_6	$\cos(\mu \cdot \beta \cdot L) \cdot \cosh(\mu \cdot \beta \cdot L)$
v	$\dfrac{g}{L}$
β	$\sqrt{\dfrac{K_G}{4EI}}$	 ……… 式6.107 管体応力・ひずみ計算式はレベル1地震動と同一式	

207

項目	水道指針[1),2)]	下水道指針[3)]	ガス指針[4)]
管体応力または管体ひずみ	継手構造管路・ダクタイル管（応力）(1997年版) ダクタイル鉄管管路の場合は、震度Ⅳ程度以上の地震時の観測結果から得られた次式によって計算してもよい $$\sigma_L = \frac{\pi \cdot D \cdot \tau \cdot \ell}{2 \cdot A} \quad \cdots\cdots \text{式6.108}$$ ここに、 σ_L：軸応力 (Pa) D：管外径 (m) τ：管と地盤の摩擦力 (Pa) ℓ：管長 (m) A：管断面積 (m²) 曲げ応力および合成応力はレベル1地震動と同一式を用いて計算する 継手構造管路・鋼管（ひずみ）(1997年版) 軸ひずみε'_{2L} $$\varepsilon'_{2L} = \frac{\tau L_e}{2Et} \quad \cdots\cdots \text{式6.109}$$ ここに、 τ：管と地盤の摩擦力 (Pa) L_e：伸縮管の設置間隔 (m) E：埋設管路の弾性係数 (Pa) t：埋設管路の管厚 (m) 曲げひずみおよび合成ひずみはレベル1地震動と同一式		

2.7 継手伸縮変位・屈曲角

項目	水道指針[1)2)]	下水道指針[3)]	ガス指針[4)]
継手伸縮変位	$|u_f|=u_0 \cdot \tilde{u}_f$ ………… 式6.110 ここに、 $|u_f|$：管軸方向継手伸縮量（m） u_0：無限連続梁とした場合の管軸方向相対変位量（m） $\tilde{u}_f = \dfrac{2\gamma_1|\cosh\beta_1-\cos\gamma_1|}{\beta_1\sinh\beta_1}$ ‥式6.111 $u_0 = a_1 U_a$ ………………… 式6.112 $a_1 = \dfrac{1}{1+(\gamma_1/\beta_1)^2}$ ………… 式6.113 $\beta_1(=\lambda_1\ell)=\sqrt{\dfrac{K_{g1}}{EA}}\cdot\ell$ ……… 式6.114 $\gamma_1 = \dfrac{2\pi\ell}{L'}$ ………………… 式6.115	差し込み継手管きょ $\delta = \varepsilon_{gd}\cdot\ell$ ……………… 式6.116 δ：地震動による抜出し量（m） ℓ：管の有効長（m） ε_{gd}：地震動により地盤に生じるひずみ 継手変位・屈曲角の計算式はレベル1地震動と同一式 一体構造管きょについては、左記、水道指針と同じ	規定せず

項目	水道指針[1)2)]	下水道指針[3)]	ガス指針[4)]
継手伸縮変位	EA：伸び剛性 (N) ℓ：継手間の長さ (m) K_{g1}：埋設管路の管軸方向の単位長さあたりの地盤の剛性係数 (Pa) L'：みかけの波長 ($L'=\sqrt{2}L$) (m) L：波長 (m) U_a：地盤の管軸方向の水平変位振幅 (m) $$U_a = \frac{1}{\sqrt{2}} U_h \quad \cdots\cdots\cdots\cdots 式6.117$$ U_h：地表面からの深さ x (m) における地盤の水平変位振幅 (m) **継手構造管路・ダクタイル管(継手伸縮量)(1997年版)** レベル1地震動と同一計算式で地盤変位はレベル2地震動を用いる ダクタイル鉄管管路の場合で、震度Ⅳ程度以上の時、地震時挙動観察結果から得られた次式によって計算してもよい $$e_p = \varepsilon_G \cdot \ell \quad \cdots\cdots\cdots\cdots 式6.118$$ ここに、 e_p：管軸方向継手伸縮量 (m) ε_G：地盤ひずみ ℓ：管長 (m)		

第6章　レベル2地震動に対する管路耐震設計計算法

項目	水道指針[1)2)]	下水道指針[3)]	ガス指針[4)]
屈曲角	レベル1地震動と同一計算式、地盤変位はレベル2地震動を用いる $$\theta = \frac{4\cdot\pi^2\cdot\ell\cdot U_h}{L^2} \quad\cdots\cdots\text{式 6.119}$$ ここに、 θ：継手部の屈曲角度 (rad) ℓ：継手間の長さ (m) U_h：地表面からの深さ x (m) における地盤の水平変位振幅 (m) L：波長 (m)	$$\theta = \left(\frac{2\cdot\pi}{T_S}\right)^2 \cdot \frac{U_h(z)}{V_{SD}^2} \cdot \ell \quad\cdots\cdots\text{式 6.120}$$ ここに、 θ：地震動による継手部の屈曲角 (rad) T_S：表層地盤の固有周期 (sec) $U_h(z)$：管埋設深度 z (m) における地盤の水平変位振幅 (m) ℓ：管の有効長 (m) レベル1地震動と同一計算式	規定せず

211

2.8 異形管

項目	水道指針[1) 2)]	下水道指針[3)]	ガス指針[4)]
異形管 曲管	規定せず	"マンホールと管きょの接合部"については、レベル1地震動と同様 異形管曲管については規定せず	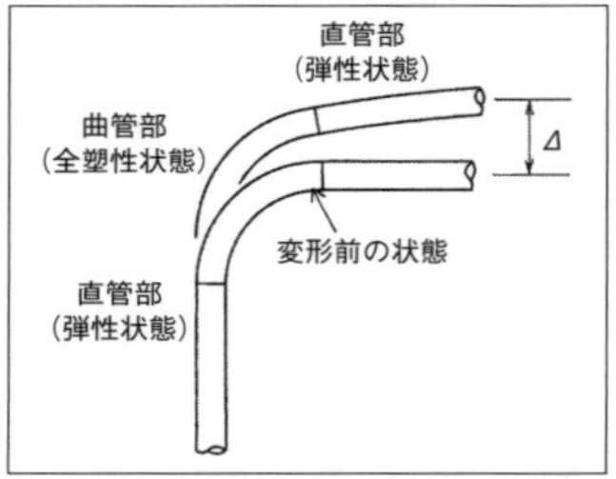 曲管部の地震時ひずみは、次式あるいはFEM解析により求めるものとする 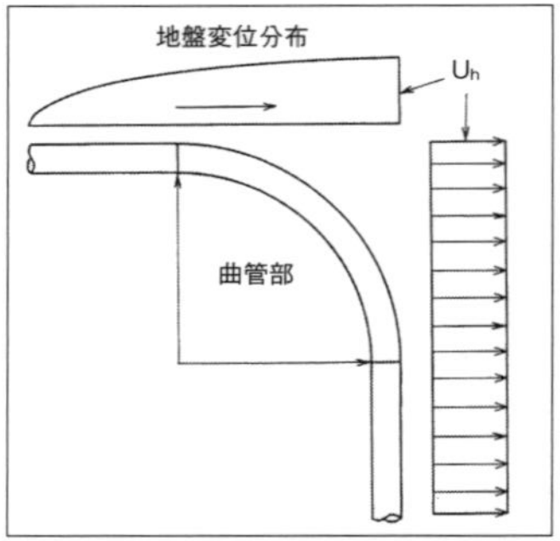

図 6.18 曲管部への入力地盤変位分布

図 6.19 全塑性状態の曲管部変形モード

212

項目	ガス指針[4]
異形管 曲管	(1) 曲管ひずみが弾性域および部分塑性域にある場合、すなわち $\beta_B \cdot \Delta \leq 1.27\varepsilon_y$ の場合 $$\varepsilon_B = \beta_B \cdot \Delta \quad \cdots\cdots 式6.121$$ (2) 曲管ひずみが全塑性域にある場合、すなわち $\beta_B \cdot \Delta > 1.27\varepsilon_y$ の場合 $$\varepsilon_B = C_B \cdot \beta_B \cdot \Delta \quad \cdots\cdots 式6.122$$ ここで、 ε_B ：曲管部の地震時ひずみ β_B ：曲管部の変換係数（1／cm）で、式6.123による。 Δ ：相対変位（cm）で、式6.134による ε_y ：管材の降伏ひずみ C_B ：全塑性域の曲管ひずみに対する修正係数 　　$C_B = 2$（呼び径600A未満） 　　$C_B = 1$（呼び径600A以上） レベル1地震動と同一式（等価線形化手法による）

項目	ガス指針[4]
高圧ガス導管異形管曲管係数およびT字管	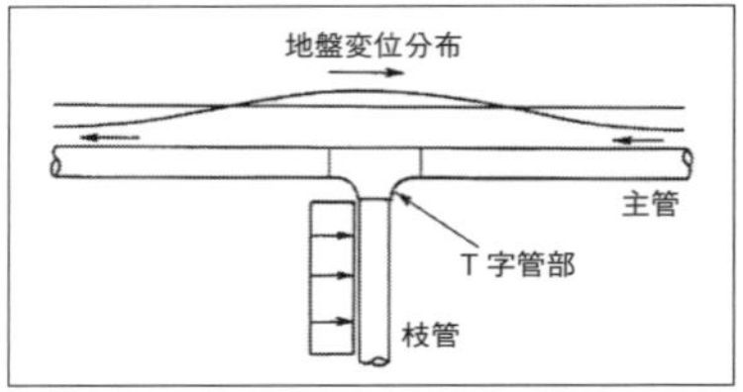 曲管部の変換係数は次式により求めるものとする $\beta_B = \dfrac{2i_B \cdot A \cdot \bar{\lambda}^2 \cdot D\{(5+R\cdot\bar{\lambda}) \cdot b_1 + 4\bar{\lambda}^2 I[5(1+b_2) - b_1]\}}{10A + 5L \cdot I \cdot \bar{\lambda}^3 (1+b_2) + 10A \cdot b_3}$ ……… 式 6.123 $b_1 = -\dfrac{1 + 2R\cdot\bar{\lambda} + (\pi - 2)n \cdot R^2 \cdot \bar{\lambda}^2}{(1+R\cdot\bar{\lambda})\{2+\pi\cdot n\cdot R\cdot\bar{\lambda} + (4-\pi)\cdot n\cdot R^2\cdot\bar{\lambda}^2\}}$ …… 式 6.124 $b_2 = \dfrac{1 - 2n\cdot R^2\cdot\bar{\lambda}^2 - (4-\pi)n\cdot R^3\cdot\bar{\lambda}^3}{(1+R\cdot\bar{\lambda})\{2+\pi\cdot n\cdot R\cdot\bar{\lambda} + (4-\pi)\cdot n\cdot R^2\cdot\bar{\lambda}^2\}}$ …… 式 6.125 $b_3 = n\cdot R^3\cdot\bar{\lambda}^3 \left\{\dfrac{\pi}{2} + \dfrac{\pi\cdot I}{2n\cdot A\cdot R^2} + \left(1 - \dfrac{I}{n\cdot A\cdot R^2}\right) b_1 + \left(\dfrac{2}{R\cdot\bar{\lambda}} + \dfrac{\pi I}{2n\cdot A\cdot R^2}\right) b_2\right\}$ …… 式 6.126 ここで、 β_B : 曲管部の変換係数（1/cm） i_B : 曲管の曲げ荷重に対する応力指数で、次式による $i_B = \dfrac{1.95}{h^{2/3}}$ または 1.5 のいずれか大きいほうの値 ……… 式 6.127 n : 曲管のたわみ係数で、次式による $n = \dfrac{1.65}{h}$ ……… 式 6.128 h : パイプファクター $h = \dfrac{tR}{r^2}$ ……… 式 6.129 D : 管の外径（cm） t : 管厚（cm） r : 管の平均半径（cm） $r = \dfrac{D-t}{2}$ ……… 式 6.130 A : 管の断面積（cm²） R : 曲率半径（cm） I : 管の断面二次モーメント（cm⁴） L : 地震動のみかけの波長（cm） $\bar{\lambda} = \sqrt[4]{\dfrac{K_2}{4EI}}$ ……… 式 6.131 K_2 : 単位長さあたりの管軸直角方向の地盤ばね係数（N/cm²）で、$K_2 = Dk_2$ E : 弾性係数（N/cm²）で、$E = 2.06 \times 10^7$ N/cm² 図 6.20 T字管部への入力地盤変位分布 T字管部の地震時ひずみは、次式あるいは FEM 解析により求めるものとする。 (1) T字管部の地震時ひずみが弾性および一部分塑性域の場合、すなわち $\beta_T \cdot \Delta \leq 1.27 \varepsilon_y$ の場合 $\varepsilon_T = \beta_T \cdot \Delta$ ……… 式 6.132 (2) T字管部の地震時ひずみが全塑性域の場合、すなわち $\beta_T \cdot \Delta > 1.27 \varepsilon_y$ の場合 $\varepsilon_T = 2\beta_T \cdot \Delta$ ……… 式 6.133

項目	ガス指針[4]
高圧ガス導管異形管曲管係数およびT字管	ここで、 ε_T ：T字管部の地震時ひずみ β_T ：T字管部の変換係数（1／cm） Δ ：相対変位（cm） ε_y ：T字管部に隣接する枝管材の降伏ひずみ 管と地盤の相対変位は次式により求めるものとする $\Delta = (1-\alpha^*) \cdot U_h$ ……… 式 6.134 ここで、 Δ ：相対変位（cm） U_h ：表層地盤変位（cm） α^* ：直管と地盤間の相対変位に関する係数 $\alpha^* = q^* \cdot \alpha_0$ ……… 式 6.135 α_0 ：すべりを考慮しない場合の直管のひずみ伝達係数 q^* ：相対変位に関するすべり低減係数 $\tau_G \geqq \tau_{cr}$、 $q^* = \sin\zeta \cdot \left(1 + \dfrac{\pi^2}{8} \cdot \dfrac{\zeta^2}{2}\right)$ ‥ 式 6.136 $\quad -\zeta \cdot \cos\zeta$ $\tau_G < \tau_{cr}$、$q^* = 1$ ……… 式 6.137 ただし、$\zeta = \arcsin\left(\dfrac{\tau_{cr}}{\tau_G}\right)$ であり、 $q^* \leqq 1$ とする ……… 式 6.138 τ_G ：すべりを考慮しない場合に管表面に作用する最大せん断応力（N／cm^2） $\tau_G = k_1 \cdot (1-\alpha_0) \cdot U_h$ ……… 式 6.139 τ_{cr} ：管と周辺地盤間ですべりが発生する時のすべり開始限界せん断応力（N／cm^2）	T字管部の変換係数は次式により求めるものとする $\beta_T = \dfrac{4{\lambda_1}^2 \cdot D_1 \cdot A_2 \cdot (C-1)}{4A_2 + L \cdot I \cdot {\lambda_1}^3 \cdot C}$ … 式 6.140 $C = \dfrac{1 + 4\left[\dfrac{\overline{\lambda_1}}{\lambda_2}\right]^3 \cdot \left[\dfrac{D_2}{D_1}\right]}{1 + 2\left[\dfrac{\overline{\lambda_1}}{\lambda_2}\right]^3 \cdot \left[\dfrac{D_2}{D_1}\right]}$ …… 式 6.141 ここで、 β_T ：T字管の変換係数（1／cm） D ：外径（cm） A ：断面積（cm^2） I ：断面二次モーメント（cm^4） L ：地震動のみかけの波長（cm） D, A, I およびの添字は 添字1：枝管側　添字2：主管側 $\overline{\lambda} = \sqrt[4]{\dfrac{K_2}{4EI}}$ ……… 式 6.142 K_2 ：単位長さあたりの管軸直角方向の地盤ばね係数（N／cm^2）で、$K_2 = Dk_2$ E ：弾性係数（N／cm^2）で、$E = 2.06 \times 10^7$ N／cm^2

2.9 安全性照査

項目	水道指針[1),2)]			下水道指針[3)]	ガス指針[4)]
安全性照査	表6.8 耐震性能			レベル2地震動に対する照査 終局限界状態で行う	直管および異形管の許容ひずみは3％
	耐震性能	耐震性能1	耐震性能2		
	レベル2地震時の耐震性能		ランクA1, ランクA2	耐震対策 (1) 変位量の吸収 (2) 鉛直断面の強度の確保 (3) 軸方向断面の強度の確保	
	一体構造管の照査基準	(原則として弾性域検討) 管体応力≦弾性限点応力 管体ひずみ≦許容ひずみ	(塑性域検討) 管体ひずみ≦許容ひずみ	照査基準値 (1) 継手部：土砂の流入が起こらないことを前提条件として管材料の最大許容値 (2) さや本体：断面崩壊保証モーメント等が起こらないように破壊保証モーメントに基づく破壊耐力 (3) 鉄筋コンクリート管：破壊保証モーメント (M_B)、断面応力を線形解析で算出する場合：等価線形計算により換算した破壊保証モーメント (M_d)	
	継手構造管の照査基準※1	(管体：弾性域検討) 管体応力≦許容応力 継手部伸縮量≦設計照査用最大伸縮量	(管体：弾性域検討) 管体応力≦許容応力 継手部伸縮量≦設計照査用最大伸縮量		

※1：離脱防止機能を有する鎖構造管路は、一つの継手部の継手部伸縮量が設計照査用最大伸縮量を超えた場合でも、隣接する管を引き張ることで管路全体で地盤変位を吸収できるため、これを照査するものとする

項目	水道指針[1),2)]	下水道指針[3)]	ガス指針[4)]
安全性照査		$M_B = 0.25 \cdot P_B \cdot r + 0.165 \cdot W \cdot r$ ……………… 式6.143 $M_d = 0.318 \cdot P_e \cdot r + 0.239 \cdot W \cdot r$ ……………… 式6.144 $P_e = \dfrac{P_B}{C_s}$ ……………… 式6.145 ここに、 M_B：破壊保証モーメント（kN・m） M_d：等価線形計算により換算した破壊保証モーメント（kN・m） P_e：等価線形計算により換算した破壊荷重（kN／m） P_B：破壊荷重（kN／m） C_s：構造物の靱性を考慮した補正係数 C_sは弾性・非弾性応答のひずみエネルギー一定則に基づいて算定	

〈 参 考 文 献 〉

1）(社)日本水道協会：水道施設耐震工法指針・解説、1997年版、平成9（1997）年3月
2）(社)日本水道協会：水道施設耐震工法指針・解説、2009年版、Ⅰ 総論、Ⅱ 各論、平成21（2009）年7月
3）(公社)日本下水道協会：下水道施設の耐震対策指針と解説、2014年版、平成26（2014）年6月
4）(社)日本ガス協会・ガス工作物設置基準調査委員会：高圧ガス導管耐震設計指針、中低圧ガス導管耐震設計指針、2004年3月
5）(社)日本道路協会：石油パイプライン技術基準（案）、1974（昭和49）年3月
6）(社)日本ガス協会・ガス工作物設置基準調査委員会：ガス導管耐震設計指針、昭和57（1982）年3月
7）小池　武：埋設パイプラインの地震時ひずみ評価、土木学会論文集、No.331、pp.13-24、1983年3月

第 7 章

液状化に対する管路耐震設計計算法

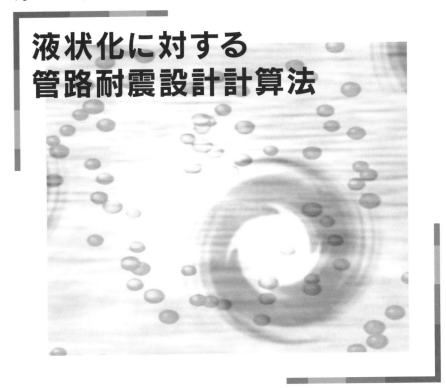

第7章
液状化に対する管路耐震設計計算法

1 水道、下水道管路の液状化耐震設計基準

　水道施設耐震工法指針・解説[1)2)]（以下、水道指針）は護岸・内陸部での液状化による地盤変位やひずみを規定している。第8章の地盤変状に対する管路耐震設計計算法と共通している部分もある。

　下水道施設の耐震対策指針と解説[3)]（以下、下水道指針）では、対象とする地中管路施設は、差し込み継手、矩形管きょ、シールド管きょ、一体構造管きょに区分して、波動、液状化などに対する設計法を提案している。本節では、主に差し込み継手および一体構造管きょの耐液状化設計について記述している。また、高圧ガス導管では、2001年に高圧ガス導管液状化耐震設計指針[4)]（以下、ガス液状化指針）が策定されて、詳細な耐震計算手法が示されている。2節で、別途に説明する。

第 7 章 液状化に対する管路耐震設計計算法

項目	水道指針[1),2)]	下水道指針[3)]	ガス液状化指針[4)]
液状化の判定	平成 24 年の道路橋示方書・同解説（Ⅴ耐震設計編）[5)] を準用、ただし、判定には示方書の 20 m で要とする砂質土層厚は、示方書 (1997 年版)[2)] の 25 m はなく、水道指針を採用	平成 24 年の道路橋示方書・同解説（Ⅴ耐震設計編）[5)] を準用 レベル 2 地震動では原則タイプⅡを適用、タイプⅠを用いる場合は長い地震動継続時間に配慮	液状化耐震設計区間の抽出を規定している
地盤のひずみ	兵庫県南部地震、新潟地震での 70～90 ％の非超過確率に対応して下記の値を用いることを推奨している (1) 護岸近傍引張ひずみ 　1.2 ％～2.0 ％ (2) 内陸部引張ひずみ 　1.0 ％～1.5 ％ (3) 内陸部圧縮ひずみ 　1.0 ％～1.5 ％	差し込み継手管きょ 差し込み継手管きょでは液状化に対して下記の検討を行う ① 永久ひずみによる抜け出し量 表 7.1 地形条件別の地盤の永久ひずみ量 | 地形条件 | 永久ひずみ量 ε_g [%] | |---|---| | a 護岸近傍の液状化地盤（護岸から 100 m 未満） | 1.5 | | b 内陸部の液状化地盤（護岸から 100 m 以上） | 1.2 | | c 非液状化の傾斜地（傾斜地盤）（地表面勾配が 5 ％以上の盛土） | 1.3 |	液状化による地盤変位の設定 荷重係数法により、設計変位を規定 傾斜地盤、護岸近傍での直管、曲管の変位算定式を規定

221

項目	水道指針[1), 2)]	下水道指針[3)]	ガス液状化指針[4)]
地盤のひずみ	(4) 傾斜地盤の変位・ひずみ 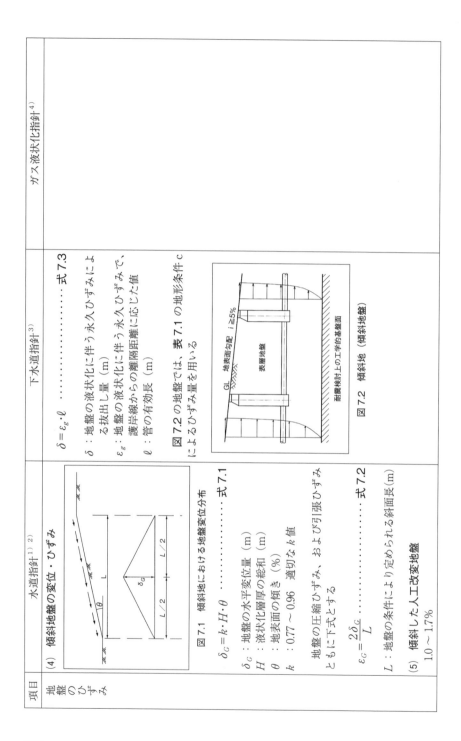 図 7.1 傾斜地における地盤変位分布 $\delta_G = k \cdot H \cdot \theta$ ……… 式 7.1 δ_G：地盤の水平変位量（m） H：液状化層厚の総和（m） θ：地表面の傾き（%） k：0.77〜0.96 適切な k 値 地盤の圧縮ひずみ、および引張ひずみともに下式とする $\varepsilon_G = \dfrac{2\delta_G}{L}$ ……… 式 7.2 L：地盤の条件により定められる斜面長（m） (5) 傾斜した人工改変地盤 1.0〜1.7%	$\delta = \varepsilon_g \cdot \ell$ ……… 式 7.3 δ：地盤の液状化に伴う永久ひずみによる抜出し量（m） ε_g：地盤の液状化に伴う永久ひずみで、護岸線からの離隔距離に応じた値 ℓ：管の有効長（m） 図 7.2 の地盤では、表 7.1 の地形条件 c によるひずみ量を用いる 図 7.2 傾斜地（傾斜地盤）	

項目	水道指針[1][2]	下水道指針[3]	ガス液状化指針[4]
管路の応答		② 地盤沈下による屈曲角 地盤沈下により生じる屈曲角は、マンホールとマンホール間の管の沈下状況を2次曲線で近似し求める $$\theta = 2\tan^{-1}\left[\frac{4 \cdot h_0}{L_P^2} \cdot \ell\right] \cdots\cdots 式7.4$$ ここに、 θ ：地盤沈下による継手部の屈曲角 (rad) h_0 ：液状化に伴う地盤沈下量 (m) 原地盤の合計厚 H_{FL} に対する5％とする。周辺地盤が非液状化地盤で埋戻し土のみが液状化すると、管の埋戻し土のみが液状化すると、管の下端から掘削床付までの深さを H_{FL} とみなし、H_{FL} に対する7.5～10％を h_0 とする L_P ：管路長さ (m) ($\fallingdotseq L_O$：マンホールスパン) ℓ ：管の有効長 (m)	荷重係数法により、設計限界変位を与えて耐震性能を照査

項目	水道指針[1),2)]	下水道指針[3)]	ガス液状化指針[4)]
管路の応答		③ 地盤沈下による抜出し量（図7.3参照） $$\delta_{s\,max} = \dfrac{\ell}{\cos\dfrac{n-1}{2}\cdot\theta} - \ell \quad \cdots\cdots 式7.5$$ ここに， $\delta_{s\,max}$：地盤沈下による最大抜出し量（m） n：マンホールスパンの管きょ本数（本） θ：地盤沈下による継手部の屈曲角（rad） ℓ：管の有効長（m）	

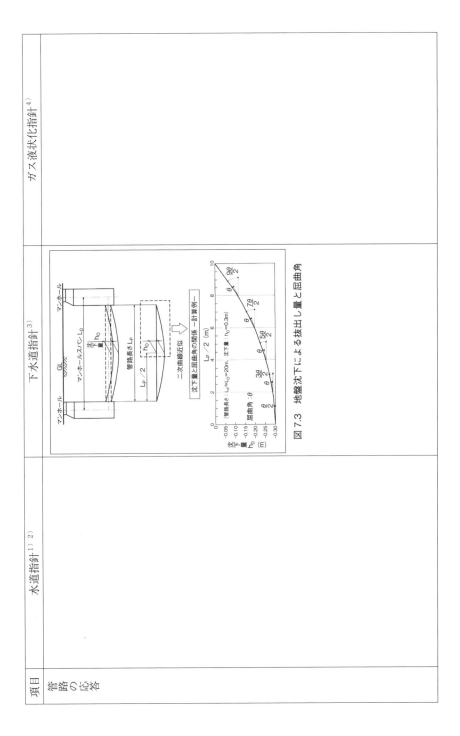

図 7.3 地盤沈下による抜出し量と屈曲角

項目	水道指針[1) 2)]	下水道指針[3)]	ガス液状化指針[4)]
管路の応答		**一体構造管きょ** ① 永久ひずみに対する抜出し量 $$\delta = \frac{\tau' \cdot \pi \cdot D \cdot L_p^2}{2 \cdot A \cdot E} \quad \cdots\cdots\cdots 式7.6$$ ここに、 δ ：地盤の液状化に伴う永久ひずみによる抜出し量 (m) τ' ：液状化した地盤の最大摩擦力 (kN／m²) (1.0kN／m² = 0.001 N／mm²) D ：管きょの外径 (m) L_p ：接着接合した管路長さ (m) ($\fallingdotseq L_O$：マンホールスパン) E ：管きょの弾性係数 (kN／m²) A ：管きょの断面積 (m²) 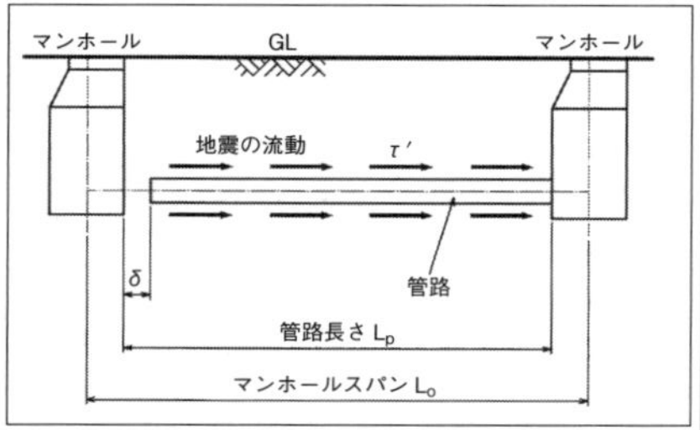 図7.4 マンホールと管きょの接続部抜出し量 （接着接合した硬質塩化ビニール管の場合）	

226

第7章 液状化に対する管路耐震設計計算法

項目	水道指針[1)2)]	下水道指針[3)]	ガス液状化指針[4)]
管路の応答		② 地盤沈下に対する抜出し量 $$\delta = \frac{L_p'}{2} - \frac{L_p}{2}$$ $$\frac{L_p'}{2} = R \cdot \theta$$ $$\theta = \sin^{-1}\left(\frac{L_p/2}{R}\right)$$ ……式7.7 $$R = \frac{h_o^2 + \left(\frac{L_p}{2}\right)^2}{2 \cdot h_o}$$ ここに、 δ：地盤の液状化に伴う地盤沈下による抜出し量 (m) L_p：接着接合した管路長さ (m) （≒L_0：マンホールスパン） h_o：液状化に伴う地盤沈下量 (m)	

227

項目	水道指針[1) 2)]	下水道指針[3)]	ガス液状化指針[4)]
管路の応答		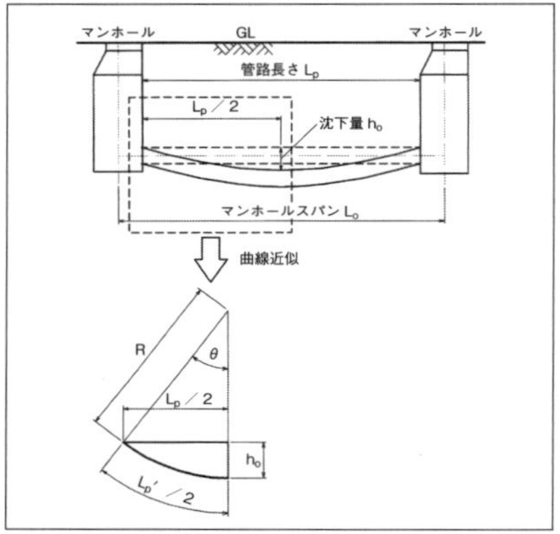 図7.5 地盤沈下と抜出し量 （接着接合した硬質塩化ビニール管の場合）	

第7章 液状化に対する管路耐震設計計算法

項目	水道指針[1) 2)]			下水道指針[3)]	ガス液状化指針[4)]
安全性の照査	表7.2 耐震性能と照査基準			地震対策 変位量の吸収 周辺地盤おおよび埋戻し土の液状化の防止（浮き上がり、沈下、側方流動の防止） 再掘削時の容易性 照査基準値 (1) レベル1地震動 水密性の保持を前提条件として、管材料の最大許容値に安全性を見込んだ値 (2) レベル2地震動 土砂の流入が起こらないことを前提条件として、管材料の最大許容値	
		耐震性能1	耐震性能2		
	レベル1地震動の耐震性能[*1]	ランクA1、ランクA2	ランクB		
	レベル2地震動の耐震性能	―	ランクA1、ランクA2		
	一体構造管路の照査基準	（原則として弾性域検討） 管体ひずみ≦許容ひずみ	（塑性域検討） 管体ひずみ≦許容ひずみ		
	継手構造管路の照査基準[*2]	（管体：弾性域検討） 継手部伸縮量≦設計照査用最大伸縮量	（管体：弾性域検討） 継手部伸縮量≦設計照査用最大伸縮量		

※1：液状化等の地盤変状により地盤ひずみが著しく増大する場合、レベル1地震動に対する埋設管路の耐震性能の照査は、ランクA1、A2であっても耐震性能2を満足することを照査する

※2：離脱防止機能を有する設計照査用最大伸縮量が設計照査用設計照査用最大伸縮量を超えた場合でも、隣接する管が設計照査用最大伸び量を超えることで管路全体として地盤変位を吸収できるため、これを照査するものとする

地盤変状と同様、継手伸縮、管体変形が地盤の動きに追随できるかどうか判断する。非弾性照査となる

2 高圧ガス導管液状化耐震設計指針[4]

2.1 概要

本指針は1996年～2000年の5ヵ年計画で、通商産業省（現経済産業省）の委託を受けて日本ガス協会に設置されたガス導管液状化調査研究特別委員会で作成されたもので、地震時に液状化を受ける可能性のある地域にガス導管を設置するに対して、導管の耐震性の向上を図り、ガスの漏えいを防止することを目的としている。溶接鋼管のうち、設計係数（周方向応力と最小降伏応力の比）が0.4以下の管材料に対して適応され、それ以上の設計係数の導管に対しては別途の検討が必要である。

2.2 基本方針

図7.6に耐震性能照査フローチャートを示している。液状化区間、地盤変位を設定して、導管の変形を求め、耐震性能を照査することになる。本指針における耐震性能は図7.7に示す通りである。

図7.7のA～D変形レベルは、導管の荷重～変位関係の図7.8に示す状態に対応している。

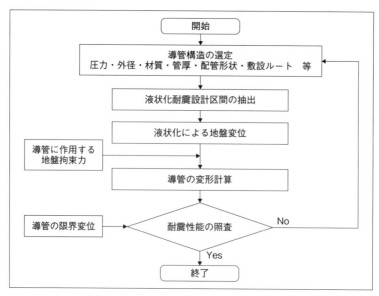

図7.6　耐震性能の照査フロー

第7章 液状化に対する管路耐震設計計算法

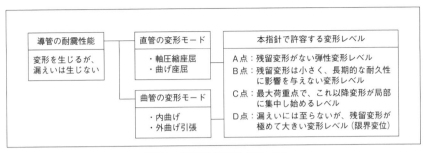

図 7.7 耐震性能と変形レベル

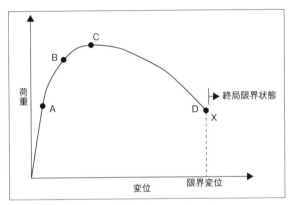

図 7.8 荷重と図 7.7 に示す変形レベルの関係

耐震性能の照査は下式で行われる。

$$S_d \leqq R_d \quad \cdots\cdots\cdots\cdots\cdots\cdots\cdots\cdots\cdots\cdots\cdots\cdots\cdots\cdots\cdots\cdots 式7.8$$

S_d：設計変位（導管に生じる軸圧縮変位、曲げ角度など）
R_d：設計限界変位（導管の限界軸圧縮変位、限界曲げ角度など）

$$S_d = \gamma_a \cdot S(\gamma_f \cdot F_k) \quad \cdots\cdots\cdots\cdots\cdots\cdots\cdots\cdots\cdots\cdots\cdots 式7.9$$

$$R_d = R(f_k / \gamma_m) / \gamma_b \quad \cdots\cdots\cdots\cdots\cdots\cdots\cdots\cdots\cdots\cdots\cdots 式7.10$$

$S(\cdot)$：荷重算定関数（導管の変位算定関数）
F_k　：荷重の特性値（地盤変位、導管に作用する地盤拘束力）
γ_f　：荷重係数（荷重の特性値のばらつき）
γ_a　：構造解析係数

$R(\cdot)$ ：抵抗算定関数（導管の限界変位算定関数）
f_k ：抵抗の特性値（材料の終局限界ひずみ）
γ_m ：材料係数（材料の特性値のばらつき）
γ_b ：部材係数（導管の限界変位算定式のばらつき）

上式に用いる部分安全係数の標準値は**表7.3**のようである。

表7.3 部分安全係数の標準値

部分安全係数			部材区分	変形モード	標準値
荷重係数	地盤変位に対する係数 γ_δ	傾斜地盤	直管・曲管	全モード	1.8
		護岸背後地盤			1.3
		地盤沈下			1.0
	地盤拘束力に対する係数 γ_k	管軸方向	直管・曲管	全モード	1.2
		管軸直角水平方向			1.2
		管軸直角鉛直方向			1.1
構造解析係数	導管の変形計算に対する係数 γ_a	変形計算式	直管・曲管	全モード	1.1
		FEMはり非線形解析手法	直管	軸圧縮座屈 曲げ座屈	1.0
			曲管	内曲げ 外曲げ引張	1.1
		シェルはり ハイブリッド解析手法	直管・曲管	全モード	1.0
材料係数	導管材料の終局限界ひずみに対する係数 γ_m		直管・曲管	全モード	1.0
部材係数	導管の限界変位の定式化に対する係数 γ_b		直管	軸圧縮座屈 曲げ座屈	1.0
			曲管	内曲げ 外曲げ引張	1.0

2.3 液状化耐震設計区間の抽出

ガス導管の液状化区間抽出は**図7.9**のフローに従って行う。

液状化影響は、まず、微地形によってランクⅠ、Ⅱ、Ⅲに分類して、その後、必要に応じて詳細な実験や解析を行って区間が抽出される。ランクⅠ、Ⅱ、Ⅲは、それぞれ液状化可能性が高い、低い、ほとんどない、に対応している。抽出例を**図7.10**に示す。

(a)傾斜地盤の側方流動に対する影響（地表面勾配が1%以上）、(b)護岸背後地盤（高さ5m以上、背後100m以内）の側方流動に対する影響、(c)地盤沈下（導管が橋台に支持）に対する影響、が検討される。ついで、液状化抵抗率を算出して、

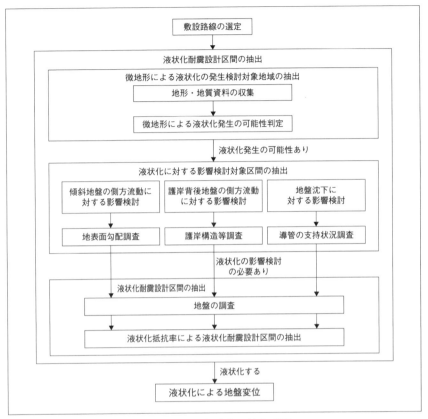

図 7.9　液状化地点の抽出手順

液状化耐震設計区間が抽出される。本指針では、液状化の判定は、道路橋示方書・同解説[5]の方法を用いている。そして、同示方書のタイプⅠ、タイプⅡの地震を、海溝型地震、内陸型地震として対応させて、液状化抵抗率を算定している。

　液状化抵抗率 F_L とは、地盤の動的せん断強度比 R と地震時せん断応力比 L で $F_L = R/L$ で表される。本値が小さければ、液状化発生の可能性が大といえる。F_L 値を、地層の深さ方向に積分した P_L 値が液状化判定に用いられる。一般に、下記が与えられている。

$P_L > 15$ 　：液状化の可能性が大 .... 式 7.11
$5 < P_L \leq 15$ 　：液状化の可能性が中

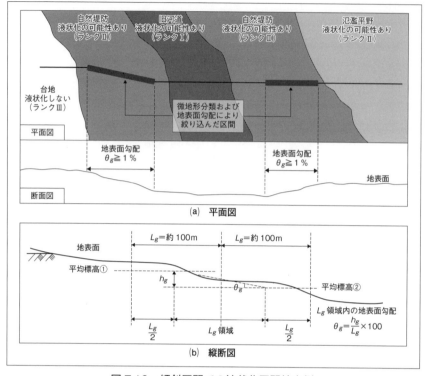

図 7.10　傾斜区間での液状化区間抽出例

2.4　液状化による地盤変位

　液状化による地盤変位は図 7.11 に示すように、傾斜地盤、護岸背後を対象として側方流動による水平変位、沈下変位が算出され、地盤拘束力を勘案して、導管の変形計算がなされる。

(1)　傾斜地盤の変位

　図 7.12 の傾斜地盤の側方流動に対して下記のように変位が求められる。

① 　傾斜地盤の側方流動による地盤の水平変位は、内陸型地震と海溝型地震に対して行い、いずれか大きな値を設計に用いる。

$$\delta_h = 36 \cdot c \cdot \left\{ \sum_{i=1}^{n} \frac{\frac{1}{2} \cdot \gamma_i \cdot H_i^2 + \sigma_{vi} \cdot H_i}{\left(\frac{1}{2} \cdot \gamma_i \cdot H_i + \sigma_{vi}\right)^{\frac{3}{2}} \cdot N_{bi}} \right\} \cdot \theta_g \quad \cdots\cdots\cdots 式 7.12$$

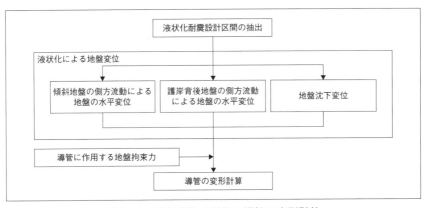

図 7.11 地盤変位の計算と導管の変形計算

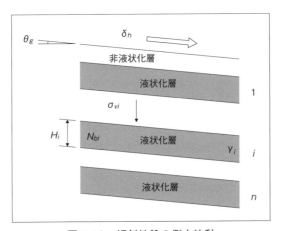

図 7.12 傾斜地盤の側方流動

$$N_{bi} = N_{1i} + \Delta N_{1i} \quad \cdots\cdots 式\,7.13$$

$$N_{1i} = \frac{1.7\,N_i}{\dfrac{\sigma'_{vi}}{98} + 0.7} \quad \cdots\cdots 式\,7.14$$

$$\Delta N_{1i} = \begin{array}{ll} 0 & 0\% \leq FC < 10\% \\ 5 & 10\% \leq FC < 20\% \\ 10 & 20\% \leq FC \end{array} \quad \cdots\cdots 式\,7.15$$

ここに、

δ_h ：地盤の水平変位（m）

c ：市街地係数で市街地に埋設される場合は 0.5、その他の場合は 1.0
H_i ：i 番目の液状化層の厚さ（m）
γ_i ：i 番目の液状化層の単位体積重量（kN／m³）
N_{bi} ：i 番目の液状化層の粒度の影響を考慮した補正 N 値
σ_{vi} ：i 番目の液状化層の上面に作用する全上載圧（kN／m²）
N_{1i} ：i 番目の液状化層の有効上載圧 98kN／m² 相当に換算した N 値
N_i ：i 番目の液状化層の標準貫入試験から得られる N 値
ΔN_{1i} ：i 番目の液状化層の粒度の影響を考慮した N 値の補正量
σ'_{vi} ：i 番目の液状化層の中央に作用する有効上載圧（kN／m²）
θ_g ：地表面勾配（%）
FC ：細粒分含有率（%）

② 地盤の水平変位を算定する場合の荷重係数 γ_δ は、1.8 を標準とする。
③ 地盤の水平変位に②で定める荷重係数 γ_δ を乗じた値が 3 m を超える場合には、設計に用いる地盤の水平変位を 3 m とする。
④ 地盤の水平変位が生じる範囲や分布は、液状化層の分布範囲と地表面の勾配に基づき設定することを原則とする。なお、地盤の水平変位が生じる範囲は楕円（図 7.13）とし、その中心で最大変位となる三角形地盤変位分布としてもよい。

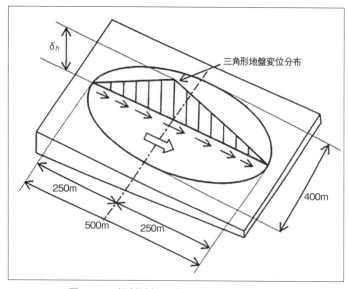

図 7.13　傾斜地盤の水平変位の範囲・分布

(2) 護岸地盤の変位

① 護岸背後地盤の側方流動による導管埋設位置における地盤の水平変位を図7.14の手順に従って算定する。

② 護岸移動量は、護岸構造ならびに護岸背後および基礎地盤の液状化状況から算定する。液状

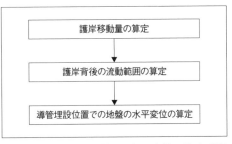

図7.14 護岸背後地盤の水平変位の算定手順

化状況は、内陸型地震と海溝型地震による液状化判定の厳しいほうから判断する。

$$\Delta_w = F_w \cdot \frac{H_w}{100} \quad \cdots\cdots\cdots 式7.16$$

Δ_w：護岸移動量（m）
F_w：護岸変形率（％）
H_w：護岸高さ（m）

表7.4 護岸変形率

護岸構造	液状化状況		護岸変形率（％）
重力式	護岸背後のみが液状化する		15
	護岸背後、基礎地盤がいずれも液状化する		30
矢板式	護岸背後が液状化する	控え工周辺は液状化しない	20
		控え工周辺も液状化する	40
	護岸背後・控え工周辺・基礎地盤がいずれも液状化する		75

③ 護岸背後地盤の流動範囲は、液状化の可能性がある土層のN値と護岸移動量から算定する。

$$L_{w0} = 250 \frac{\Delta_w}{N_1} \quad \cdots\cdots\cdots 式7.17$$

L_{w0}：流動範囲（m）
Δ_w：護岸移動量（m）
N_1：有効上載圧98kN／㎡相当に換算したN値

$$N_1 = \frac{1.7N}{\frac{\sigma'_v}{98} + 0.7}$$ ·· 式 7.18

N ：標準貫入試験から得られる N 値
σ'_v ：有効上載圧（kN／㎡）

④ 導管埋設位置での地盤の水平変位を求める。

$$\delta_h = \Delta_w \cdot \exp(-3.35 \times L_{wp}/L_{w0})$$ ································ 式 7.19

δ_h ：導管埋設位置での地盤の水平変位（m）
Δ_w ：護岸移動量（m）
L_{wp} ：護岸から導管までの距離（m）
L_{w0} ：流動範囲（m）

⑤ 荷重係数 γ_δ は、1.3 を標準とする。

(3) 沈下地盤の変位
① 地盤沈下は、液状化層の厚さの 5 ％の値とする。なお、液状化層の厚さは、内陸型地震と海溝型地震で判定した液状化層の厚さのいずれか大きいほうの値とする。
② 荷重係数 γ_δ は、1.0 を標準とする。

2.5 側方流動・地盤沈下による地盤拘束力

(1) 側方流動管軸方向
① 管軸方向の側方流動による地盤拘束力は、地盤と導管の相対変位との関係をバイリニア近似とし、導管単位表面積あたりの限界せん断応力 τ_c、降伏変位 δ_c および地盤ばね係数 k は表 7.5 に示す値とする。
② 荷重係数 γ_k は、1.2 を標準とする。

表 7.5 管軸方向の限界せん断応力、降伏変位と地盤ばね係数

限界せん断応力 τ_c（N／cm²）	降伏変位 δ_c（cm）	地盤ばね係数 $k = \tau_c / \delta_c$（N／cm³）
1.5	0.25	6.0

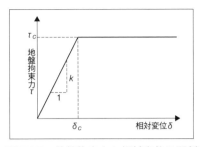

図 7.15 地盤拘束力と相対変位の関係

(2) 側方流動管軸直角方向
① 地盤沈下による地盤拘束力は地盤と導管の相対変位との関係をバイリニア近似とし（**図 7.16**）、導管単位投影面積あたりの最大地盤拘束力σ_c、降伏変位δ_cおよび地盤ばね係数kは**表 7.6**に示す値とする。なお、表に示されていない呼び径の場合には、補間より求める。
② 荷重係数γ_kは、1.1 を標準とする。

表 7.6 地盤沈下による最大地盤拘束力、降伏変位と地盤ばね係数

呼び径	最大地盤拘束力 σ_c (N／cm²)	降伏変位 δ_c (cm)	地盤ばね係数 $k=\sigma_c/\delta_c$ (N／cm³)
100 A	24	0.9	27
150 A	24	0.9	27
200 A	20	0.9	22
300 A	15	0.9	17
400 A	13	0.9	14
500 A	11	0.9	12
600 A	10	1.0	10
650 A	10	1.0	10
750 A	10	1.0	10
900 A	9	1.0	9

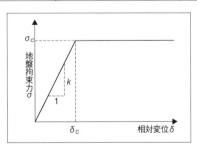

図 7.16 地盤拘束力と相対変位の関係

(3) 地盤沈下

側方流動管軸直角方向の場合と同一の最大地盤拘束力、降伏変位と地盤ばね係数を用いる。

2.6 導管の変位算定

(1) 傾斜地盤（直管）

① 直管の軸圧縮変位は表 7.7 により算定する。

表 7.7　軸圧縮変位を算定する変形計算式

導管の軸力と降伏軸力の関係	地盤と導管の状況	変形計算式	
$50 \cdot W_h \cdot F \leq N_y$	$\gamma_\delta \cdot \delta_h < \dfrac{25 \cdot F \cdot W_h^2}{E \cdot A}$	$\lambda_s = 10\sqrt{\dfrac{F \cdot \gamma_\delta \cdot \delta_h}{E \cdot A}} \cdot L_s$	式 7.20
	$\gamma_\delta \cdot \delta_h \geq \dfrac{25 \cdot F \cdot W_h^2}{E \cdot A}$	$\lambda_s = 50 \dfrac{F \cdot W_h}{E \cdot A} \cdot L_s$	式 7.21
$50 \cdot W_h \cdot F > N_y$	$100 \cdot \gamma_\delta \cdot \delta_h < \dfrac{N_y^2}{F \cdot E \cdot A}$	$\lambda_s = 10\sqrt{\dfrac{F \cdot \gamma_\delta \cdot \delta_h}{E \cdot A}} \cdot L_s$	式 7.22
	$100 \cdot \gamma_\delta \cdot \delta_h \geq \dfrac{N_y^2}{F \cdot E \cdot A}$	$\lambda_s = \sqrt{\dfrac{100 \cdot F \cdot \gamma_\delta \cdot \delta_h}{E_2 \cdot A} + \left(1 - \dfrac{E}{E_2}\right) \cdot \left(\dfrac{N_y}{E \cdot A}\right)^2} \cdot L_s$	式 7.23

$$N_y = \sigma_y \cdot A \quad \cdots\cdots\cdots\cdots\cdots\cdots\cdots\cdots\cdots\cdots\cdots\cdots\cdots\cdots\cdots 式 7.24$$

$$F = \pi \cdot D \cdot \gamma_k \cdot \tau_c \quad \cdots\cdots\cdots\cdots\cdots\cdots\cdots\cdots\cdots\cdots\cdots\cdots\cdots 式 7.25$$

$$E_2 = \dfrac{\sigma_t - \sigma_y}{0.05 - 0.005} \quad \cdots\cdots\cdots\cdots\cdots\cdots\cdots\cdots\cdots\cdots\cdots\cdots 式 7.26$$

$$L_s = 6.4 \cdot D \quad \cdots\cdots\cdots\cdots\cdots\cdots\cdots\cdots\cdots\cdots\cdots\cdots\cdots\cdots\cdots 式 7.27$$

ここに、

λ_s：直管の軸圧縮変位（cm）

W_h：傾斜地盤の側方流動による地盤の水平変位が発生する範囲（m）

N_y：直管の降伏軸力（N）

F：液状化層の上部にある非液状化層での導管単位長さあたりの管軸方向の最大地盤拘束力（N／cm）

γ_δ：傾斜地盤の側方流動による地盤の水平変位に対する荷重係数

δ_h：傾斜地盤の側方流動による地盤の水平変位（m）
E：導管の弾性係数（= 2.06×10^7 N／cm^2）
E_2：導管の応力ひずみ関数の第2勾配（N／cm^2）
A：導管の断面積（cm^2）
L_s：直管の軸圧圧縮変位を定めるための基準長さ（cm）
σ_y：直管の規格最小降伏応力または耐力（N／cm^2）
D：導管の外径（cm）
γ_k：管軸方向の側方流動による地盤拘束力に対する荷重係数
τ_c：液状化層の上部にある非液状化層での導管の管軸方向の限界せん断応力（N／cm^2）
σ_t：直管の規格最小引張強さ（N／cm^2）

② 直管の曲げ角度は式7.28、式7.29により算定する。

$$\omega_s = \frac{180}{\pi} \cdot 127 \cdot D \cdot \sqrt{\frac{P_l \cdot \gamma_\delta \cdot \delta_h}{E \cdot I}} \quad \cdots\cdots\cdots\cdots\cdots\cdots\cdots\cdots\cdots\cdots\cdots\cdots\cdots\cdots 式7.28$$

$$P_l = D \cdot \gamma_k \cdot \sigma_c \quad \cdots\cdots\cdots\cdots\cdots\cdots\cdots\cdots\cdots\cdots\cdots\cdots\cdots\cdots\cdots\cdots\cdots\cdots\cdots\cdots\cdots 式7.29$$

ここに、
ω_s：直管の曲げ角度（度）
D：導管の外径（cm）
P_l：液状化層の上部にある非液状化層での導管単位長さあたりの管軸直角方向の最大地盤拘束力（N／cm）
γ_δ：傾斜地盤の側方流動による地盤の水平変位に対する荷重係数
δ_h：傾斜地盤の側方流動による地盤の水平変位（m）
E：導管の弾性係数（= 2.06×10^7 N／cm^2）
I：直管の断面二次モーメント（cm^4）
γ_k：管軸直角方向の側方流動による地盤拘束力に対する荷重係数
σ_c：液状化層の上部にある非液状化層での導管単位投影面積あたりの最大地盤拘束力（N／cm^2）

(2) 傾斜地盤（曲管）（図 7.17）

① 曲管の内曲げ角度は、式 7.30 により算定する。

$$\omega_{bs} = \frac{180}{\pi} \cdot \left| \frac{3}{4}\pi - 2 \cdot \sin^{-1}\left\{ 0.92 - 35.4 \cdot \frac{\gamma_\delta \cdot \delta_h}{L_{ps}} \cdot \left(0.88 \cdot \frac{D}{D_{600}} + 0.12 \right) \right\} \right|$$ ……… 式 7.30

$$L_{ps} = \sqrt{2}\sqrt{\frac{M_{pbs} + M_{ps}}{P_I}}$$ ……… 式 7.31

$$M_{ps} = \frac{4}{\pi} \cdot M_{ys}$$ ……… 式 7.32

$$M_{ys} = \frac{\pi}{32} \cdot \frac{D^4 - (D - 2 \cdot t_s)^4}{D} \cdot \sigma_y$$ ……… 式 7.33

$$P_I = D \cdot \gamma_k \cdot \sigma_c$$ ……… 式 7.34

（管厚が周方向に変化する曲管）

$$M_{pbs} = M_{yb}(0.37 \cdot h + 1.01)$$ ……… 式 7.35

$$M_{yb} = \frac{\pi}{32} \cdot \frac{D^4 - \left(D - 2 \cdot \dfrac{t_b}{0.85}\right)^4}{D} \cdot \sigma_y$$ ……… 式 7.36

$$h = \frac{\dfrac{t_b}{0.85} \cdot R_c}{r^2}$$ ……… 式 7.37

$$r = \frac{D - \dfrac{t_b}{0.85}}{2}$$ ……… 式 7.38

（管厚が周方向にほぼ均一な曲管）

$$M_{pbs} = M_{yb}(1.04 \cdot h + 0.63)$$ ……… 式 7.39

$$M_{yb} = \frac{\pi}{32} \cdot \frac{D^4 - (D - 2 \cdot t_b)^4}{D} \cdot \sigma_y \quad \cdots\cdots\cdots\cdots\cdots\cdots\cdots\cdots\cdots\cdots\cdots\cdots 式7.40$$

$$h = \frac{t_b \cdot R_c}{r^2} \quad \cdots\cdots\cdots\cdots\cdots\cdots\cdots\cdots\cdots\cdots\cdots\cdots\cdots\cdots\cdots\cdots\cdots\cdots\cdots 式7.41$$

$$r = \frac{D - t_b}{2} \quad \cdots\cdots\cdots\cdots\cdots\cdots\cdots\cdots\cdots\cdots\cdots\cdots\cdots\cdots\cdots\cdots\cdots\cdots\cdots 式7.42$$

配管モデルでは、曲管角度が45度の曲管を1つ含む配管系において、配管が左右対称となるような方向に地盤の水平変位を作用させている。

導管に対する地盤の水平変位の入力方向が明らかな場合あるいは使用する曲管が45度曲管以外の場合には、それぞれの条件を反映した変形計算式を用いて内曲げ角度を算定してもよい。

ここに、

ω_{bs} ：曲管の内曲げ角度（度）

γ_δ ：傾斜地盤の側方流動による地盤の水平変位に対する荷重係数

δ_h ：傾斜地盤の側方流動による地盤の水平変位（m）

L_{ps} ：内曲げのヒンジ区間長（cm）

D_{600} ：基準外径（＝61.0cm）

D ：導管の外径（cm）（ただし、$D > D_{600}$の時、**式7.30**において$D = D_{600}$とする）

M_{pbs} ：内曲げの最大モーメント（N・cm）

M_{ps} ：直管の全塑性モーメント（N・cm）

P_l ：液状化層の上部にある非液状化層での導管単位長さあたりの管軸直角方向の最大地盤拘束力（N／cm）

M_{ys} ：直管の降伏曲げモーメント（N・cm）

t_s ：直管の公称管厚（cm）

σ_y ：導管の規格最小降伏応力または耐力（N／cm²）

γ_k ：管軸直角方向の側方流動による地盤拘束力に対する荷重係数

σ_c ：液状化層の上部にある非液状化層での導管単位投影面積あたりの最大地

　　　　盤拘束力（N／cm²）
M_{yb} ： 曲管の降伏曲げモーメント（N・cm）
h 　： パイプファクター
t_b 　： 曲管の公称管厚（cm）
R_c 　： 曲率半径（cm）
r 　： 曲管の平均半径（cm）

② 曲管の外曲げ角度は**式 7.43**、**式 7.44** により算定する。
1) 外径管厚比 $D／t_b$ が 50 未満の場合

$$\omega_{bo}=\frac{180}{\pi}\cdot\frac{150\cdot\gamma_\delta\cdot\delta_h}{L_{po1}}\cdot\left(0.49\cdot\frac{D}{D_{600}}+0.69\right) \quad \text{式 7.43}$$

$$L_{po1}=\sqrt[4]{\frac{1{,}200\cdot E\cdot I\cdot\gamma_\delta\cdot\delta_h}{P_I}} \quad \text{式 7.44}$$

$$P_I=D\cdot\gamma_h\cdot\sigma_c \quad \text{式 7.45}$$

2) 外径管厚比 $D／t_b$ が 50 以上の場合

$$\omega_{bo}=\frac{180}{\pi}\cdot\left|\frac{\pi}{2}-2\cdot\sin^{-1}\left\{0.71+50\cdot\frac{\gamma_\delta\cdot\delta_h}{L_{po2}}\cdot\left(0.69\cdot\frac{D}{D_{600}}+0.012\right)\right\}\right| \quad \text{式 7.46}$$

$$L_{po2}=\sqrt{2}\sqrt{\frac{M_{pbo}+M_{ps}}{P_I}} \quad \text{式 7.47}$$

$$M_{ps}=\frac{4}{\pi}\cdot M_{ys} \quad \text{式 7.48}$$

$$M_{ys}=\frac{\pi}{32}\cdot\frac{D^4-(D-2\cdot t_s)^4}{D}\cdot\sigma_y \quad \text{式 7.49}$$

$$P_l = D \cdot \gamma_k \cdot \sigma_c \quad \cdots\cdots\cdots\cdots\cdots\cdots\cdots\cdots\cdots\cdots\cdots\cdots\cdots\cdots\cdots\cdots\cdots\cdots\text{式 7.50}$$

（管厚が周方向に変化する曲管）

$$M_{pbo} = M_{yb}(0.45 \cdot h + 1.36) \quad \cdots\cdots\cdots\cdots\cdots\cdots\cdots\cdots\cdots\cdots\cdots\cdots\cdots\text{式 7.51}$$

$$M_{yb} = \frac{\pi}{32} \cdot \frac{D^4 - \left(D - 2 \cdot \dfrac{t_b}{0.85}\right)^4}{D} \cdot \sigma_y \quad \cdots\cdots\cdots\cdots\cdots\cdots\cdots\text{式 7.52}$$

$$h = \frac{\dfrac{t_b}{0.85} \cdot R_c}{r^2} \quad \cdots\cdots\cdots\cdots\cdots\cdots\cdots\cdots\cdots\cdots\cdots\cdots\cdots\cdots\cdots\cdots\cdots\text{式 7.53}$$

$$r = \frac{D - \dfrac{t_b}{0.85}}{2} \quad \cdots\cdots\cdots\cdots\cdots\cdots\cdots\cdots\cdots\cdots\cdots\cdots\cdots\cdots\cdots\cdots\cdots\text{式 7.54}$$

（管厚が周方向にほぼ均一な曲管）

$$M_{pbo} = M_{yb}\left\{-13.67 \cdot \left(\frac{D}{t_b} \cdot \frac{\sigma_y}{E}\right) + 2.57\right\} \quad \cdots\cdots\cdots\cdots\cdots\text{式 7.55}$$

$$M_{yb} = \frac{\pi}{32} \cdot \frac{D^4 - (D - 2 \cdot t_b)^4}{D} \cdot \sigma_y \quad \cdots\cdots\cdots\cdots\cdots\cdots\cdots\cdots\text{式 7.56}$$

　配管モデルでは、曲管角度が90度の曲管を1つ含む配管系において、配管が左右対称となるような方向に地盤の水平変位を作用させている。

　導管に対する地盤の水平変位の入力方向が明らかな場合あるいは使用する曲管が90度曲管以外の場合には、それぞれの条件を反映した変形計算式を用いて外曲げ角度を算定してもよい。

ここに、

ω_{bo}　　：曲管の外曲げ角度（度）

D_{600}　　：基準外径（＝61.0cm）

D　　　：導管の外径（cm）（ただし、$D > D_{600}$ の時、$D = D_{600}$ とする）

t_b	：曲管の公称管厚（cm）
γ_δ	：傾斜地盤の側方流動による地盤の水平変位に対する荷重係数
L_{po1}, L_{po2}	：外曲げ引張のヒンジ区間長（cm）
E	：導管の弾性係数（＝ $2.06 \times 10^7\,\mathrm{N/cm^2}$）
I	：導管の断面二次モーメント
P_I	：液状化層の上部にある非液状化層での導管単位長さあたりの管軸直角方向の最大地盤拘束力（N／cm）
γ_k	：管軸直角方向の側方流動による地盤拘束力に対する荷重係数
σ_c	：液状化層の上部にある非液状化層での導管単位投影面積あたりの最大地盤拘束力（N／cm²）
M_{pbo}	：外曲げ引張の最大モーメント（N・cm）で、式 7.55、式 7.56 あるいは有限要素法等の適切な方法による
M_{ps}	：直管の全塑性モーメント（N・cm）
M_{ys}	：直管の降伏曲げモーメント（N・cm）
t_s	：直管の公称管厚（cm）
σ_y	：導管の規格最小降伏応力または耐力（N／cm²）
M_{yb}	：曲管の降伏曲げモーメント（N・cm）
h	：パイプファクター
R_c	：曲率半径（cm）
r	：曲管の平均半径（cm）

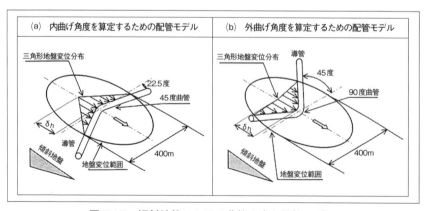

図 7.17　傾斜地盤における曲管を含む配管モデル

(3) 護岸地盤（直管）

$$\omega_s = \frac{180}{\pi} \cdot 127 \cdot D \cdot \sqrt{\frac{P_I \cdot \gamma_\delta \cdot \delta_h}{E \cdot I}} \quad \cdots\cdots\cdots\cdots\cdots\cdots\cdots\cdots\cdots\cdots\cdots \text{式 7.57}$$

$$P_I = D \cdot \gamma_k \cdot \sigma_c \quad \cdots\cdots\cdots\cdots\cdots\cdots\cdots\cdots\cdots\cdots\cdots\cdots\cdots\cdots\cdots\cdots\cdots\cdots \text{式 7.58}$$

ここに、

- ω_s ：直管の曲げ角度（度）
- D ：導管の外径（cm）
- P_I ：液状化層の上部にある非液状化層での導管単位長さあたりの管軸直角方向の最大地盤拘束力（N／cm）
- γ_δ ：護岸地盤の側方流動による地盤の水平変位に対する荷重係数
- δ_h ：護岸地盤の側方流動による地盤の水平変位（m）
- E ：導管の弾性係数（＝ 2.06×10^7 N／cm^2）
- I ：直管の断面二次モーメント（cm^4）
- γ_k ：管軸直角方向の側方流動による地盤拘束力に対する荷重係数
- σ_c ：液状化層の上部にある非液状化層での導管単位投影面積あたりの最大地盤拘束力（N／cm^2）

(4) 護岸地盤（曲管）（図 7.18）

① 曲管の内曲げ角度は、**式 7.59** により算定する。

$$\omega_{bs} = \frac{180}{\pi} \cdot \left| \frac{3}{4}\pi - 2 \cdot \sin^{-1}\left[\frac{1}{2}\sqrt{5{,}000 \cdot \frac{\gamma_\delta \cdot \delta_h}{L_{ps}} \cdot \left(\frac{D}{D_{600}} + 0.25\right)\right)^2 - 241 \cdot \frac{\gamma_\delta \cdot \delta_h}{L_{ps}} \cdot \left(\frac{D}{D_{600}} + 0.25\right) + 3.42} \right] \right|$$

$\cdots\cdots\cdots\cdots$ 式 7.59

ここに、

- ω_{bs} ：曲管の内曲げ角度（度）
- γ_δ ：護岸背後地盤の側方流動による地盤の水平変位に対する荷重係数
- δ_h ：護岸背後地盤の側方流動による地盤の水平変位（m）
- D_{600} ：基準外径（＝ 61.0 cm）
- D ：導管の外径（cm）（ただし、$D > D_{600}$ の時、$D = D_{600}$ とする）
- L_{ps} ：規定する値

配管モデルでは、曲管角度が 45 度の曲管を 1 つ含む配管系において、直管部に対して直交する方向に地盤の水平変位を作用させている。

導管に対する地盤の水平変位の入力方向が明らかな場合あるいは使用する曲管が 45 度曲管以外の場合には、それぞれの条件を反映した変形計算式を用いて内曲げ角度を算定してもよい。

② 曲管の外曲げ角度は、式 7.60 により算定する。

$$\omega_{bo} = \frac{180}{\pi} \cdot \frac{150 \cdot \gamma_\delta \cdot \delta_h}{L_{po1}} \cdot \left(0.81 \cdot \frac{D}{D_{600}} + 0.43\right) \quad \cdots\cdots 式 7.60$$

$$L_{po1} = \sqrt[4]{\frac{1,200 \cdot E \cdot I \cdot \gamma_\delta \cdot \delta_h}{P_I}} \quad \cdots\cdots 式 7.61$$

$$P_I = D \cdot \gamma_k \cdot \sigma_c \quad \cdots\cdots 式 7.62$$

ここに、

ω_{bo} ：曲管の外曲げ角度（度）
γ_δ ：護岸背後地盤の側方流動による地盤の水平変位に対する荷重係数
δ_h ：護岸背後地盤の側方流動による地盤の水平変位（m）
L_{po1} ：外曲げ引張のヒンジ区間長（cm）
E ：導管の弾性係数（= 2.06×10^7 N／cm^2）
I ：直管の断面二次モーメント
P_I ：液状化層の上部にある非液状化層での導管単位長さあたりの管軸直角方向の最大地盤拘束力（N／cm）
D_{600} ：基準外径（= 61.0 cm）
D ：導管の外径（cm）（ただし、$D > D_{600}$ の時、$D = D_{600}$ とする）
γ_k ：管軸直角方向の側方流動による地盤拘束力に対する荷重係数
σ_c ：液状化層の上部にある非液状化層での導管単位投影面積あたりの最大地盤拘束力（N／cm^2）

配管モデルでは、曲管角度が 90 度の曲管を 1 つ含む配管系において直管部に対して直交する方向に地盤の水平変位を作用させている。

導管に対する地盤の水平変位の入力方向が明らかな場合あるいは使用する曲管

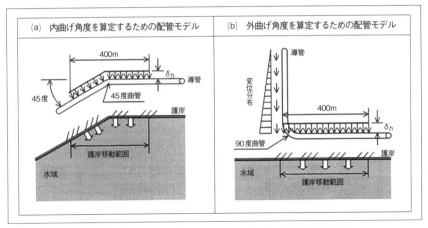

図7.18 護岸背後地盤における曲管を含む配管モデル

が90度曲管以外の場合には、それぞれの条件に反映した変形計算式を用いて外曲げ角度を算定してもよい。

2.7 導管の限界変位

導管の限界変位は、表7.8に示す直管と曲管の区分およびそれぞれの変形モードに応じて、変位または曲げ角度で表す。

表7.8 変形モードと導管の変位

部材	変形モード	限界変位
直管	軸圧縮座屈	限界軸圧縮変位
	曲げ座屈	限界曲げ角度
曲管	内曲げ	限界内曲げ角度
	外曲げ引張	限界外曲げ角度

(1) **直管の限界変位**
① 直管の限界変位の算定は、次の限界変位算定方式による。
1) 限界軸圧縮変位

$$\lambda_{sc} = \frac{44 t_s}{100 D} \cdot L_s + \frac{3.44}{\sqrt{2}} \cdot ts \cdot \sqrt{D / t_s} \cdot \left(1 + \frac{\varepsilon_f}{2}\right) \quad \cdots\cdots 式 7.63$$

2) 限界曲げ角度

$$\omega_{sc} = \left\{ \frac{44t_s}{100D}\left(8k - \frac{2k^2}{3}\right) + \frac{3.44}{\sqrt{2}\cdot\sqrt{D/t_s}}\left(1 + \frac{\varepsilon_f}{2}\right)\right\}\cdot\frac{180}{\pi} \quad \cdots\cdots\cdots 式7.64$$

ここに、
- λ_{sc} ：直管の限界軸圧縮変位 (cm)
- ω_{sc} ：直管の限界曲げ角度 (度)
- D ：直管の外径 (cm)
- t_s ：直管の公称管厚 (cm)
- L_s ：直管の軸圧縮変位および曲げ角度を定めるための基準長さ (= 6.4・D)
- ε_f ：0.35
- k ：$L_s / 2$ と外径 D の比 (= 3.2)

② ①により算定した直管の限界変位は、外径管厚比 D/t_s が 15 以上となる直管に適用する。ただし、別に定める方法で実管実験あるいは詳細な数値解析により限界変位を算定することができる。

③ 部材係数 γ_h は、1.0 をほ標準とする。

(2) 曲管の限界変位

① 曲管の限界変位の算定は、次の限界変位算定式による。

1) 限界内曲げ角度

$$\omega_{bsc} = 0.9 \cdot \frac{\sqrt{D/t_b}\cdot\sqrt{\phi}}{R_c/D} + \omega_{sc} \quad \cdots\cdots\cdots\cdots\cdots\cdots 式7.65$$

2) 限界外曲げ角度

$$\omega_{boc} = 2.24 \cdot \frac{\phi}{\sqrt{D/t_b}\cdot (R_c/D)^{0.25}\cdot \eta} \quad (\phi \geq 22.5) \quad \cdots\cdots\cdots 式7.66$$

$$\omega_{boc} = 2.24 \cdot \frac{22.5}{\sqrt{D/t_b}\cdot (R_c/D)^{0.25}\cdot \eta} \quad (\phi < 22.5) \quad \cdots\cdots\cdots 式7.67$$

ここに、

- ω_{bsc} ：曲管の限界内曲げ角度（度）（ただし、71度を最大値とする）
- ω_{sc} ：式 7.65 で $k = 1$ とした値
- ω_{boc} ：曲管の限界外曲げ角度（度）（ただし、71度を最大値とする）
- D ：導管の外径（cm）
- t_b ：曲管の公称管厚（cm）
- ϕ ：曲管角度（度）（ただし、実際に使用する曲管の角度とする）
- R_c ：曲率半径（cm）
- η ：表 7.9 による

表 7.9　η の値

材料（API 5L）	η	材料（JIS G）	η
X42	0.77	STPG 370	0.64
X46	0.81	STPG 410	0.66
X52	0.87	STPT 370	0.64
X56	0.87	STPT 410	0.66
X60	0.88	STPT 480	0.63
X65	0.93	STPY 400	0.62

② ①により求めた曲管の限界変位は、呼び径が 100 A から 750 A で、かつ外径管厚比 D / t_b が 15 以上 60 以下となる曲管に適用する。ただし、別に定める方法で実管実験あるいは詳細な数値解析を行い、限界変位を求めることができる。

2.8　耐震性能の照査

表 7.10　部分安全係数の標準値

部分安全係数		部材	変形モード	標準値
構造解析係数 γ_a	変形計算式	直管・曲管	全モード	1.1
	FEM はり 非線形解析手法	直管	軸圧縮座屈 曲げ座屈	1.0
		曲管	内曲げ 外曲げ引張	1.1
	シェルはり ハイブリッド解析手法	直管・曲管	全モード	1.0
部材係数 γ_b	限界変位算定式	直管	軸圧縮座屈	1.0
			曲げ座屈	1.0
		曲管	内曲げ	1.0
			外曲げ引張	1.0

(1) **直管**

直管の耐震性能はの照査は、変形モードに応じて次による。

① 軸圧縮座屈判定

$$\gamma_a \cdot \lambda_s \leq \lambda_{sc} / \gamma_b \quad \cdots\cdots\cdots\cdots\cdots\cdots\cdots\cdots\cdots\cdots\cdots\cdots\cdots\cdots\cdots\cdots\cdots 式 7.68$$

② 曲げ座屈判定

$$\gamma_a \cdot \omega_s \leq \omega_{sc} / \gamma_b \quad \cdots\cdots\cdots\cdots\cdots\cdots\cdots\cdots\cdots\cdots\cdots\cdots\cdots\cdots\cdots\cdots\cdots 式 7.69$$

ここに、

λ_s ：軸圧縮変位
λ_{sc} ：限界軸圧縮変位
ω_s ：曲げ角度
ω_{sc} ：限界曲げ角度
γ_a ：構造解析係数
γ_b ：部材係数

(2) **曲管**

曲管の耐震性能の照査は、変形モードに応じて次による。

① 内曲げ判定

$$\gamma_a \cdot \omega_{bs} \leq \omega_{bsc} / \gamma_b \quad \cdots\cdots\cdots\cdots\cdots\cdots\cdots\cdots\cdots\cdots\cdots\cdots\cdots\cdots\cdots 式 7.70$$

② 外曲げ引張判定

$$\gamma_a \cdot \omega_{bo} \leq \omega_{boc} / \gamma_b \quad \cdots\cdots\cdots\cdots\cdots\cdots\cdots\cdots\cdots\cdots\cdots\cdots\cdots\cdots\cdots 式 7.71$$

ここに、

ω_{bs} ：内曲げ角度
ω_{bsc} ：限界内曲げ角度
ω_{bo} ：外曲げ角度
ω_{boc} ：限界外曲げ角度
γ_a ：構造解析係数
γ_b ：部材係数

〈 参 考 文 献 〉

1）㈳日本水道協会：水道施設耐震工法指針・解説、2009年版、平成21（2009）年7月
2）㈳日本水道協会：水道施設耐震工法指針・解説、1997年版、平成9（1997）年3月
3）㈮日本下水道協会：下水道施設の耐震対策指針と解説、2014年版、平成26（2014）年6月
4）㈳日本ガス協会・ガス工作物等技術基準調査委員会：高圧ガス導管液状化耐震設計指針（JGA指－207－01）、2001年
5）㈳日本道路協会：道路橋示方書・同解説、V 耐震設計編、平成24（2012）年

第8章

地盤変状に対する管路耐震設計計算法

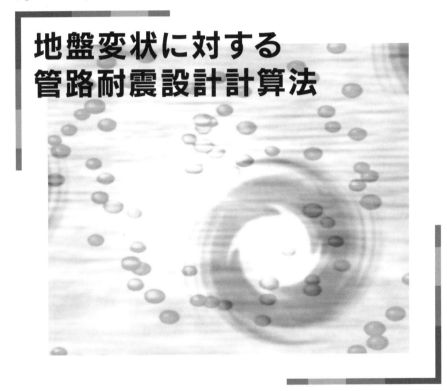

第8章
地盤変状に対する管路耐震設計計算法

1 地盤変状

　地震波動以外の地盤の動きを一般に地盤変状と呼んでいる。地震波動伝播による地盤の動的動きが停止した場合には、地盤は元の位置に戻る。しかし、地盤変状の場合には、永久変位とも呼ばれ、原位置から移動した状態で停止する。第7章では液状化設計について述べたが、液状化発生による、地盤の水平流動変位、間隙水が流出した後の地盤沈下変位は液状化地盤変状である。また、第9章で述べる断層運動による、水平・鉛直永久変位も地盤変状である。さらに、軟弱地盤の地震動揺れに伴う圧密による地盤沈下、地層構造の不整形に伴う揺れの相違による地盤変状も存在する。さらに、法面・斜面・地すべりにおける地盤の流動に伴う永久変位も地盤変状である。地盤変状の要因と発生現象について図8.1に示す。

図8.1　地盤変状の要因と現象

2 管路耐震設計計算式

　液状化、断層運動による地盤変状についてはそれぞれ第7章、第9章で述べるが、本章では、埋立・盛土の沈下、地層急変部での変状、法面、護岸近傍などにおける地盤変状の地中管路耐震設計について記述する。なお、本章では、水道施設耐震工法指針・解説（以下、水道指針）[1) 2)]、下水道施設の耐震対策と解説（以下、下水道指針）[3)] から抽出して記述する。水道指針および下水道指針では、これらの管路埋設地点での地盤変状変位や地盤ひずみの推定法、および変位やひず

みの吸収方法が課題となる。一方、中低圧ガス導管耐震設計指針（以下、ガス指針）[4]では、中・低圧導管について、基本的に水平・鉛直方向に対して、標準設計変状地盤変位5 cmの吸収方法を提示しており、他の変状に対する規定はない。ガス指針[4]については、第3章5.3を参照されたい。

項目	水道指針[1) 2)]	下水道指針[3)]
液状化・活断層地盤変状以外の地盤変状	地震対策として下記の場所を指定 盛土、埋立土、法肩法先、厚い軟弱層、地層急変部、護岸近傍、傾斜地盤 **継手による地盤変位吸収** 図8.2 継手による地盤変状の吸収 継手構造管路・ダクタイル管（管軸方向の地盤変位吸収（1997年版）） 伸縮離脱防止継手（伸縮量：管長×±β％、n個） 可撓継手（曲げ角度：θ°、伸縮量±a、M個） 管長をL 地盤の変形$\varepsilon_G \cdot L$ $\varepsilon_G \cdot L < n \cdot \beta \cdot \ell + M \cdot a$ ……… 式8.1 満足しない場合は長尺伸縮継手使用を検討 長尺伸縮離脱防止継手（伸縮量：±b）個数（N） $N = \dfrac{\varepsilon_G \cdot L - n \cdot \beta \cdot \ell - M \cdot a}{b}$ ……… 式8.2	地層急変部、浅層不整形地盤をモデル化して計算式を示している **地層急変部** 図8.3 硬軟地盤の急変部 $\delta = \varepsilon_{ga2} \cdot \ell$ ……… 式8.3 δ ：地盤の硬軟の急変部の抜出し量 (m) ε_{ga2} ：硬軟境界部に生じるひずみ 　　（レベル1地震動≒0.25％、レベル2地震動≒0.5％） ℓ ：管の有効長 (m)

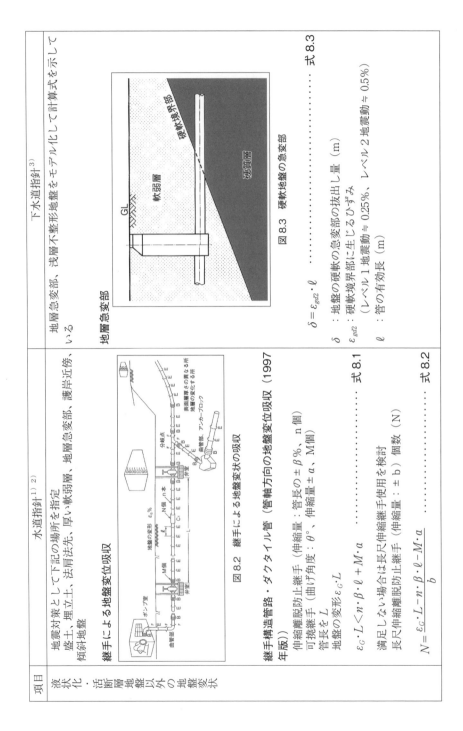

第8章 地盤変状に対する管路耐震設計計算法

項目	水道指針[1),2)]	下水道指針[3)]
液状化・活断層以外の地盤変状	各々の継手の抜出し阻止力は管路の摩擦力より大 継手構造管路・ダクタイル管の管軸方向の地盤変位吸収 $\varepsilon_G \cdot L < n \cdot \beta \cdot L_p$ ……………… 式8.4 ここに， ε_G：地盤ひずみ L：地盤ひずみが生じる範囲の距離（m） n：対象とする管路長内にある継手数（個） β：継手の伸縮量／管1本の長さ L_p：管1本の長さ（m） 上記を満足できない場合，管路に作用する管と土との摩擦力が一つの継手で引張できる継手の離脱防止力よりも小さいことを確認する $F_p > \pi \cdot D \cdot \alpha \cdot \tau \cdot L_a$ ……………… 式8.5 ここに， F_p：継手の離脱防止力（kN） D：管の外径（m） α：摩擦力の低減係数 τ：管と地盤の摩擦力（Pa） L_a：一つの継手で引張ることができる最大管路延長（m）	浅層不整形地盤 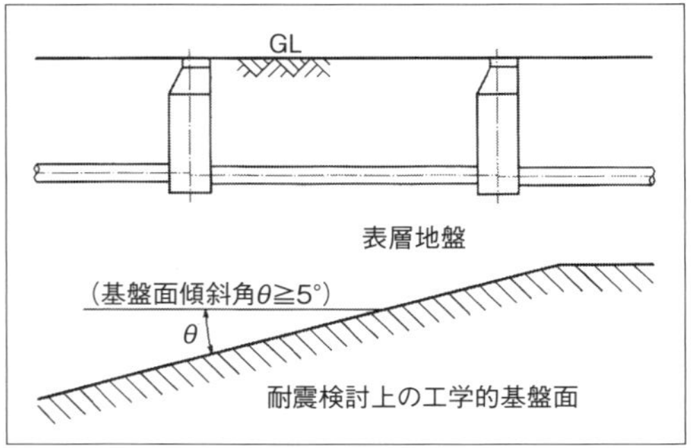 図8.4 浅層不整形地盤モデル （基盤面傾斜角 $\theta \geq 5°$） GL 表層地盤 耐震検討上の工学的基盤面 $\delta = \varepsilon_{G2} \cdot \ell$ ……………… 式8.6 $\varepsilon_{G2} = \sqrt{\varepsilon_{G1}^2 + \varepsilon_{G3}^2}$ ……………… 式8.7 δ：浅層不整形地盤での抜出し量（m） ℓ：管の有効長（m） ε_{G2}：浅層不整形地盤における地盤ひずみ ε_{G1}：設計地点上の工学的基盤における一様地盤ひずみ ε_{G3}：耐震検討地点に差が生じて発生するひずみで，浅層不整形基盤面の傾斜角が大きい場合に応答ひずみ，$\varepsilon_{G3} = 0.3\%$（耐震検討上の工学的基盤面の傾斜角 $\theta \geq 5°$ に適用）とする

項目	水道指針[1), 2)]	下水道指針[3)]
液状化・活断層以外の地盤変状	継手構造管路・ダクタイル管の管軸直角方向の地盤変位吸収 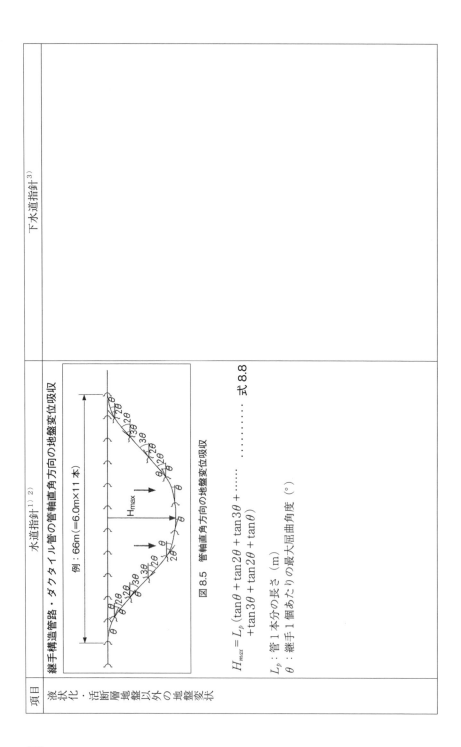 図 8.5 管軸直角方向の地盤変位吸収 $H_{max} = L_p(\tan\theta + \tan 2\theta + \tan 3\theta + \cdots$ $+ \tan 3\theta + \tan 2\theta + \tan\theta)$ ……… 式 8.8 L_p：管1本分の長さ (m) θ：継手1個あたりの最大屈曲角度 (°)	

第8章 地盤変状に対する管路耐震設計計算法

項目	水道指針[1] [2]	下水道指針[3]
液状化・活断層地盤以外の地盤変状	一体構造管路・鋼管の地盤変位吸収（1997年版） (1) 護岸近傍側方変位 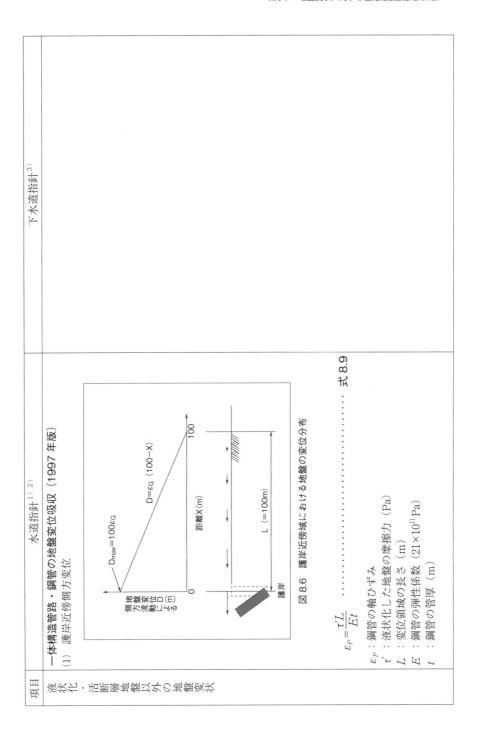 図8.6 護岸近傍域における地盤の変位分布 $$\varepsilon_P = \frac{\tau' L}{Et} \quad \cdots\cdots \text{式 8.9}$$ ε_P：鋼管の軸ひずみ τ'：液状化した地盤の摩擦力（Pa） L：変位領域の長さ（m） E：鋼管の弾性係数（21×10^{11} Pa） t：鋼管の管厚（m）	

261

項目	水道指針[1), 2)]	下水道指針[3)]
液状化・活断層地盤以外の地盤変状	ε_P が鋼管の引張降伏ひずみ (ε_y) を超える場合 $$\varepsilon_P = \frac{\tau' L}{\kappa E t} + \left(1 - \frac{1}{\kappa}\right)\varepsilon_y \quad \cdots\cdots\cdots\text{式 8.10}$$ κ：鋼管の引張領域におけるひずみ硬化特性値 (2) 傾斜地盤側方変位 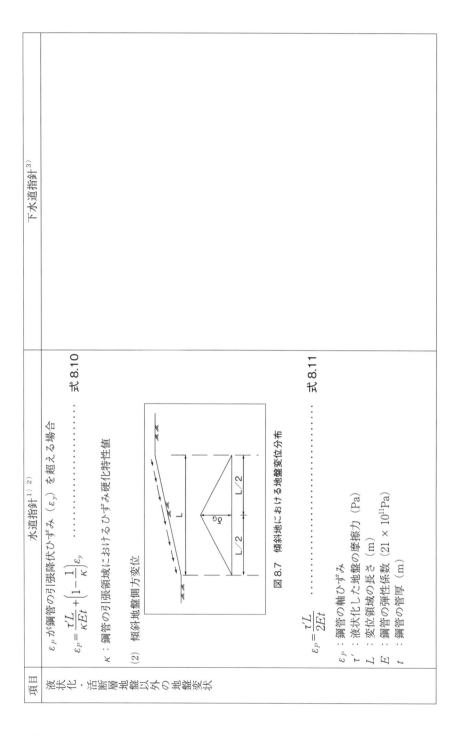 図 8.7 傾斜地における地盤変位分布 $$\varepsilon_P = \frac{\tau' L}{2 E t} \quad \cdots\cdots\cdots\text{式 8.11}$$ ε_P：鋼管の軸ひずみ τ'：液状化した地盤の摩擦力 (Pa) L：変位領域の長さ (m) E：鋼管の弾性係数 (21×10^{11}Pa) t：鋼管の管厚 (m)	

第8章 地盤変状に対する管路耐震設計計算法

項目	水道指針[1), 2)]	下水道指針[3)]
液状化・活断層地盤以外の地盤変状	ε_Pが鋼管の圧縮降伏ひずみ (ε_y) を超える場合 $\varepsilon_P = \dfrac{\tau L}{2\kappa E t} + \left(1 - \dfrac{1}{\kappa}\right)\varepsilon_y$ ……… 式8.12 κ：鋼管の圧縮領域におけるひずみ硬化特性値 ($\kappa = 0.1$) **一体構造管路・鋼管の管軸方向の地盤変位吸収** 管材の降伏ひずみを超えると下記の式を用いる $\varepsilon_p = \dfrac{\tau_{cr} \cdot L}{E \cdot t}$ ……………………………… 式8.13 ここに、 ε_p：鋼管の軸ひずみ τ_{cr}：管と周辺地盤間ですべりが発生する時のすべり開始限界せん断応力 (kN／m²) E：鋼管の弾性係数 (kN／m²) t：鋼管の管厚 (m) L：変位領域の長さ (m)	

項目	水道指針[1) 2)]	下水道指針[3)]
液状化・活断層以外の地盤変状	地盤条件に応じて表 8.1 の不均一度係数を考慮する **表 8.1 地盤の不均一度係数 η** | 不均一の程度	不均一度係数	地盤条件
均一	1.0	洪積地盤、均一な沖積地盤
不均一	1.4	層厚の変化がやや激しい沖積地盤、普通の丘陵宅造地
極めて不均一	2.0	河川流域、おぼれ谷などの非常に不均一な沖積地盤、大規模な切土・盛土の造成地 | ※ 洪積地盤であっても平坦でない地形の場合は、不均一な地盤とみなす	

第8章 地盤変状に対する管路耐震設計計算法

項目	水道指針[1), 2)]			下水道指針[3)]
安全性照査	表 8.2 耐震性能と照査基準			地震対策 変位量の吸収 照査基準値 (1) レベル1地震動 　水密性の保持を前提条件として、管材料の最大許容値に安全性を見込んだ値 (2) レベル2地震動 　土砂の流入が起こらないことを前提条件として、管材料の最大許容値
	耐震性能	耐震性能1	耐震性能2	
	レベル1地震動の耐震性能[※1]	ランクA1、ランクA2	ランクB	
	レベル2地震動の耐震性能	—	ランクA1、ランクA2	
	一体構造管路の照査基準	(原則として弾性域検討) 管体ひずみ≦許容ひずみ	(塑性域検討) 管体ひずみ≦許容ひずみ	
	継手構造管路の照査基準[※2]	(管体：弾性部伸縮量≦ 設計照査用最大伸縮量) 継手部伸縮量≦ 設計照査用最大伸縮量	(管体：弾性域検討) 継手部伸縮量≦ 設計照査用最大伸縮量	
	※1：液状化等の地盤変状により地盤ひずみが著しく増大する場合、レベル1地震動に対する埋設管路の耐震性能の照査は、ランクA1、A2であっても耐震性能2を満足することを照査する ※2：離脱防止機能を有する鎖構造管路は、一つの継手の継手伸縮量が設計照査用最大伸び量を超えた場合でも、隣接する管を引張ることで管路全体として地盤変位を吸収できるため、これを照査するものとする			

〈 参 考 文 献 〉

1）(社)日本水道協会：水道施設耐震工法指針・解説、2009年版、平成21（2009）年7月
2）(社)日本水道協会：水道施設耐震工法指針・解説、1997年版、平成9（1997）年3月
3）(公社)日本下水道協会：下水道施設の耐震対策指針と解説、2014年版、平成26（2014）年6月
4）(社)日本ガス協会：ガス導管耐震設計指針、一般（中・低圧）ガス導管耐震設計指針、昭和57（1982）年3月

第9章

断層と地中管路

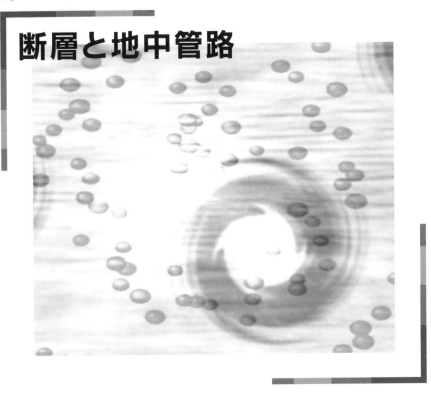

第9章
断層と地中管路

1 水道施設耐震工法指針・解説(2009)[1]における断層の取り扱い

　断層近傍域では、過去の地震において埋設管路に甚大な被害が発生していること、大きな地盤ひずみが発生する可能性が高いことから[2]、水道施設耐震工法指針・解説（2009）[1]では、断層近傍域において布設される埋設管路については、地盤条件にかかわらず、原則として耐震性能の高い管路を用いることとしている。

　1995年の兵庫県南部地震では、野島断層において地表面に約2mの断層変位が発生したが、幸いにもそれを横断する構造物やライフラインがほとんどなく、断層変位に伴う被害は僅かであった。しかし、1999年トルココジャエリ地震、1999年台湾集集地震等では、地表面に数m～10mの断層変位が生じ、それに伴い構造物や大口径の埋設管路に大きな被害が生じている[3]。したがって、活断層を横断する重要な大口径管路については、断層変位を考慮することとする。

1.1　断層横断部の埋設管路の対応方法
　断層横断部の埋設管路の対応方法としては、想定される断層変位に対応可能な変形性能を埋設管路に確保させる方法と、被害が発生した場合のバックアップルートを確保する方法がある。

　前者については、神戸市における会下山断層を横断する大容量送水管の対策事例[4]や、横須賀市における武山断層を横断する送水管の対策事例[5]および大阪府の有馬高槻構造断層を横断する送水管の対策事例[6]があり、それらでは想定される断層横断部に複数の伸縮可撓管を設置することで対応している。また、高田ら[7]により、断層変位により鋼管に発生する最大ひずみの計算式が提案されており、設計においてはこれらを参考にしてもよい。

　後者については、地理的特性や水道システム全体を考慮してバックアップルートを確保することが重要である。

1.2 断層変位の算定方法

活断層の情報については、国内の主要な活断層の情報は公開されており[8]、これらの情報から活断層の位置、断層長さ等を設定してもよい。活断層の傾斜角、すべり量等のパラメーターが明らかな場合には、断層の破壊過程を予測する断層モデルを用いた数値シミュレーションにより、理論的に断層変位を求めることができる。簡易的な手法としては、断層長さ等から断層変位を求める推定式が提案されている[9]。

表9.1には、水道施設耐震工法指針・解説（2009）[1]に示されている断層解析法を示している。

表9.1 断層解析手法[1]

評価手法		地震動評価手法の特徴	利点○ 欠点×	諸特性の扱い		
				震源	伝播	サイト
経験的方法		多数の地震観測記録を統計的に処理して求められた回帰モデルを用いて予測する手法。地震動最大値やスペクトル、波形の経時特性など対象ごとに回帰モデルを作成する	○観測値の平均的特性を反映した予測値が得られる ×断層の破壊過程やサイト固有の特性を反映することは難しい	統計	統計	統計
半経験的方法	経験的グリーン関数	予測地点で得られた中小地震観測記録を要素波とし、断層の破壊過程に基づいてこれを多数重ね合わせて大地震時の地震動を評価する手法	○断層の破壊過程とサイト固有の特性を反映した予測が可能 ×観測記録がないと評価できない	理論と観測	観測	観測または理論
	統計的グリーン関数	多数の地震観測記録を処理して求められた平均的特性を有する要素波を作成し、断層の破壊過程に基づいてこれを多数重ね合わせて大地震時の地震動を評価する手法。地盤増幅特性は別途考慮する	○観測記録がなくても評価可能、震源の破壊過程を反映した予測が可能 ×サイト特性のうち盆地の影響の評価が難しい	理論と統計	統計	理論または統計
理論的方法		理論に基づいて震源特性を求め、地震波の伝播特性と表層地盤の増幅特性を弾性波動論により理論的に計算し評価する手法。表層のサイト特性は経験的に求めたものを利用することも可能	○断層の破壊過程および盆地の影響を反映したやや長周期域の地震動を精度良く予測可能 ×多くの情報が必要。短周期帯域での地震動の評価は困難	理論	理論	理論または統計

2 下水道施設の耐震対策指針と断層変位

下水道施設の耐震対策指針と解説（2014）[10]では断層については言及していない。

3 高圧ガス導管耐震設計指針[11]における断層検討

高圧ガス導管耐震設計指針[11]では、高圧ガス管路敷設地域に断層の「有」「無」「不明」によって、設計地震動をⅠ、Ⅱ、Ⅲに区分して、断層を配慮しているが、

地震動のレベルに違いがあっても、地表断層変位については言及していない。図9.1には、設計地震動Ⅰ、Ⅱ、Ⅲを区分するプロセスを示している。また、断層

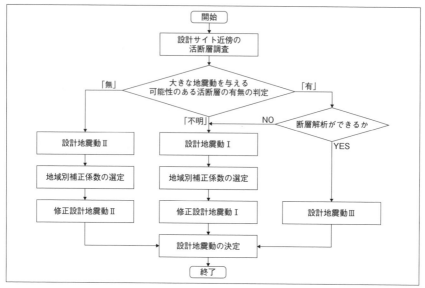

図 9.1　断層の有無による設計地震動の決定プロセス[11]

表 9.2　断層の有無、不明の判断基準[11]

判定区分	判定方法
「有」	・活断層からの距離、マグニチュードを考慮した場合に活断層有の範囲に入る場合
「無」	・活断層からの距離、マグニチュードを考慮した場合に活断層無の範囲に入る場合
「不明」	・厚い堆積層に覆われている平野部で活断層がないことが確認されていない場合 ・首都圏の地下のように3つのプレートの境界が集まって複雑な地体構造となっている場合

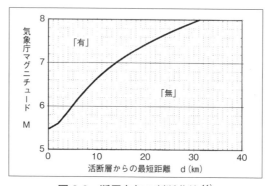

図 9.2　断層有無の判断曲線[11]

の有無、不明の判断は表9.2 および図9.2 による。

図9.2 は司・翠川の減衰曲線から、地表面速度が60kine 以下となる気象庁マグニチュードと活断層からの最短距離の組合せから判断したものである。なお、司・翠川の式は下記で与えられる[12]。

$$\log PGV_{b600} = 0.58 M_W + 0.0038 D + d - 1.29 \\ - \log(X + 0.0028 \cdot 10^{0.50 MW}) - 0.002 X$$

················ 式9.1

PGV_{b600} ：S波速度600 m／s 相当の硬質地盤上における最大速度（cm／s）
M_W ：モーメントマグニチュード
D ：震源深さ（km）
d ：地震のタイプ別係数
　　　地殻内地震　　$d = 0$
　　　プレート間地震　$d = -0.02$
　　　プレート内地震　$d = 0.12$
X ：断層最短距離（km）

$$\log ARV = 1.83 - 0.66 \log AVS \quad (100 < AVS < 1{,}500)$$

··········· 式9.2

ARV：基準地盤上面に対する地表の速度増幅度
AVS：地表から地下30 m までの推定平均S波速度（m／s）

$$\log M_O = 1.17 M_J + 10.72$$

······································· 式9.3

$$\log M_O = 1.5 M_W + 9.1$$

·· 式9.4

$$M_W = 0.78 M_J + 1.08$$

·· 式9.5

M_O ：地震モーメント（N・m）
M_J ：気象庁マグニチュード
M_W ：モーメントマグニチュード

4 ALA 指針における管路断層設計 [13)]

ALA (American Lifeline Alliance) の水道管路指針 [13)] では、正逆断層に対して、地表最大断層変位量 MD あるいは平均断層変位量 AD とモーメントマグニチュード M の関係を式9.6、式9.7で与えている。

$$MD = -7.03 + 1.03M \quad \cdots\cdots\cdots \text{式 9.6}$$

$$\log_{10}(AD) = -6.32 + 0.90M \quad \cdots\cdots\cdots \text{式 9.7}$$

M：モーメントマグニチュード
MD：地表最大断層変位量（m）
AD：地表平均断層変位量（m）

断層と管路の交差角が β、交差位置からアンカー位置までの距離が L_a、設計断層変位が PGD の時、管路変形を円弧と仮定して、管路ひずみ（連続管路）ε_{pipe}、継手変位（継手管路）Δ_{joint} を式9.8、式9.9で与えている（図9.3参照）。

連続管路

$$\varepsilon_{pipe} = 2\left[\frac{PGD}{2L_a}\cos\beta + \frac{1}{2}\left(\frac{PGD}{2L_a}\sin\beta\right)^2\right] \quad \cdots\cdots\cdots \text{式 9.8}$$

継手管路

$$\Delta_{joint} = \frac{PGD}{2}\cos\beta \quad \cdots\cdots\cdots \text{式 9.9}$$

ε_{pipe}：管路ひずみ
Δ_{joint}：継手変位
PGD：設計断層変位
β：交差角
L_a：有効固定長

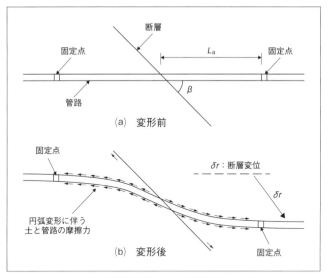

図 9.3　断層変位による管路設計モデル

〈参考文献〉

1) ㈳日本水道協会：水道施設耐震工法指針・解説、2009 年版、平成 21（2009）年 7 月
2) 高田至郎：断層を横断するパイプラインの被害写真集、㈱水道産業新聞社、2003 年
3) Takada S., A.Liu, S.Katagiri, B.J.Shih and Che.J.: Numerical simulation on the behavior of polyethylene pipeline under fault movement in Ji-Ji earthquake, ㈶建設工学研究所論文報告集、第 43-B 号、pp.13-23、2001
4) 神戸市水道局・(一財)建設工学研究所・高田至郎：大容量送水管、第 2 報資料、2005 年
5) 大保直人・古谷　俊・高松　健：断層を横切るシールドトンネルの断面方向の地震応答特性、第 25 回地震工学研究発表会講演論文集、1999 年
6) 大阪広域水道企業団・中田耕介：「大阪府域水道」への取組み―大容量送水管における断層用鋼管の採用―、JWWA、水道研究発表会、2013 年
7) Takada S., N.Hassani, and K.Fukuda: A new proposal for simplified design method of buried pipelines crossing active fault, Earthquake Engineering and Structural Dynamics, vol.30, 1243-1257, 2001.
8) 文部省地震調査研究推進本部：活断層の追加・補完調査、2005-2015
9) ㈳土木学会・原子力土木委員会断層変位評価小委員会、研究報告書、2015 年 7 月
10) (公社)日本下水道協会：下水道施設の耐震対策指針と解説、2014 年版、平成 26（2014）年 6 月
11) ㈳日本ガス協会：高圧ガス導管液状化耐震設計指針、2004 年 3 月
12) 司　宏俊、翠川三郎：断層タイプおよび地盤条件を考慮した最大加速度・最大速度の距離減衰式、日本建築学会構造系論文報告集、[523] 63-70、1999 年
13) FEMA：Seismic Guideline for Water Pipelines, ALA,2005

第 10 章
津波と地中管路

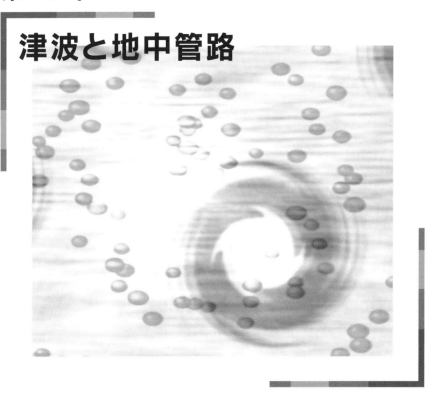

第 10 章
津波と地中管路

1 下水道施設の耐震対策指針と解説（日本下水道協会）における耐津波設計

1.1 基本的考え方

　津波に対する地中管路の設計は検討が始まったばかりである。2014 年に制定された下水道施設の耐震対策指針と解説[1]にのみ、耐津波設計と耐津波対策が記述されている。本章では下水道施設の耐震対策指針と解説[1]の内容を紹介する。図 10.1 には、耐津波対策の全体フローを示している。

　地中管路の耐津波設計の詳細は未検討であるが、津波により、下水道管路施設が被災しても、早期に機能回復ができることを主目的として、BCP（事業継続計

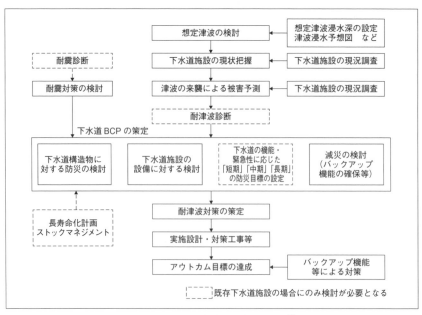

図 10.1　耐津波対策の検討手順[1]

画）の策定に重点を置いている。

図 10.1 において、想定津波は「最大クラスの津波」として、想定津波浸水深は都道府県知事が公表する「津波浸水想定」とすることを原則としている[2]。**表 10.1** には耐津波対策の基本を示した。

要求性能は、「人命を守る」と「下水道機能の確保」に分類されて、後者はハードとソフトの対策に分類されている。

また、対策の基準となる津波浸水深は**図 10.2** の通りである。

図 10.2 における最大浸水深は**式 10.1** で与えられる。

$$h_{fmax} = h_b + \frac{V_b^2}{2g} \quad \cdots\cdots\cdots\cdots\cdots\cdots\cdots\cdots\cdots\cdots\cdots\cdots\cdots 式 10.1$$

h_{fmax}：想定津波最大浸水深（せき上げを考慮）（m）
h_b　：想定津波浸水深（せき上げを非考慮）（m）
V_b　：津波の流速（m／秒）

表 10.1　耐津波対策の基本（総括）[3)4)5]

要求機能		対策
人命を守る（避難機能の確保）		構造物の倒壊を防ぐための対策
	甚大な被害[※2]が想定される津波高への対応	津波浸水想定より高い構造物の設置、高台等への避難（自然地形の高台、津波避難タワー等）
下水道機能の確保（揚水機能：消毒機能・水処理機能等）	ハード対策	重点化範囲内の対策[※1] 「耐水化」：開口部の閉塞、耐津波壁化、構造物および設備の高所への移設、防波盛土、防護壁　等 「防水化」：防水扉の設置、設備機器の防水化　等
	ソフト対策	重点化範囲外の対策 バックアップ機能の活用、重層的補完機能の活用　等

※1　「耐水化」と「防水化」による対応を組合せることにより、重点化範囲（区画）内のハード対策の実行性を高め、下水道機能（要求機能）を確保する
※2　津波浸水想定（せき上げを考慮）が下水道施設内の建物よりも高く、避難が困難な場合

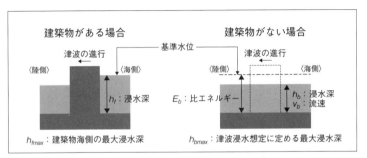

図 10.2　基準となる津波浸水深[6]

g　：重力加速度（m／秒^2）

2　管路施設の耐津波設計[1)]

　管路施設における耐津波対策は、「最大クラスの津波」である「津波浸水想定」に対し検討を行う。

　陸域（サービスエリア）が浸水しない場合は、吐口からの津波の逆流によりマンホール蓋部からの溢水を防止するため、ゲート等の逆流防止対策のほか、吐口での対策が困難な場合等にはマンホール蓋部等の飛散防止対策や溢水防止対策を行うことを基本とする。この場合、対策範囲は吐口からの逆流により動水勾配線が地表に出る管路を対象としている。

　陸域（サービスエリア）が浸水する場合は、管路施設での対応が困難であり、他事業者と連携した海水の排除が最優先の対応となる。

2.1　管路施設の要求性能[1)]

　管路施設についての耐津波要求性能を**表10.2**に示す。要求性能は、浸水しない場合（要求性能1および2）と浸水する場合（要求性能3）に分類される。浸水しない場合は流下機能の確保が原則であり、浸水する場合には安全性と他施設への影響阻止が目標となる。

表10.2　管路施設の耐津波性能

対象津波	耐津波性能1	耐津波性能2	耐津波性能3
最大クラスの津波	陸域（サービスエリア）が浸水しない場合		陸域（サービスエリア）が浸水する場合
	流下機能※を確保できる性能（逆流を防止する性能）	安全性を確保し、速やかに最低限の流下機能を回復できる性能（逆流を耐水する性能）	安全性を確保し、他の施設等への影響や二次災害が防止される性能

※　「特に重要な幹線等」では、交通機能を確保できる性能を有すること

2.2　管路施設の津波被害例[1)]

　2011年東日本大震災では下記のような管路被害がみられた。

① 河川横断部の被害

　津波の衝撃により、水管橋が流出する被害や津波で流された船等の衝突によって、添架管が破損・被害が発生した。

② マンホール蓋部および斜壁等の飛散・破損、流出

　津波の河川遡上等により、吐口等からの逆流が発生し、それに伴う被圧により、

マンホール蓋部および斜壁の飛散・破損・土砂、瓦礫の侵入による流下機能の被害等が発生した。
③ マンホールポンプの機能停止
　マンホールポンプへの津波の浸水により、制御盤等設備機器の損傷で機能停止が発生した。

　被害事例から配慮される管路施設別の対策例を**表10.3**に示している。
　なお、津波による逆流や浸水被害が発生した場合、海水が管路内に流入することになる。復旧作業に遅れが生じるとコンクリート製の管材などは塩害を受ける可能性が高い。塩害を受けた管路は、劣化の進行が早く、被災後、管路の劣化に起因する道路陥没などが発生するおそれがある。このため、管路内に海水の浸入が予想される地域に布設する管路は、耐腐食性能の高い管材を用いることが望ましい。

表10.3　管路施設別の津波対策例[1]

施設	機能	主な津波対策例
水管橋	流下機能	・下越し横断構造に変更 ・耐津波構造に補強 ・ソフト対応
吐口	逆流防止機能	・緊急遮断弁の設置 ・フラップゲートの設置
マンホール蓋部および斜壁等	交通確保機能	・飛散防止蓋の設置 ・斜壁等の補強 ・ソフト対応
マンホールポンプ	揚水機能	・制御盤等設備機器を浸水しない場所に設置 ・制御盤等設備機器に強固な防水対策を実施 ・電源喪失時の緊急電源の確保（発電設備の備蓄） ・仮設ポンプの配置 注　マンホールポンプの津波対策は、津波浸水深等の状況を踏まえ選定する必要がある（制御盤等設備機器の高所への移設や防水化等）
河川横断部	流下機能	・流域間のネットワーク化・ループ化 ・バックアップ路線の設置

2.3　管路施設の耐津波設計[1]

(1)　設計荷重

　下水道施設の耐震対策指針と解説[1]では、管路の耐津波設計で考慮する設計荷重例として、ダム・堰施設技術基準（案）（**表10.4**）等を参考に、津波波圧を設定している[7]〜[11]。

表 10.4　水門扉の設計荷重 [12) 13)]

原則として考慮する荷重	必要に応じて考慮する荷重
静水圧、自重、開閉力	泥圧、波圧、浮力、風荷重
地震時動水圧	雪荷重、温度荷重、氷圧
地震時慣性力	水衝撃、津波荷重、その他の荷重

(2) 波圧の算定例

波圧としては、一般に風の波浪による波圧があり、必要に応じて考慮する。

本波圧については、計画水域における沖波を基に、浅海域での波の変形計算により扉体に作用する波の諸元を推定して、次の合田の式[8) 12)]によって求められる（図 10.3）。

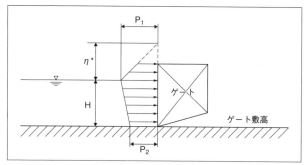

図 10.3　扉体に作用する波圧[8)、12)]

$$P_1 = \frac{1}{2}(1+\cos a)\left[0.6+\frac{1}{2}\{4\pi H/L\sinh(4\pi H/L)\}^2\right]W_0 H_D \cdots 式 10.2$$

$$P_2 = \frac{P_1}{\cosh(2\pi H/L)} \cdots 式 10.3$$

$$\eta^* = 0.75(1+\cos a)H_D \cdots 式 10.4$$

ここに、

P_1：静水面における波圧（Pa）
P_2：ゲート敷高における波圧（Pa）
a：ゲート面に対する垂線と波の入射方向とのなす角（°）

H ：ゲート面における水深（m）
L ：水深hにおける波長（m）
W_O：水の単位体積重量（N／m³）
H_D：ゲート面における進行波としての波高（m）
η^*：静水面から波圧強度が0となる点までの高さ（m）

なお、防潮水門等では津波や高潮による波圧を別途考慮する必要がある。

2.4 管路の耐津波対策[1]

具体的に下水道施設の耐震対策指針と解説[1]における耐津波対策は下記のようである。

(1) 水管橋の流出対策

津波の遡上による被害が想定される水管橋は、津波高さに対して桁下空間を確保すること、津波の影響を受けにくいような構造的工夫を施すこと、復旧しやすいようにすることなどの配慮が求められる。なお、河川の横断部分を下越し構造とすることも検討する。

また、津波被害を想定した下水道BCPを策定し、津波後の対応を強化しておく必要がある。とくに河川横断部が被災すると、河川構造物との取り合いやその施工手順など、復旧に多大な時間を要することから、流域間のネットワーク化やループ化、バックアップ路線の設置などを検討しておく必要がある。

(2) 吐口部の逆流防止対策

津波の逆流が想定される合流式吐口や分流式雨水吐口には、逆流防止対策として、樋門や緊急遮断弁、フラップゲートを設置する。設置にあたっては、海岸管理者や河川管理者等の占用許可権者と協議の上、海岸整備計画や河川整備計画との整合を図ることが重要である。

(3) マンホールの蓋および斜壁等の飛散や破損等の対策

マンホールの蓋および斜壁等の飛散により、土砂や瓦礫が管きょに侵入する。これにより、マンホールや管きょが閉塞し、流下機能への影響や交通機能への影響が懸念されるほか、マンホール蓋等が飛散した場合には人が転落する危険性も

ある。このため、津波により、マンホールの蓋および斜壁等の飛散が想定される場合には、飛散防止蓋の設置や斜壁等を補強しておく必要がある。

(4) マンホール形式ポンプ場の機能停止対策

　沿岸部に位置するマンホール形式ポンプ場には、耐津波対策を講じておくとともに、津波被害を想定した下水道BCPを策定し地震後の対応を強化しておく必要がある。津波による浸水から制御盤等の設備機器を守るための浸水対策や防水対策に加えて、電源喪失時の緊急電源の確保（発電設備の備蓄）、仮設ポンプの配置などの対策を考えておく必要ある。

〈 参 考 文 献 〉

1) (公社)日本下水道協会：下水道施設の耐震対策指針と解説、2014年版、平成26（2014）年6月
2) 国土交通省水管理・国土保全局海岸室、国土交通省国土技術政策総合研究所河川研究部海岸研究室：津波浸水想定の設定の手引き ver.2.00、平成24（2012）年10月
3) 津波防災地域づくりに係る技術検討会：津波防災地域づくりに係る技術検討報告書、平成24（2012）年1月27日
4) 下水道地震・津波対策技術検討委員会：下水道地震・津波対策技術検討委員会報告書、平成24（2012）年3月
5) 国土交通省河川局治水課：浸水想定区域図作成マニュアル、平成17（2005）年6月
6) 国土交通省住宅局：東日本大震災における津波による建築物被害を踏まえた津波避難ビル等の構造上の要件に係る暫定指針、平成23（2011）年11月17日国住指第2570号【別添】
7) 津波避難ビル等に係るガイドライン検討会、内閣府政策統括官（防災担当）：津波避難ビル等に係るガイドライン、平成17（2005）年6月
8) 朝倉良介ほか：護岸を越流した津波による波力に関する実験的研究、土木学会海岸工学論文集、第47巻、pp.911-915、2000年
9) 国土交通省国土技術政策総合研究所、(一社)建築性能基準推進協会、(独)建築研究所協力：津波避難ビル等の構造上の要件の解説、平成24（2012）年2月
10) (公社)日本港湾協会：港湾の施設の技術上の基準・同解説 上・下、平成19（2007）年7月
11) 国土交通省港湾局：防波堤の耐津波設計ガイドライン、平成25（2013）年9月
12) (社)ダム・堰施設技術協会：ダム・堰施設技術基準（案）（技術解説編・マニュアル編）、平成23（2011）年7月
13) 東京大学生産技術研究所：平成23年度 建築基準整備促進事業「40. 津波危険地域における建築基準等の整備に資する検討」中間報告書その2、平成25（2011）年10月

第 11 章
農水・電力通信管路の耐震設計基準

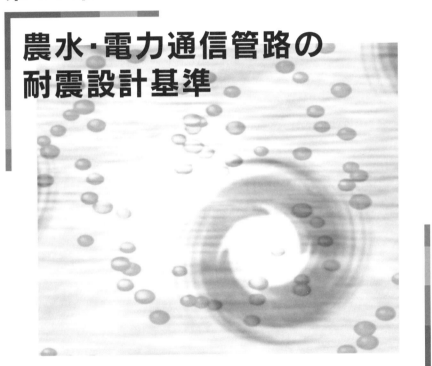

第11章
農水・電力通信管路の耐震設計基準

1 農水管路[1)2)]

　農水関連管路に関しては、平成16年（2004年）3月制定の土地改良施設　耐震設計の手引き[1)]、平成21年（2009年）3月制定の土地改良計画事業計画設計基準及び運用・解説設計、「パイプライン」[2)]が現存している。両基準とも農林水産省農村振興局整備部設計課の監修で、前者は農業土木学会、後者は農業農村工学会の発行となっている。両者の管路耐震設計基準は、1997年日本水道協会発行の水道施設耐震工法指針・解説[3)]と同様である。

　指針では施設の重要度をA、B、Cの3種類に分類している（表11.1）。Cについては耐震設計をせず、A、Bはレベル1地震動では健全性を維持し、レベル2地震動については、Aのみについて、致命的な損傷を防止するための耐震設計を要求している。健全性と致命的な損傷については、表11.2の定義による。

　農水管路では、強化プラスチック複合管FRPMが多用される。FRPM（Forced Resin Plastic Miscellaneous）はFRP（強化樹脂プラスチック）と樹脂モルタル

表11.1　パイプラインの重要度区分と耐震性能[2)]

重要度区分	地震動レベル	レベル1地震動	レベル2地震動（タイプⅡ）
A	耐震性能	健全性を損なわない	致命的な損傷を防止する
A	耐震設計	耐震設計を行う	耐震設計を行う
B	耐震性能	健全性を損なわない	―（対象としない）
B	耐震設計	耐震設計を行う	―（耐震設計を行わない）
C	耐震性能	―（対象としない）	―（対象としない）
C	耐震設計	―（耐震設計を行わない）	―（耐震設計を行わない）

表11.2　耐震性能の定義[2)]

耐震性能	定義（損傷度）
健全性を損なわない	設計通水能力を維持できること（設計水圧によって計画最大流量を流せる）
致命的な損傷を防止する	圧力管路を維持できること（静水圧で漏水を生じない）

(Resin Mortar) とを複合した管であり、FRP あるいは FRPM 管と呼ばれる。FRPM 管の種類を表 11.3 および表 11.4 に示した。また、外力荷重保証値を表 11.5 に示している[2]。

表 11.3 強化プラスチック複合管の種類[2]

強さによる区分		試験内圧 (MPa)	形状による区分 (mm)				用途
			B形 (呼び径)	C形 (呼び径)	D形 (呼び径)	T形 (呼び径)	
内圧管	1種	2.6	500 ～ 3,000	200 ～ 3,000	200 ～ 2,400	500 ～ 3,000	主に地中に埋設する圧力管路に使用される
	2種	2.1					
	3種	1.4					
	4種	1.0				―	
	5種	0.5					

注 1) B形、C形、T形：成形がフィラメントワインディング成形方法によるもの
2) D形：成形が遠心力形成方法によるもの

表 11.4 内挿用強化プラスチック複合管の種類[2]

強さによる区分		試験内圧 (MPa)	呼び径	用途
内挿用内圧管	3種	1.4	600 ～ 3,000	シールド・トンネル内配管やパイプ・イン・パイプ工法で施工する圧力管路に使用される
	4種	1.0		
	5種	0.5		

表 11.5 強化プラスチック管複合管 (FRPM) の外力荷重保証値[2]

呼び径 (mm)	試験外圧 (kN／m)					管厚 (mm)	
	内圧管					B形、C形、T形	D形
	内圧 1 種	内圧 2 種	内圧 3 種	内圧 4 種	内圧 5 種		
200	46.6	45.7	40.9	35.1	33.2	7	10
250	43.0	42.1	37.7	32.4	30.6	7.5	10.5
300	43.6	42.7	38.5	33.3	31.5	8	11
350	42.2	41.4	37.3	32.3	30.6	8.5	11.5
400	44.0	43.2	39.0	34.2	32.6	9	12
450	43.6	42.8	38.7	33.9	32.3	9.5	12.5
500	46.7	45.9	41.9	37.2	35.5	10	13
600	56.0	55.0	50.3	44.6	42.6	12	15.5
700	65.4	64.2	58.7	52.0	49.7	14	18
800	74.7	73.4	67.1	59.5	56.8	16	20
900	84.1	82.6	75.5	66.9	63.9	18	22
1,000	93.4	91.7	83.9	74.3	71.0	20	25
1,100	103	101	92.2	81.8	78.1	22	28
1,200	112	110	101	89.2	85.2	24	31
1,350	126	124	113	100	95.9	27	34
1,500	140	138	126	111	107	30	37
1,650	154	151	138	123	117	33	41
1,800	168	165	151	134	128	36	45
2,000	187	183	168	149	142	40	49
2,200	205	202	184	164	156	44	54
2,400	224	220	201	178	170	48	59
2,600	243	239	218	193	185	52	―
2,800	262	257	235	208	199	56	―
3,000	280	275	252	223	213	60	―

表 11.6　FRPM 管の耐震設計計算と照査例[2]

項目				レベル 1	レベル 2
管体応力 (N/mm^2)	常時	設計内圧によるもの	σ_{Pi}	1.530	1.530
		自動車荷重（T-25）	σ_{P0}	0.627	0.627
	地震時		σ'_x	0.061	0.509
	発生応力合計			2.218	2.666
	許容応力		σ_a	7.35	7.35
	安全率			15.44	4.20
継手伸縮量 (mm)	常時	設計内圧によるもの	e_i	0.70	0.70
		自動車荷重によるもの	e_0	0.29	0.29
		温度変化によるもの	e_t	2.40	2.40
		不同沈下によるもの	e_d	0.67	0.67
	地震時		$|u_i|$	2.35	19.50
	発生伸縮量合計			6.41	23.56
	設計照査用最大伸び量		δ_a	99	99
	安全率			3.25	2.76
継手屈曲角度	地震時		θ	0° 0′ 32″	0° 4′ 23″
	（参考）接合時の許容曲げ角度		θ_a	2° 30′	2° 30′

　水道施設耐震工法指針・解説[3]と同様な計算法で継手管路として耐震計算を行った計算例を表 11.6[2]に示した。

2　電力・通信管路

2.1　電力管路[4][5]

(1)　電力施設と被害

　図 11.1 には地動と津波による 2011 年東日本大震災における電力管路の被災を示している[5]。被災の主原因は地すべりによる地盤破壊と液状化である。変電所内のセラミック材料機器や管路が破損している。東日本大震災後には電力施設は、地震動レベル A、B および施設の重要度に応じて、施設 I、施設 II に分類された。表 11.7 には施設の要求性能を示している[6]。

　コンクリート巻き管路 AP とポリコン FRP 管 PFP は主に送電線収容管路として使用される。農水管路では FRPM の名称が用いられ、電力管では FRP が用いられるので、本稿でもその表記に従う。配電線収容管路は AP、PFP プレハブ管路 PD が使われる。PD と鉄製管路 KGP は埋設管路として使用される。鉄筋コンクリート管とセラミック管路も多く現存している。送電管路を表 11.8 に示している[8]。

第11章 農水・電力通信管路の耐震設計基準

(a) 275kV 送電鉄塔での碍子被害

(b) 66kV 送電管路の被害

(c) 変電所における碍子被害

(d) 液状化による電柱傾斜

図 11.1　東日本大震災における電力施設の被害[5)6)]

表 11.7　電力施設の要求性能[7)]

項目	施設Ⅰ	施設Ⅱ
施設	ダム、LNGタンク、オイルタンク	発電建屋、タービン、ボイラー、送配電施設、給電所、電力制御施設
レベルA地震動での要求性能	それぞれの施設に甚大な被害を与えない	それぞれの施設に甚大な被害を与えない
レベルB地震動での要求性能	人命に影響を与えない	代替あるいはバックアップシステムによって送電機能は長期にわたって停止しない

レベルA：施設の供用期間中に2〜3回発生する一般的な地震動
レベルB：発生確率は低いが、直下地震あるいは海洋地震による高レベル地震動

表 11.8　送電線収容管路[8)]

	送電管（154kV 以上）	送電・配電線（77kV 以下）	給電線
管路	φ150mmの12条 AP 管	φ150mmの12条 AP 管 φ150mmの12条 PFP 管	φ150mm1の6条 PD 管 φ125mm1の12条 AP 管 φ125mm1の KGP 管

図11.2に示すように、AP管はコンクリートボックス内に収容される。他管種に比較して、耐震性は高い。PFP管は強度が高く、ガラスファイバー材料が使用されている。材料の層管にはレジンモルタルが用いられている。継手には雨水の侵入を防ぐためにラバーリングが用いられる。PFP管の断面図を図11.3に示した。PD管は多孔管路で多条・多段管路となっており、φ75、125 mm管路が用いられる。図11.4にはPD管の継手部を示した。KGP管は一般構造用鋼鉄部材SS400が用いられる。継手部を図11.5に示した。

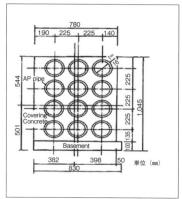

図11.2　AP管　　　　　　図11.3　PFP管

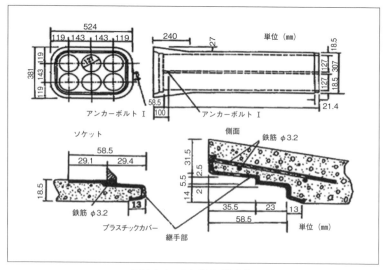

図11.4　PD管と継手部

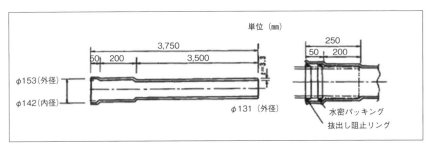

図 11.5　KGP 管

(2) **耐震設計**

　電線ケーブルを収容する施設は管路式と洞道式に区分される。液状化、断層、地割れなどが地震時に発生しない限り、一般に地震による管路内ケーブルへの影響は、上下水道、ガス管路に比較して小さいと考えられている。管路設計は応答変位法に基づいて行われ、地盤ひずみを吸収する能力のある管路構造を用いている。地震時に影響の大きい地盤の地域を配慮してルート選定を行うとともに、鋼管、ポリコン管 PFP などを使用して、管路に可撓性をもたせている。一般に個別路線ごとの耐震設計はされていない。

　洞道式（図 11.6）についても応答変位法を採用した耐震設計となっている。洞道式はシールド洞道と開削洞道に区分されるが、前者ではコンクリート製セグメントの補強として配筋量の増加、マンホールとの取付け部に可撓性セグメントを用いている。後者では、液状化の影響検討が必要な場合には、共同溝設計指針[9]に準拠した耐震設計を行っている。

　なお、地中管路以外の変電所機器、基礎などの電力施設の耐震設計では、**表**

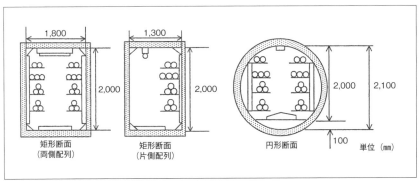

図 11.6　洞道式電力ケーブル収容と最小内空寸法[10]

表 11.9 電力地上機器の耐震設計[10]

屋外用碍子			共振3波法による動的解析、水平加速度 3 m/sec²
屋外変圧器	ブッシング	地震との共振の可能性がある場合	共振3波法による動的解析、水平加速度 5 m/sec²
		地震との共振の可能性がない場合	擬共振法による静的解析
	変圧器本体 アンカーボルト		静的水平加速度 5 m/sec²
屋内用機器	碍子形 変圧器 開閉装置 計器用変成器 電力用ケーブルヘッド	地階・1階機器	屋外と同様
		2階以上	建物応答を考慮した個別設計
その他設備	所内用電源装置	1階以下	静的設計、水平加速度 5 m/sec²
	配電盤	3階以下	静的設計、水平加速度 15 m/sec²
	圧縮空気発生装置	1階以下	静的設計、水平加速度 5 m/sec²
標準地盤以外の場合			個別設計 共振2波法、水平加速度 3 m/sec² または実地震波 屋内用機器は建物との連成配慮

11.9 に示すように、一般に正弦波共振3波法が用いられている[10]。

地上機器の耐震設計レベルから判断して、管路類の応答変位法に用いる速度応答スペクトルは、重要施設については共同溝設計指針[9]に対応する地震動を配慮している。

2.2 通信管路[4) 5)]

(1) 通信施設・管路

通信施設は屋内・屋外施設に区分される。図 11.7 に示すように、屋内施設は点的施設で、通信タワー、通信制御機器類である。屋外施設は線的施設で、トンネル、管路、ケーブル、電柱などである。線的施設は、通信機能の信頼性向上のためにネットワーク特性を考慮して建設される。地下施設は、洞道と管路設備に

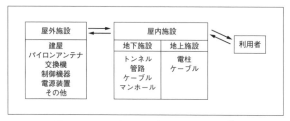

図 11.7 屋内および屋外通信施設[4]

分類される。さらに管路設備は、$\phi 75\,\text{mm}$の管路と$\phi 300 \sim 600\,\text{mm}$の中口径管に分類される。前者は地下1～2mに開削工法で埋設され、後者は3～5mの深い地表下に非開削推進工法で埋設される。中口径管は耐震性能を有する差し込み継手管路である。通信ケーブル収容管路として、ポリエチレン被覆鋼管TPS、ダクタイル管DCIP、硬質塩化ビニル管PVCが主に使用されている。1955年～1965年頃には、ジュート巻鋼管SA、石綿管AS、鋳鉄管CIP、コンクリート管CP、セラミックP管等が使用された。AS管、CP管、P管などの耐震的に脆弱な管路について、耐震管への布設替えが進んでいる。通信ケーブルは多条・多段の$\phi 75\,\text{mm}$管路内に収容されており、約200m間隔のマンホールやハンドホールで接続される。

図11.8には管路-マンホール系、図11.9には種々の耐震性能の高いケーブル収容管路・継手を示している。また、図11.10は液状化、地盤沈下、橋梁・建物際などの対策ケーブル収容管路を示している。

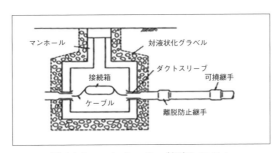

図11.8 マンホール・管路システム

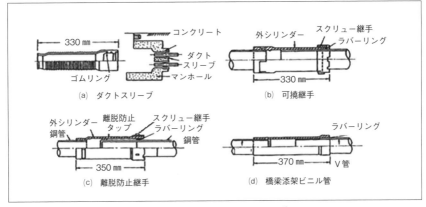

図11.9 ケーブル収容管路[4]

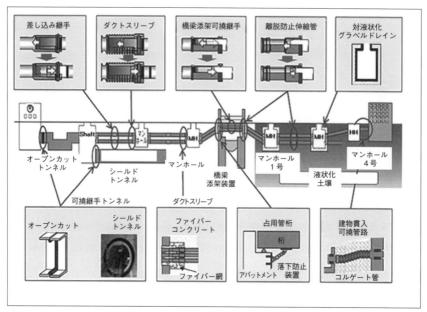

図 11.10　通信管路の耐震化[4) 5)]

(2) ケーブル収容管路被害

図 11.11 は東日本大震災時の通信管路の被害である。図 11.11(a)は建物貫通部の PVC 管被害、図 11.11(b)は橋梁アバットメントの管路沈下被害、図 11.11(c)は津波浸水による屋内施設交換機器の被害、図 11.11(d)は津波波力による電柱の倒壊である。

(3) 管路耐震設計 [11)~14)]

NTT では、兵庫県南部地震後の 1996 年に検討された中口径管路の耐震設計基準以降は、大幅な改訂を行っていないが、その後の種々の地震における管路被害データを分析して、1996 年指針で十分な管路安全性を確保できることを確認している。1996 年指針の中口径管差し込み継手の耐震設計法について述べる。

想定地震外力は地震波動および地盤変状である。地盤変状は、液状化による地盤の水平変位および沈下、軟弱地盤の沈下、橋台盛土の沈下、地割れ、が考慮されている。

(a) 硬質塩化ビニル管被害

(b) 橋梁添架部硬質塩化ビニル管被害

(c) 津波浸水による電力・機器被害

(d) 津波による電柱倒壊

図 11.11　東日本大震災における通信管路被害[11)12)13)]

(i) 地震波動に対する設計法

① 周期

地盤種別に応じて周期を設定している。共同溝設計指針[9)]に従って、地盤種別を4種に区分している（表11.10）。

表 11.10　地盤種別に対応する周期と波長

地盤種別	1	2	3	4
V_{bs} (m/sec)	300	300	300	300
V_s (m/sec)	250	200	150	100
T (sec)	0.15	0.30	0.50	0.70
L (m)	45	72	100	105

② 波長

$$L = \frac{2L_1 \cdot L_2}{L_1 + L_2} \quad \cdots \quad \text{式 11.1}$$

$$L_1 = T \cdot V_s , \ L_2 = T \cdot V_{bs} \ \cdots\cdots\cdots\cdots\cdots\cdots\cdots\cdots\cdots\cdots\cdots\cdots\cdots\cdots\cdots 式11.2$$

ここに、

V_{bs} ：基盤におけるせん断波速度

V_s ：表層におけるせん断波速度

L ：設計に用いる波長

L_1 ：表層における波長

L_2 ：基盤における波長

③ 波動振幅

地震波動は管路軸方向に伝播する正弦波1成分波動を考慮している。ガス導管耐震設計指針と同様な波動であるが、波長が周期によって変化する分散性は考慮していない。すなわち

$$U = U_h \sin \frac{2\pi}{L} x \ \cdots\cdots\cdots\cdots\cdots\cdots\cdots\cdots\cdots\cdots\cdots\cdots\cdots\cdots\cdots 式11.3$$

地盤ひずみεは次式である。

$$\varepsilon = \frac{2\pi U_h}{L} \ \cdots\cdots\cdots\cdots\cdots\cdots\cdots\cdots\cdots\cdots\cdots\cdots\cdots\cdots\cdots\cdots\cdots 式11.4$$

波動振幅は、石油パイプライン技術基準（案）と同様に次式で与えられる。

$$U_h = \frac{2}{\pi^2} T \cdot S_V \cdot k_{0h} \ \cdots\cdots\cdots\cdots\cdots\cdots\cdots\cdots\cdots\cdots\cdots\cdots\cdots\cdots 式11.5$$

ここに、

U_h ：地盤変位振幅（cm）

k_{0h} ：基盤における震度

S_V ：単位震度あたりの速度応答振幅（cm／sec）

T ：地震時の地盤の固有周期（sec）

④ 速度スペクトル

図11.12に示す応答速度スペクトルを採用している。日本各地で観測され

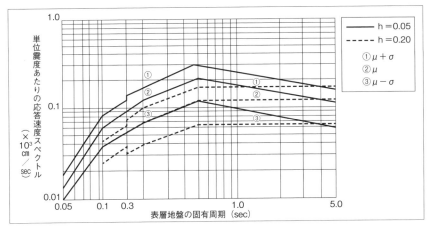

図 11.12　通信管路の管路耐震設計速度応答スペクトル

表 11.11　共同溝設計指針との比較

	文献 14) の入力波動	共同溝設計指針	
S_V (cm/sec)	33 ※1	24 ※2	※1　単位震度あたりの速度応答振幅 165（cm/s）に基盤震度 0.2 を乗じている
L (m)	105	105	
U_h (cm)	4.68	3.40	
ε (×10⁻⁴)	28.0	20.3	※2　A地域の設計応答速度を使用

た強震動記録から応答速度スペクトルを計算し、平均値 μ と分散値 σ を求めて、$\mu \pm \sigma$ を上下限値としている。単位震度あたりの平均値最大は 200kine、σ は 100kine である。

第 4 種地盤、$\mu + \sigma$ スペクトルを採用した入力地盤ひずみと、共同溝設計指針[9]を用いた入力地盤ひずみを表 11.11 に比較している。

⑤　応答計算法

　応答計算は、ERAUL プログラム[15]を用いて、数値計算を行い、管体応力、

表 11.12　設計に用いる地盤ばね値

外力	地盤ばね値
波動	$q_{F0} = \pi q_{L0} = 6\text{N}/\text{cm}^2$ $k_{L0} = k_{F0}/\pi = 7\text{N}/\text{cm}^3$ $\delta_{F0} = \delta_{L0} = q_{L0}/k_{L0} = 0.28\text{cm}$
軟弱地盤	地盤反力係数 k_{FS}、k_{LS} は一般地盤の 1/3 と仮定
液状化・軸方向	$q_{L\ell} = q_{F\ell}/\pi = 0.6\text{N}/\text{cm}^2$ $k_{L\ell} = k_{F\ell}/\pi = 0.7\text{N}/\text{cm}^3$
液状化・直交方向	$q_{F\ell}$ を $2\text{N}/\text{cm}^2$、初期の地盤反力係数 $k_{F\ell}$ を一般地盤の 1/10 として $2.2\text{N}/\text{cm}^3$ 降伏変位 $\delta_{F\ell}$ は 0.91cm

ひずみ、継手伸縮、回転を算出している。解析モデルについては、後述の地盤変状設計と合わせて述べる。なお、ERAUL プログラム計算に必要な地盤のばね係数を表 11.12 に示す。

k ：単位面積あたりの地盤反力係数（N／cm³）
q ：単位面積あたりの降伏後地盤抵抗力（N／cm²）
K ：単位長さあたりの地盤反力係数（N／cm²）
Q ：単位長さあたりの降伏後地盤抵抗力（N／cm²）
δ ：地盤の降伏変位（cm）
　　下付添字1番目　L：軸方向、F：軸直交方向
　　下付添字2番目　0：一般地盤、s：軟弱地盤、ℓ：液状化地盤

⑥　安全性照査

波動については許容応力度で照査して、基準値は常時荷重の 1.5 倍で設定している。鋼管材料の許容値は高圧ガス導管耐震設計指針[16]に準じている。また、波動伝播での継手変位は計算の結果、極めて小さい値であり、照査対象としていない。座屈許容ひずみと引張許容ひずみは以下のようである。

圧縮ひずみ：$\varepsilon_c = 35 t_e / D_m$（％）　　　　　　　　　　　　　…………………………… 式 11.6
引張ひずみ：$\varepsilon_t = 3$（％）

t_e：管厚さ

(ii) **地盤変状に対する設計**

① 地盤変状設計外力

1964 年新潟地震、1983 年日本海中部地震時に液状化した地盤を対象に、NTT 施設のマンホール間の変位差から地盤ひずみを分析して、入力地盤変状変位は水平 200cm、鉛直 50cm に設計値を設定している。また、軟弱地盤沈下については、NTT 施設における過去の軟弱地盤沈下量データより 30cm に設定、橋台裏盛土沈下量は土木研究所資料および NTT 施設実測データより 50cm、地割れ量は 1978 年宮城県沖地震資料[17]および田邊・高田論文[18]を参考に 20cm としている。表 11.13 に上記の結果をまとめた。

② 設計応答値

表 11.13　波動・地盤変状の設計目標値

地震による外力	設計目標値
地震波動	$\varepsilon = 28.1 \times 10^{-4}$ $U = 4.68\,\text{cm}$　$L = 105\,\text{m}$ （4種地盤での震度Ⅳ相当の地盤ひずみ）
液状化による地盤の水平変位	200 cm
液状化による地盤の沈下	50 cm
軟弱地盤沈下	30 cm
橋台裏盛土の沈下	50 cm
地割れ	20 cm

表 11.14　地震安全性照査値

対象管路	管体断面力・ひずみ	継手伸縮
中口径管路	圧縮ひずみ：$\varepsilon_c = 35 t_e / D_m$ (%) 引張ひずみ：$\varepsilon_t = 3$ (%) t_e：管厚(cm)、D_m：管の平均直径(cm)	終局継手伸縮量 （各管路の実験による）
溶接継手管	同上	同上

　2つのタイプ（差し込み継手管、溶接継手管）の中口径管路では、管軸直角方向については軟弱地盤沈下および液状化浮力、管軸方向では液状化水平変位の応答値が高い値となることが指摘されている。しかし、**表 11.12** に示す照査値と比較して、いずれも安全性を確保していることが知られている。

③　安全性照査

　地盤変状については、管路材料降伏値を超える非線形挙動を勘案して、終局耐震性能について安全性照査を行っている（**表 11.14**）。

(ⅲ)　設計解析モデル

　図 11.13 に通信管路の設計解析モデルを示している。解析には ERAUL プログラム[15] を用いている。

　地震波動に対しては、管軸方向あるいは管軸直交方向に所定の振幅、周期を持つ正弦波動を与えて管応力、継手応答を求めている。地盤ひずみは 0.28% である。普通地盤の地割れによる引抜き変位として 20 cm を与えて計算している。また、液状化地盤では、沈下量 50 cm を与えて、非液状化地盤との境界領域での管応答を計算している。この際、液状化地盤では地盤ばね値を普通地盤の 1 / 10 程度を仮定している。液状化による流動変位として、マンホール間の 200 m で 2 m の相対変位を与えて、地盤ばねの分布形状をマンホール間で、**図 11.13** に示すよ

うに仮定している。このようなモデルに対する応答計算をERAULプログラムで行うことによって応答値を計算して、安全性の照査を確認している。

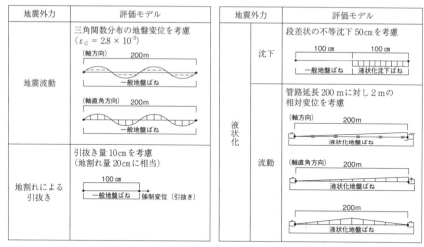

図11.13　ERAULプログラムによる通信差し込み継手設計解析モデル

〈参考文献〉

1) (社)農業土木学会：土地改良施設 耐震設計の手引き、平成16 (2004) 年3月
2) (社)農業農村工学会：土地改良事業計画設計基準及び運用・解説設計、「パイプライン」、平成21 (2009) 年3月
3) (社)日本水道協会：水道施設耐震工法指針・解説、1997年版、平成9 (1997) 年3月
4) 高田至郎：ライフライン地震工学、共立出版、pp.146-151、pp.67-72、1991年3月
5) Takada S. and N. Hassani：Lifeline Earthquake Engineering~Lessons from 1995 Kobe and 2011 East Japan earthquake, Farhang Shenasi Press, 2015
6) 東京電力(株)：東日本地震における電力供給施設の復旧報告書、2014年
7) ESCJ (Electric Power System Council of Japan)：電力系統が受けた大震災の影響とその対応、2011年8月
8) (財)地震予知綜合研究会：地下構造物の地盤変状対策に関する調査研究報告書（NTTつくばフィールドセンター調査委託)、昭和52 (1977) 年10月
9) (社)日本道路協会：共同溝設計指針、昭和61 (1986) 年3月
10) (社)土木学会・丸善(株)：都市ライフラインハンドブック、電力、pp.310-317、平成22 (2010) 年3月
11) NTT：NTT研究開発この1年 (2010年報)、基盤設備の維持・高度化（通信地下設備の耐震技術）、通信ネットワーク技術、2010年
12) 榊　克美、竹下勝弥、田中宏司ほか：管路設備の効果的な補修・補強技術、NTT技術ジャーナル、2014年8月
13) 榊　克美、田中宏司ほか：地震災害から通信設備を守る耐震技術、NTT技術ジャーナル、2014年8月
14) 又木慎治・出口大志・中野雅弘・鈴木崇伸・友永則雄：通信用中口径管路設備の耐震設計法の検

計、土木学会構造工学論文集、Vol.42 A、1996年3月
15) 髙田至郎、片桐　信、孫　建生、山下淳志：液状化地盤の沈下を受ける地中管路の挙動に関する研究、土木学会論文集、No.422／Ⅰ-14、1990年10月
16) ㈳日本ガス協会：高圧ガス導管耐震設計指針、一般（中・低圧）ガス導管耐震設計指針、昭和57(1982)年3月
17) ㈳日本道路協会：道路橋示方書・同解説、昭和55（1980）年5月
18) 田邊揮司良、髙田至郎：ライフライン解析のための地震時地盤沈下量の推定、土木学会論文集、1988年4月

第12章
管路耐震設計・計算事例

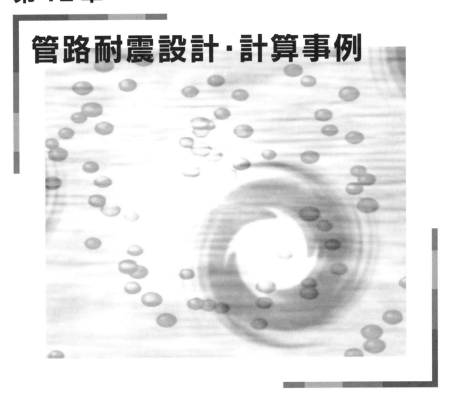

第12章
管路耐震設計・計算事例

本章では、水道管路および下水道管路について、現行耐震設計法（水道施設耐震工法指針・解説（以下、水道指針と略記）、下水道施設の耐震対策指針と解説（以下、下水道指針と略記））に基づいた計算例を示す。設計対象モデルと計算結果のみを示し、管種・表層厚の相異が結果に与える影響について考察する。耐震計算の詳細ステップについては、付録に記述している。

1 耐震計算対象モデル

1.1 地盤モデル

堆積年代	土質	表層地盤の厚さ H_g (m)	平均N値	単位体積重量 γ_t (kN/m^3)
沖積世	砂質土	10.0 および 50.0	5.0	18.0

1.2 耐震計算管路モデル

(1) 水道管路

管種	ダクタイル鋳鉄管 K形管
呼び径	300
外径 Bc (mm)	322.8
計算管厚 T (mm)	5.50
有効長 ℓ (mm)	6,000
断面積 A (cm^2)	54.83
断面係数 Z (cm^3)	427.62
断面二次モーメント I (cm^4)	6,901.81
弾性係数 E (N/mm^2)	160,000
ポアソン比 ν	0.28
線膨張係数 α	0.00001
許容応力（耐力） σ_a (N/mm^2)	270
継手の照査用最大伸び量 δ_a (cm)	4.5
継手の地震時最大屈曲角度 θ_a	5°

管種	水道配水用ポリエチレン管
呼び径	150
外径　Bc（mm）	180
計算管厚　T（mm）	16.4
断面係数　Z（cm³）	316.5
断面二次モーメント　I（cm⁴）	2,848.37
弾性係数　E（N／mm²）	1,000
ポアソン比　ν	0.47
線膨張係数　a	0.00013
使用限界許容ひずみ　ε_{a1}（％）	3.0
終局限界許容ひずみ　ε_{a2}（％）	3.0

（2）　下水道管路

管種	硬質塩化ビニル管　　K-1 推進工法用硬質塩化ビニル管　K-6
呼び径	300
外径　Bc（mm）	318
内径　D（mm）	298.2
管厚　t（mm）	9.9
有効長　ℓ（mm）	4,000
断面積　A（cm²）	95.82
断面係数　Z（cm³）	715.85
断面二次モーメント　I（cm⁴）	11,381.99
弾性係数　E（N／mm²）	2,942
使用限界屈曲角　θ_{a1}（°）	2°
使用限界抜出し量　δ_{a1}（cm）	3.1
終局限界屈曲角　θ_{a2}（°）	5°
終局限界抜出し量　δ_{a2}（cm）	6.2
使用限界引張強さ　σ（N／mm²）	10.8
終局限界引張強さ　σ_a（N／mm²）	45

※　マンホール接続部は、K-1 マンホール継手を使用。

1.3　入力地震動

活動度	A 地域または A1 地域
入力地震動	レベル 1 およびレベル 2

2 水道管路の耐震計算結果

2.1 ダクタイル鋳鉄管　K形　φ300　土被りH＝1.20m　表層地盤の厚さ H_g ＝ 10.0 m

本管路の耐震計算は、水道指針のダクタイル鋳鉄管の場合（継手構造管路）の計算法により設計される。

設計地震動			
地震動		レベル1	レベル2
地盤条件と地盤定数			
表層地盤の固有周期	T_G（s）	0.461	0.461
表層地盤の厚さ	H_g（m）	10.000	10.000
表層地盤の設計応答スペクトル	S_V, S_V'（m／s）	0.769	0.582
基盤面における設計水平震度	K_{h1}''	0.150	―
表層地盤の動的せん断弾性波速度	V_{SD}（m／s）	86.768	86.768
基盤層の動的せん断弾性波速度	V_{SDB}（m／s）	334.291	334.291
地盤振動の波長	L（m）	63.514	63.514
表層地盤の単位体積重量	γ_{teq}（kN／m³）	18.000	18.000
地盤の剛性係数 K_{g1} に対する定数	C_1	1.5	1.5
地盤の剛性係数 K_{g2} に対する定数	C_2	3.0	3.0
管きょの軸方向の地盤の剛性係数	K_{g1}（kN／㎡）	20,742	20,742
管きょの軸直交方向の地盤の剛性係数	K_{g2}（kN／㎡）	41,485	41,485
地盤の応答変位			
地盤の不均一度係数	η	1.4	1.4
管きょ中心深度における地盤の水平変位振幅	U_h（mm）	14.74	74.38
管きょの軸方向の地盤変位の伝達係数	a_1	0.82852	0.82852
管きょの軸直交方向の地盤変位の伝達係数	a_2	0.99997	0.99997
軸方向の軸力の補正係数	ξ_1	0.11750	0.11750
軸直交方向の曲げモーメントの補正係数	ξ_2	1.07860	1.07860
管体応力の検討（伸縮可撓継手がある場合）			
内圧による軸方向応力	σ_{pi}（N／mm²）	10.500	10.500
自動車荷重による軸方向応力	σ_{po}（N／mm²）	16.978	16.978
地震動による軸方向応力	σ_L（N／mm²）	11.356	40.079
地震動による曲げ方向（軸直交方向）応力	σ_B（N／mm²）	4.018	20.274
重畳係数	γ	3.12	―
地震動による合成応力	σ_X（N／mm²）	20.457	44.915
［常時＋地震時］による管体応力	σ（N／mm²）	47.935	72.393
許容応力（耐力）	σ_a（N／mm²）	270.000	270.000
判定（$\sigma \leq \sigma_a$）		○	○
継手伸縮量の検討			
内圧による継手伸縮量	e_i（mm）	0.394	0.394
自動車荷重による継手伸縮量	e_o（mm）	0.637	0.637
温度変化による継手伸縮量	e_t（mm）	1.200	1.200
不同沈下による継手伸縮量	e_d（mm）	0.667	0.667
地震動による軸方向継手伸縮量	$|u_j|$（mm）	4.016	20.361
［常時＋地震時］による継手伸縮量	δ（mm）	6.914	23.259
継手の照査用最大伸び量	δ_a（mm）	45.000	45.000
判定（$\delta \leq \delta_a$）		○	○
継手屈曲角の検討			
地震動による継手屈曲角度	θ	0°2′59″	0°15′1″
継手の地震時最大屈曲角度	θ_a	5°	5°
判定（$\theta \leq \theta_a$）		○	○

2.2 ダクタイル鋳鉄管　K形　φ300　土被り H=1.20 m　表層地盤の厚さ H_g = 50.0 m

設計地震動			
地震動		レベル1	レベル2
地盤条件と地盤定数			
表層地盤の固有周期	T_G (s)	2.304	2.304
表層地盤の厚さ	H_g (m)	50.000	50.000
表層地盤の設計応答スペクトル	S_V, S_V' (m/s)	0.800	1.000
基盤面における設計水平震度	K_{h1}'	0.150	—
表層地盤の動的せん断弾性波速度	V_{SD} (m/s)	86.806	86.806
基盤層の動的せん断弾性波速度	V_{SDB} (m/s)	334.291	334.291
地盤振動の波長	L (m)	317.545	317.545
表層地盤の単位体積重量	γ_{teq} (kN/m³)	18.000	18.000
地盤の剛性係数 K_{g1} に対する定数	C_1	1.5	1.5
地盤の剛性係数 K_{g2} に対する定数	C_2	3.0	3.0
管きょの軸方向の地盤の剛性係数	K_{g1} (kN/m²)	20,742	20,742
管きょの軸直交方向の地盤の剛性係数	K_{g2} (kN/m²)	41,485	41,485
地盤の応答変位			
地盤の不均一度係数	η	1.4	1.4
管きょ中心深度における地盤の水平変位振幅	U_h (mm)	78.37	653.05
管きょの軸方向の地盤変位の伝達係数	α_1	0.99180	0.99180
管きょの軸直交方向の地盤変位の伝達係数	α_2	1.00000	1.00000
軸方向の軸力の補正係数	ξ_1	0.10000	0.10000
軸直交方向の曲げモーメントの補正係数	ξ_2	1.08265	1.08265
管体応力の検討（伸縮可撓継手がある場合）			
内圧による軸方向応力	σ_{pi} (N/mm²)	10.500	10.500
自動車荷重による軸方向応力	σ_{po} (N/mm²)	16.978	16.978
地震動による軸方向応力	σ_L (N/mm²)	12.304	50.540
地震動による曲げ方向（軸直交方向）応力	σ_B (N/mm²)	0.858	7.148
重畳係数	γ	3.12	—
地震動による合成応力	σ_X (N/mm²)	21.750	51.043
[常時＋地震時] による管体応力	σ (N/mm²)	49.228	78.521
許容応力（耐力）	σ_a (N/mm²)	270.000	270.000
判定 ($\sigma \leq \sigma_a$)		○	○
継手伸縮量の検討			
内圧による継手伸縮量	e_i (mm)	0.394	0.394
自動車荷重による継手伸縮量	e_o (mm)	0.637	0.637
温度変化による継手伸縮量	e_t (mm)	1.200	1.200
不同沈下による継手伸縮量	e_d (mm)	0.667	0.667
地震動による軸方向継手伸縮量	$|u_j|$ (mm)	4.337	36.182
[常時＋地震時] による継手伸縮量	δ (mm)	7.235	39.080
継手の照査用最大伸び量	δ_a (mm)	45.000	45.000
判定 ($\delta \leq \delta_a$)		○	○
継手屈曲角の検討			
地震動による継手屈曲角度	θ	0° 0′ 38″	0° 5′ 16″
継手の地震時最大屈曲角度	θ_a	5°	5°
判定 ($\theta \leq \theta_a$)		○	○

2.3　ポリエチレン管　φ150　土被り H = 1.20 m　表層地盤の厚さ H_g = 10.0 m

本管路の耐震計算は、水道指針の水道配水用ポリエチレン管の場合の計算法により設計される。

設計地震動			
地震動		レベル1	レベル2
地盤条件と地盤定数			
表層地盤の固有周期	T_G (s)	0.461	0.461
表層地盤の厚さ	H_g (m)	10.000	10.000
表層地盤の設計応答スペクトル	S_V, S_V' (m/s)	0.769	0.582
基盤面における設計水平震度	K_{h1}	0.150	—
表層地盤の動的せん断弾性波速度	V_{SD} (m/s)	86.768	86.768
基盤層の動的せん断弾性波速度	V_{SDB} (m/s)	334.291	334.291
地盤振動の波長	L (m)	63.514	63.514
地盤の応答変位			
管きょ中心深度における地盤の水平変位振幅	U_h (m)	0.01056	0.05326
地盤の不均一度係数	η	1.4	1.4
地震動により地盤に生じるひずみ	ε_{gd}	0.000731	0.003688
管きょの軸方向の地盤変位の伝達係数	a_1	1.00000	1.00000
管きょの軸直交方向の地盤変位の伝達係数	a_2	1.00000	1.00000
管体ひずみの検討			
内圧による軸方向ひずみ	ε_{pi} (%)	0.234	0.234
自動車荷重による軸方向ひずみ	ε_{po} (%)	0.087	0.087
温度変化による軸方向ひずみ	ε_t (%)	0.195	0.195
不同沈下による軸方向ひずみ	ε_d (%)	0.003	0.003
地震動による軸方向ひずみ	ε_L	0.000731	0.003688
地震動による曲げひずみ	ε_B	0.000013	0.000066
重畳係数	γ	3.12	—
地震動による合成ひずみ	ε_X (%)	0.129	0.369
［常時＋地震時］による管体ひずみ	ε (%)	0.648	0.888
使用限界許容ひずみ	ε_{a1} (%)	3.0	—
終局限界許容ひずみ	ε_{a2} (%)	—	3.0
判定 ($\varepsilon \leq \varepsilon_a$)		○	○

2.4　ポリエチレン管　φ150　土被り H = 1.20 m　表層地盤の厚さ H_g = 50.0 m

設計地震動			
地震動		レベル1	レベル2
地盤条件と地盤定数			
表層地盤の固有周期	T_G (s)	2.304	2.304
表層地盤の厚さ	H_g (m)	50.000	50.000
表層地盤の設計応答スペクトル	S_V, S_V' (m/s)	0.800	1.000
基盤面における設計水平震度	K_{h1}	0.150	—
表層地盤の動的せん断弾性波速度	V_{SD} (m/s)	86.806	86.806
基盤層の動的せん断弾性波速度	V_{SDB} (m/s)	334.291	334.291
地盤振動の波長	L (m)	317.545	317.545
地盤の応答変位			
管きょ中心深度における地盤の水平変位振幅	U_h (m)	0.05598	0.46650
地盤の不均一度係数	η	1.4	1.4
地震動により地盤に生じるひずみ	ε_{gd}	0.000775	0.006461

管きょの軸方向の地盤変位の伝達係数	α_1	1.00000	1.00000
管きょの軸直交方向の地盤変位の伝達係数	α_2	1.00000	1.00000
管体応力の検討（伸縮可撓継手がある場合）			
内圧による軸方向ひずみ	ε_{pi} （％）	0.234	0.234
自動車荷重による軸方向ひずみ	ε_{po} （％）	0.087	0.087
温度変化による軸方向ひずみ	ε_t （％）	0.195	0.195
不同沈下による軸方向ひずみ	ε_d （％）	0.003	0.003
地震動による軸方向ひずみ	ε_L	0.000775	0.006461
地震動による曲げひずみ	ε_B	0.000003	0.000023
重畳係数	γ	3.12	—
地震動による合成ひずみ	ε_X （％）	0.137	0.646
［常時＋地震時］による管体ひずみ	ε （％）	0.656	1.165
使用限界許容ひずみ	ε_{a1} （％）	3.0	—
終局限界許容ひずみ	ε_{a2} （％）	—	3.0
判定（$\varepsilon \leq \varepsilon_a$）		○	○

3　下水道管路の耐震計算結果

3.1　硬質塩化ビニル管　K-1　φ300　土被りH＝1.20 m　表層地盤の厚さH_g＝10.0 m

本管路の耐震計算は、下水道指針の差し込み継手管きょの計算法により設計される。

設計地震動			
地震動		レベル1	レベル2
地盤条件と地盤定数			
表層地盤の基本固有周期	T_G （s）	0.292	0.292
表層地盤の固有周期	T_S （s）	0.365	0.584
表層地盤の厚さ	H_g （m）	10.000	10.000
表層地盤の設計応答速度	S_V （m／s）	0.206	0.646
表層地盤の動的せん断弾性波速度	V_{SD} （m／s）	109.589	68.493
基盤層の動的せん断弾性波速度	V_{SDB} （m／s）	300.000	300.000
地盤振動の波長	L （m）	58.595	65.130
表層地盤の単位体積重量	γ_{teq} （kN／m³）	18.000	18.000
地盤の剛性係数K_{g1}に対する定数	C_1	1.5	1.5
地盤の剛性係数K_{g2}に対する定数	C_2	3.0	3.0
管きょの軸方向の地盤の剛性係数	K_{g1} （kN／m²）	33,088	12,925
管きょの軸直交方向の地盤の剛性係数	K_{g2} （kN／m²）	66,176	25,850
管きょ中心深度における地盤の水平変位振幅	U_h （mm）	14.89	74.71
地震動により地盤に生じるひずみ	ε_{gd}	0.000798	0.003604
地盤の応答変位			
管きょの軸方向の地盤変位の伝達係数	α_1	0.99513	0.98995
管きょの軸直交方向の地盤変位の伝達係数	α_2	1.00000	1.00000
軸方向の軸力の補正係数	ξ_1	0.77647	0.52047
軸直交方向の曲げモーメントの補正係数	ξ_2	1.00274	1.04072
管体応力の検討（伸縮可撓継手がある場合）			
地震動による軸方向応力	σ_L （N／mm²）	1.815	5.463
地震動による曲げ方向（軸直交方向）応力	σ_B （N／mm²）	0.080	0.338
重畳係数	γ	3.12	—
地震動による合成応力	σ_X （N／mm²）	3.207	5.473
使用限界引張強度	σ （N／mm²）	10.800	—
終局限界引張強度	σ_a （N／mm²）	—	45.000

判定（$\sigma_X \leq \sigma$, $\sigma_X \leq \sigma_a$）			○	○
地震動による管きょ継手部の影響				
地震動による継手部の屈曲角	θ		0° 5′ 2″	0° 25′ 19″
使用限界屈曲角	θ_{a1}		2°	—
終局限界屈曲角	θ_{a2}		—	5°
判定（$\theta \leq \theta_{a1}$, $\theta \leq \theta_{a2}$）			○	○
地震動による継手部の抜出し量	δ	(cm)	0.319	1.442
使用限界抜出し量	δ_{a1}	(cm)	3.1	—
終局限界抜出し量	δ_{a2}	(cm)	—	6.2
判定（$\delta \leq \delta_{a1}$, $\delta \leq \delta_{a2}$）			○	○
液状化に伴う管きょ継手部の影響				
永久ひずみによる継手部の抜出し量	δ	(cm)	—	6.000
判定（$\delta \leq \delta_{a2}$）			—	○
地盤沈下による継手部の屈曲角	θ		—	0° 20′ 38″
判定（$\theta \leq \theta_{a2}$）			—	○
地盤沈下による継手部の抜出し量	δ	(cm)	—	0.146
判定（$\delta \leq \delta_{a2}$）			—	○
傾斜地盤の場合の管きょ継手部の影響				
永久ひずみによる継手部の抜出し量	δ	(cm)	—	5.200
判定（$\delta \leq \delta_{a2}$）			—	○
地盤の硬軟急変化部を通過する場合の管きょ継手部の影響				
硬軟急変化部での継手部の抜出し量	δ	(cm)	—	2.000
判定（$\delta \leq \delta_{a2}$）			—	○
浅層不整形地盤を通過する場合の管きょ継手部の影響				
浅層不整形地盤における地盤ひずみ	ε_{G2}		—	0.004689
浅層不整形地盤での継手部の抜出し量	δ	(cm)	—	1.876
判定（$\delta \leq \delta_{a2}$）			—	○
地震動によるマンホール接続部の影響				
地表面での地盤の水平変位振幅	U_h	(m)	0.01524	0.07645
マンホール床付面での地盤の水平変位振幅	U_h	(m)	0.01462	0.07338
地震動によるマンホール接続部の屈曲角	θ		0° 1′ 8″	0° 5′ 49″
判定（$\theta \leq \theta_{a1}$, $\theta \leq \theta_{a2}$）			○	○

3.2　硬質塩化ビニル管　K-1　φ300　土被り H = 1.20 m　表層地盤の厚さ H_g = 50.0 m

設計地震動				
地震動			レベル1	レベル2
地盤条件と地盤定数				
表層地盤の基本固有周期	T_G	(s)	1.462	1.462
表層地盤の固有周期	T_S	(s)	1.828	2.924
表層地盤の厚さ	H_g	(m)	50.000	50.000
表層地盤の設計応答速度	S_V	(m／s)	0.240	0.800
表層地盤の動的せん断弾性波速度	V_{SD}	(m／s)	109.409	68.399
基盤層の動的せん断弾性波速度	V_{SDB}	(m／s)	300.000	300.000
地盤振動の波長	L	(m)	293.105	325.732
表層地盤の単位体積重量	γ_{teq}	(kN／m³)	18.000	18.000
地盤の剛性係数 K_{g1} に対する定数	C_1		1.5	1.5
地盤の剛性係数 K_{g2} に対する定数	C_2		3.0	3.0
管きょの軸方向の地盤の剛性係数	K_{g1}	(kN／m²)	32,979	12,890
管きょの軸直交方向の地盤の剛性係数	K_{g2}	(kN／m²)	65,959	25,779
管きょ中心深度における地盤の水平変位振幅	U_h	(mm)	88.82	473.59

地震動により地盤に生じるひずみ	ε_{gd}	0.000952	0.004568
地盤の応答変位			
管きょの軸方向の地盤変位の伝達係数	α_1	0.99980	0.99959
管きょの軸直交方向の地盤変位の伝達係数	α_2	1.00000	1.00000
軸方向の軸力の補正係数	ξ_1	0.77319	0.51537
軸直交方向の曲げモーメントの補正係数	ξ_2	1.00281	1.04138
管体応力の検討（伸縮可撓継手がある場合）			
地震動による軸方向応力	σ_L（N／mm²）	2.165	6.923
地震動による曲げ方向（軸直交方向）応力	σ_B（N／mm²）	0.019	0.086
重畳係数	γ	3.12	—
地震動による合成応力	σ_X（N／mm²）	3.824	6.924
使用限界引張強度	σ（N／mm²）	10.800	—
終局限界引張強度	σ_a（N／mm²）	—	45.000
判定（$\sigma_X \leq \sigma$, $\sigma_X \leq \sigma_a$）		○	○
地震動による管きょ継手部の影響			
地震動による継手部の屈曲角	θ	0°1′12″	0°6′25″
使用限界屈曲角	θ_{a1}	2°	—
終局限界屈曲角	θ_{a2}	—	5°
判定（$\theta \leq \theta_{a1}$, $\theta \leq \theta_{a2}$）		○	○
地震動による継手部の抜出し量	δ（cm）	0.381	1.827
使用限界抜出し量	δ_{a1}（cm）	3.1	—
終局限界抜出し量	δ_{a2}（cm）	—	6.2
判定（$\delta \leq \delta_{a1}$, $\delta \leq \delta_{a2}$）		○	○
液状化に伴う管きょ継手部の影響			
永久ひずみによる継手部の抜出し量	δ（cm）	—	6.000
判定（$\delta \leq \delta_{a2}$）		—	○
地盤沈下による継手部の屈曲角	θ	—	0°20′38″
判定（$\theta \leq \theta_{a2}$）		—	○
地盤沈下による継手部の抜出し量	δ（cm）	—	0.146
判定（$\delta \leq \delta_{a2}$）		—	○
傾斜地盤の場合の管きょ継手部の影響			
永久ひずみによる継手部の抜出し量	δ（cm）	—	5.200
判定（$\delta \leq \delta_{a2}$）		—	○
地盤の硬軟急変化部を通過する場合の管きょ継手部の影響			
硬軟急変化部での継手部の抜出し量	δ（cm）	—	2.000
判定（$\delta \leq \delta_{a2}$）		—	○
浅層不整形地盤を通過する場合の管きょ継手部の影響			
浅層不整形地盤における地盤ひずみ	ε_{G2}	—	0.005465
浅層不整形地盤での継手部の抜出し量	δ（cm）	—	2.186
判定（$\delta \leq \delta_{a2}$）		—	○
地震動によるマンホール接続部の影響			
地表面での地盤の水平変位振幅	U_h（m）	0.08890	0.47402
マンホール床付面での地盤の水平変位振幅	U_h（m）	0.08876	0.47325
地震動によるマンホール接続部の屈曲角	θ	0°0′18″	0°1′30″
判定（$\theta \leq \theta_{a1}$, $\theta \leq \theta_{a2}$）		○	○

3.3 推進工法用硬質塩化ビニル管　K-6　φ300　土被りH＝4.00 m　表層地盤の厚さ H_g = 10.0 m

本管路（スパイラル継手付直管を使用した接着管路）の耐震計算は、下水道指針の一体構造管きょの計算法により設計される。

設計地震動			
地震動		レベル1	レベル2
地盤条件と地盤定数			
表層地盤の基本固有周期	T_G (s)	0.292	0.292
表層地盤の固有周期	T_S (s)	0.365	0.584
表層地盤の厚さ	H_g (m)	10.000	10.000
表層地盤の設計応答速度	S_V (m/s)	0.206	0.646
表層地盤の動的せん断弾性波速度	V_{SD} (m/s)	109.589	68.493
基盤層の動的せん断弾性波速度	V_{SDB} (m/s)	300.000	300.000
地盤振動の波長	L (m)	58.595	65.130
表層地盤の単位体積重量	γ_{teq} (kN/m³)	18.000	18.000
地盤の剛性係数 K_{g1} に対する定数	C_1	1.5	1.5
地盤の剛性係数 K_{g2} に対する定数	C_2	3.0	3.0
管きょの軸方向の地盤の剛性係数	K_{g1} (kN/m²)	33,088	12,925
管きょの軸直交方向の地盤の剛性係数	K_{g2} (kN/m²)	66,176	25,850
管きょ中心深度における地盤の水平変位振幅	U_h (mm)	12.10	60.71
地盤の応答変位			
管きょの軸方向の地盤変位の伝達係数	α_1	0.99513	0.98995
管きょの軸直交方向の地盤変位の伝達係数	α_2	1.00000	1.00000
管体応力の検討（伸縮可撓継手がある場合）			
地震動による軸方向応力	σ_L (N/mm²)	1.899	8.529
地震動による曲げ方向（軸直交方向）応力	σ_B (N/mm²)	0.065	0.264
重畳係数	γ	3.12	—
地震動による合成応力	σ_X (N/mm²)	3.355	8.533
使用限界引張強度	σ (N/mm²)	10.800	—
終局限界引張強度	σ_a (N/mm²)	—	45.000
判定（$\sigma_X \leq \sigma$, $\sigma_X \leq \sigma_a$）		○	○
地震動によるマンホール接続部の影響			
地表面での地盤の水平変位振幅	U_h (m)	0.01524	0.07645
マンホール床付面での地盤の水平変位振幅	U_h (m)	0.01141	0.05727
地震動によるマンホール接続部の屈曲角	θ	0° 2′ 53″	0° 14′ 17″
使用限界屈曲角	θ_{a1}	2°	—
終局限界屈曲角	θ_{a2}	—	5°
判定（$\theta \leq \theta_{a1}$, $\theta \leq \theta_{a2}$）		○	○
地震動によるマンホール接続部の抜出し量	$|u_j|$ (cm)	0.119	0.856
使用限界抜出し量	δ_{a1} (cm)	3.1	—
終局限界抜出し量	δ_{a2} (cm)	—	6.2
判定（$\delta \leq \delta_{a1}$, $\delta \leq \delta_{a2}$）		○	○
液状化に伴うマンホール接続部の影響			
側方流動によるマンホール接続部の抜出し量	δ (cm)	—	2.835
判定（$\delta \leq \delta_{a2}$）		—	○
地盤沈下によるマンホール接続部の屈曲角	θ	—	1° 43′ 8″
判定（$\theta \leq \theta_{a2}$）		—	○
地盤沈下によるマンホール接続部の抜出し量	δ (cm)	—	0.300
判定（$\delta \leq \delta_{a2}$）		—	○

3.4 推進工法用硬質塩化ビニル管 K-6 φ300 土被り H ＝ 4.00 m 表層地盤の厚さ H_g ＝ 50.0 m

設計地震動			
地震動		レベル1	レベル2
地盤条件と地盤定数			
表層地盤の基本固有周期	T_G（s）	1.462	1.462
表層地盤の固有周期	T_S（s）	1.828	2.924
表層地盤の厚さ	H_g（m）	50.000	50.000
表層地盤の設計応答速度	S_V（m／s）	0.240	0.800
表層地盤の動的せん断弾性波速度	V_{SD}（m／s）	109.409	68.399
基盤層の動的せん断弾性波速度	V_{SDB}（m／s）	300.000	300.000
地盤振動の波長	L（m）	293.105	325.732
表層地盤の単位体積重量	γ_{teq}（kN／m³）	18.000	18.000
地盤の剛性係数 K_{g1} に対する定数	C_1	1.5	1.5
地盤の剛性係数 K_{g2} に対する定数	C_2	3.0	3.0
管きょの軸方向の地盤の剛性係数	K_{g1}（kN／m²）	32,979	12,890
管きょの軸直交方向の地盤の剛性係数	K_{g2}（kN／m²）	65,959	25,779
管きょ中心深度における地盤の水平変位振幅	U_h（mm）	88.15	469.98
地盤の応答変位			
管きょの軸方向の地盤変位の伝達係数	α_1	0.99980	0.99959
管きょの軸直交方向の地盤変位の伝達係数	α_2	1.00000	1.00000
管体応力の検討（伸縮可撓継手がある場合）			
地震動による軸方向応力	σ_L（N／mm²）	2.779	13.330
地震動による曲げ方向（軸直交方向）応力	σ_B（N／mm²）	0.019	0.082
重畳係数	γ	3.12	—
地震動による合成応力	σ_X（N／mm²）	4.909	13.330
使用限界引張強度	σ（N／mm²）	10.800	—
終局限界引張強度	σ_a（N／mm²）	—	45.000
判定（$\sigma_X \leq \sigma$, $\sigma_X \leq \sigma_a$）		○	○
地震動によるマンホール接続部の影響			
地表面での地盤の水平変位振幅	U_h（m）	0.08890	0.47402
マンホール床付面での地盤の水平変位振幅	U_h（m）	0.08797	0.46906
地震動によるマンホール接続部の屈曲角	θ	0°0′40″	0°3′43″
使用限界屈曲角	θ_{a1}	2°	—
終局限界屈曲角	θ_{a2}	—	5°
判定（$\theta \leq \theta_{a1}$, $\theta \leq \theta_{a2}$）		○	○
地震動によるマンホール接続部の抜出し量	$\|u_l\|$（cm）	0.175	1.340
使用限界抜出し量	δ_{a1}（cm）	3.1	—
終局限界抜出し量	δ_{a2}（cm）	—	6.2
判定（$\delta \leq \delta_{a1}$, $\delta \leq \delta_{a2}$）		○	○
液状化に伴うマンホール接続部の影響			
側方流動によるマンホール接続部の抜出し量	δ（cm）	—	2.835
判定（$\delta \leq \delta_{a2}$）			○
地盤沈下によるマンホール接続部の屈曲角	θ		1°43′8″
判定（$\theta \leq \theta_{a2}$）			○
地盤沈下によるマンホール接続部の抜出し量	δ（cm）		0.300
判定（$\delta \leq \delta_{a2}$）			○

4 計算結果に関する考察

耐震計算の結果を上記に示した。安全性照査の結果、すべての管路で OK と判断される。モデルの相異による結果の比較のために、表 12.1 に一覧表示した。

表 12.1 耐震計算の結果一覧

検討項目				地盤ひずみ ε_{gl}(z)(%)		管体応力 (N/mm²)		管体ひずみ (%)		継手伸縮量 (cm)		継手屈曲角 (°)		継手(MH際)伸縮量 (cm)		継手(MH際)屈曲角 (°)	
		表層地盤の厚さ (m)		10	50	10	50	10	50	10	50	10	50	10	50	10	50
水道管路	φ300ダクタイル管継手構造管路 $\ell=1.361$(m)	管中心深度 z	レベル1	[地震時]	0.0729	0.0775	20.457	21.750	—	—	4.016	4.337	0°2′59″	0°0′38″	—	—	—	—
				[常時]+[地震時]			47.935	49.228	—	—	6.914	7.235	—	—	—	—	—	—
			レベル2	[地震時]	0.3679	0.6461	44.915	51.043	—	—	20.361	36.182	0°15′1″	0°5′16″	—	—	—	—
				[常時]+[地震時]			72.393	78.521	—	—	23.259	39.080	—	—	—	—	—	—
	φ150ポリエチレン管一体構造管路 $\ell=1.290$(m)	管中心深度 z	レベル1	[地震時]	0.0731	0.0775	—	—	0.129	0.137	—	—	—	—	—	—	—	—
				[常時]+[地震時]			—	—	0.648	0.656	—	—	—	—	—	—	—	—
			レベル2	[地震時]	0.3688	0.6461	—	—	0.369	0.646	—	—	—	—	—	—	—	—
				[常時]+[地震時]			—	—	0.888	1.165	—	—	—	—	—	—	—	—
下水道管路	φ300硬質塩化ビニル管差し込み継手管きょ $K_1=1.259$(m)	管中心深度 z	レベル1	[地震時]	0.0798	0.0952	3.207	3.824	—	—	0.319	0.381	0°5′2″	0°1′12″	0.319	0.381	0°1′8″	0°0′18″
				[常時]+[地震時]			—	—	—	—	—	—	—	—	—	—	—	—
			レベル2	[地震時]	0.3604	0.4568	5.473	6.924	—	—	1.442	1.827	0°25′19″	0°6′25″	1.442	1.827	0°5′49″	0°1′30″
				[常時]+[地震時]			—	—	—	—	—	—	—	—	—	—	—	—
	φ300推進工法用硬質塩化ビニル管一体構造管きょ $K_1=4.159$(m)	管中心深度 z	レベル1	[地震時]	0.0649	0.0945	3.355	4.909	—	—	—	—	—	—	0.119	0.175	0°2′53″	0°0′40″
				[常時]+[地震時]			—	—	—	—	—	—	—	—	—	—	—	—
			レベル2	[地震時]	0.2928	0.4533	8.533	13.330	—	—	—	—	—	—	0.856	1.340	0°14′17″	0°3′43″
				[常時]+[地震時]			—	—	—	—	—	—	—	—	—	—	—	—

※ 水道管路では、地盤のせん断弾性波速度を 10^3 に設定。
※ 下水道管路では、a_p をレベル 1 で 1.25、レベル 2 で 2.0 に設定。
※ 水道管路は、地盤の不均一度係数 $\eta=1.4$ を考慮。
※ レベル 1 地震動の管体応力では、重畳係数 $\gamma=3.12$ を考慮。

表 12.1 に示す所与の条件下では下記の傾向が求められる。

① 地盤ひずみ算定に与える水道指針と下水道指針の相異については、レベル 1 地震動では水道指針で下水道指針の 0.8 倍程度であるが、レベル 2 地震動では逆に 1.4 倍程度と高くなる。水道指針では、不均一度係数 $\eta=1.4$ を考慮しているので、本値を考慮しない場合には、レベル 1 地震動では 0.6 倍程度、レベル 2 地震動では、同程度（1.0 程度）となる。

　　この傾向は、表層厚の如何にかかわらず同様である。

② レベル 2 地震動の地盤ひずみは、レベル 1 地震動の 5～8 倍程度となるが、

管体応力では2倍程度に収まる。しかし、地盤ひずみに支配される継手伸縮、屈曲角応答は、レベル2地震動では、やはり5～8倍程度である。
③　許容値に対する安全率は、水道管路のダクタイル鋳鉄管（管体応力σ）とポリエチレン管（管体ひずみε）はレベル2地震動、層厚50mモデルでは、3.4、2.6と同程度である。継手伸縮量δではダクタイル鋳鉄管は1.15であり、継手の抜けで管体応力の低減を図っていることが読みとれる。下水道管路の硬質塩化ビニル管と推進工法用硬質塩化ビニル管では、管体応力σ_xと、継手部およびマンホール接続部の伸縮、屈曲角、液状化・変状に対しても、3.0以上の安全率を確保している。

第13章

耐震計算に与える基準規定の変動係数の影響

第13章
耐震計算に与える基準規定の変動係数の影響

　本章では地中管路耐震設計基準に含まれるパラメーターの中で、数値の決定が困難であり、安全性照査に多大の影響を及ぼすと考えられるファクターについて、パラメトリック数値計算により検討を加える。

　計算対象モデルは、種々の組合せが考えられるが、耐震計算の結果、管路応力や継手変位が大きな値となるモデルを抽出する。

1　周期係数 a_D に対する影響

　下水道施設の耐震対策指針と解説[1]（以下、下水道指針）では、地震動レベルが高い場合に、地盤ひずみが増大して、非弾性的挙動を行うために、表層地盤の固有周期が長周期化すると考えて、式13.1のように、地震時に生じるせん断ひずみの大きさを考慮した係数 a_D を導入して、周期 T_G が増大した T_S となり速度応答スペクトルも T_S に対応した値を採用することを規定している。a_D の値についても、変動し、一般にはレベル1地震動では1.25程度、レベル2地震動では1.25～2.0程度の値としている。

$$T_S = a_D \cdot T_G \quad \text{式13.1}$$

　一方、地盤ひずみの管体への伝達率（ a_1、a_2 ）、地盤の剛性係数（ K_{g1}、K_{g2} ）は下記であらわされる。

$$a_1 = \cfrac{1}{1 + \left(\cfrac{2\pi}{\lambda_1 L'}\right)^2} \quad \text{式13.2}$$

$$a_2 = \cfrac{1}{1 + \left(\cfrac{2\pi}{\lambda_2 L}\right)^4} \quad \text{式13.3}$$

$$\lambda_1 = \sqrt{\cfrac{K_{g1}}{EA}} \quad \text{式13.4}$$

$$\lambda_2 = \sqrt[4]{\frac{K_{g2}}{EI}} \quad \cdots\cdots\cdots\cdots\cdots\cdots\cdots\cdots\cdots\cdots\cdots\cdots\cdots\cdots\cdots\cdots\cdots\text{式 13.5}$$

また、地盤の剛性係数(K_{g1}、K_{g2})は次式で求まる。

$$K_{g1} = C_1 \cdot \frac{\gamma_{teq}}{g} \cdot V_{SD}^2 \quad \cdots\cdots\cdots\cdots\cdots\cdots\cdots\cdots\cdots\cdots\cdots\cdots\cdots\text{式 13.6}$$

$$K_{g2} = C_2 \cdot \frac{\gamma_{teq}}{g} \cdot V_{SD}^2 \quad \cdots\cdots\cdots\cdots\cdots\cdots\cdots\cdots\cdots\cdots\cdots\cdots\cdots\text{式 13.7}$$

管軸および管軸直交方向の地盤の剛性係数に対する定数 C_1 および C_2 は一般には $C_1 = 1.5$、$C_2 = 3.0$ 程度とされており、参考値として、表層地盤厚さ 5〜30 m、管径 150〜3,000 mm に対して、FEM 解析などにより、次式が与えられている[1]。

$$C_1 = 1.3 H_g^{-0.4} D^{0.25} \quad \cdots\cdots\cdots\cdots\cdots\cdots\cdots\cdots\cdots\cdots\cdots\cdots\cdots\cdots\text{式 13.8}$$

$$C_2 = 2.3 H_g^{-0.4} D^{0.25} \quad \cdots\cdots\cdots\cdots\cdots\cdots\cdots\cdots\cdots\cdots\cdots\cdots\cdots\cdots\text{式 13.9}$$

ここに、
H_g:表層地盤厚さ(m)
D:管径(cm)

表層地盤の固有周期 T_G が a_D の設定値により T_S となり変動する。そのため、速度応答スペクトル S_V→地盤変位 U_h→波長 L→地盤ひずみ ε→管体応力 σ・継手伸縮量 u・継手屈曲角 θ の算定に影響を与える。a_D の影響を数値的に検討するにあたって下記のモデルを用いた。

設計条件は以下のようである。

1.1 地盤モデル

堆積年代	土質	表層地盤厚さ H_g (m)	平均N値	単位体積重量 γ_t (kN/m³)
沖積世	砂質土	50.0	5 または 15	18.0

1.2 耐震計算管路モデル

管種	ダクタイル鋳鉄管　K形管
呼び径	300
外径　Bc（mm）	322.8
計算管厚　T（mm）	5.50
有効長　ℓ（mm）	6,000
断面積　A（cm^2）	54.83
断面係数　Z（cm^3）	427.62
断面二次モーメント　I（cm^4）	6,901.81
弾性係数　E（N／mm^2）	160,000

管種	硬質塩化ビニル管　K-1
呼び径	300
外径　Bc（mm）	318
内径　D（mm）	298.2
管厚　t（mm）	9.9
有効長　ℓ（mm）	4,000
断面積　A（cm^2）	95.82
断面係数　Z（cm^3）	715.85
断面二次モーメント　I（cm^4）	11,381.99
弾性係数　E（N／mm^2）	2,942

1.3 埋設条件

以下の表層地盤の深度に埋設されている管路を対象とする。

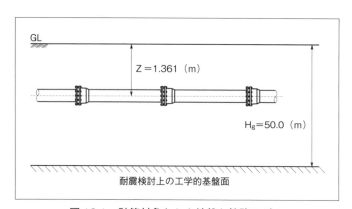

図13.1　計算対象とした地盤と管路モデル

a_D は、表13.1の変動値を用いる。また、ここでは a_D の傾向を確認するため、C_1 および C_2 に対する定数は、C_1 = 1.5、C_2 = 3.0 とし、下水道指針[1] および水

道施設耐震工法指針・解説[2]（以下、水道指針）の2ケースについて計算を行う。

表 13.1　a_D に対応する地盤ひずみの変動値

a_D	1.00	1.11	1.14	1.25	1.43	1.67	2.00	2.50
下水道指針の地盤ひずみによる補正係数	1.0	0.9	★	0.8	0.7	0.6	0.5	0.4
水道指針の対応地盤ひずみ	10^{-6}	★	10^{-4}	★	★	10^{-3}	★	★

表 13.1 における★は、下水道指針[1]では、任意地盤ひずみに対して a_D を計算できるが、水道指針[2]では地盤ひずみ 10^{-6}、10^{-4}、10^{-3} のみに対して、a_D が規程されるので、換算式を用いて逆算した a_D となっている。

① 入力波長、地盤剛性、変位振幅、地盤ひずみへの影響

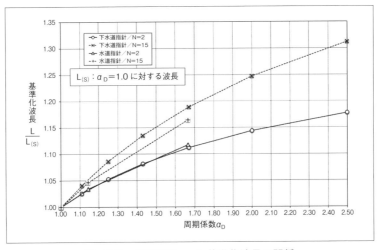

図 13.2　周期係数 a_D と基準化波長の関係

図 13.2 には、下水道指針[1]に基づいて、横軸に周期係数 a_D、縦軸に $a_D = 1.0$ のケース時の波長 L に対する割合を示した（図中には基準化波長を表示している）。また、図 13.3、図 13.4 には管軸方向の地盤の剛性係数 K_{g1}、管軸直交方向の地盤の剛性係数 K_{g2} と a_D の関係を示した。波長 L は a_D が大きくなるにつれて大きくなり、また、N 値が小さいほど波長 L は小さい。一方、剛性係数 K_{g1}、K_{g2} は a_D の増加とともに小さくなる。

$a_D = 1.0$ に対する水平変位振幅 U_h の割合（基準化水平変位）は、図 13.5 に示すように、a_D の増大に対して、線形的に増大して、N 値あるいは基準に関係

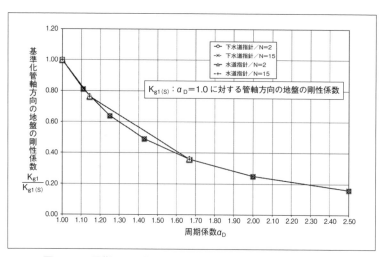

図 13.3　周期 α_D と基準化管軸方向の地盤の剛性係数の関係

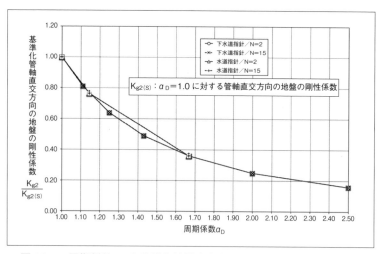

図 13.4　周期係数 α_D と基準化管軸直交方向の地盤の剛性係数の関係

なく同様の傾向にある。

　地盤ひずみ ε に関しては、図 13.6 に示すように、α_D が大きくなるにつれて大きくなり、また、N 値が小さいほど大きくなる。

　管路応答は入力地盤ひずみに直接関係するため、慎重な α_D 値の選択が必要である。また、図 13.7 に入力地盤ひずみの絶対値を示しているが、水道指針[2]による応答値は下水道指針[1]による応答値より 10 ～ 15 % 程度高く、埋設地盤の N

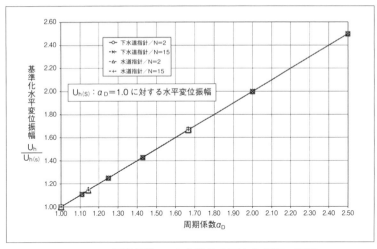

図 13.5　周期係数 a_D と基準化水平変位振幅の関係

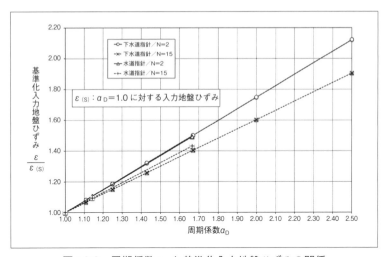

図 13.6　周期係数 a_D と基準化入力地盤ひずみの関係

値の影響も大きい。

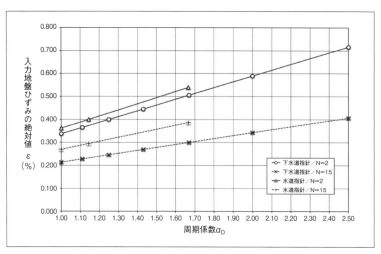

図13.7　指針による入力地盤ひずみεの絶対値の差異

② 管体応力への影響

図13.8および図13.9に示したようにa_1およびa_2（地盤ひずみの管路への伝達率）に関しては、a_Dが大きくなるにつれて表層地盤のK_{g1}、K_{g2}が小さくなる関係で、基準化a_1も小さくなる。また、N値が大きい場合には、a_1およびa_2は増大する。a_2に関しては、a_Dは大きな影響を与えず、管材とK_{g1}およびK_{g2}の影響が大きい。

図13.10に、ξ_1およびξ_2を考慮（継手構造）した合成応力σ_Xの絶対値およ

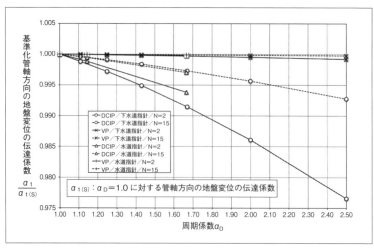

図13.8　周期係数a_Dと基準化管軸方向の地盤変位の伝達係数の関係

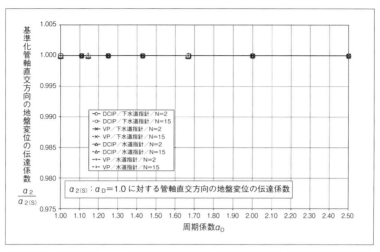

図 13.9　周期係数 a_D と基準化管軸直交方向の地盤変位の伝達係数の関係

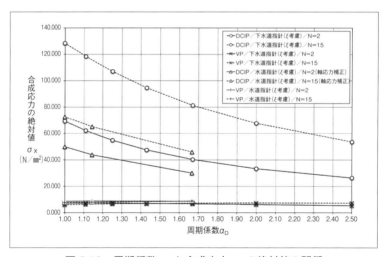

図 3.10　周期係数 a_D と合成応力 σ_X の絶対値の関係

び図 13.11 に基準化合成応力と a_D の関係を示す。ダクタイル鋳鉄管 DCIP は、a_D が大きくなるにつれて合成応力 σ_X も小さくなり、また、N 値が大きいほど大きな値を示す。一方、硬質塩化ビニル管 VP は、a_D が大きくなるにつれて固い地盤の場合は合成応力 σ_X が大きくなり、柔らかい地盤の場合は小さくなる傾向にある。合成応力 σ_X の絶対値は下水道指針[1]が、大きな値となっている。

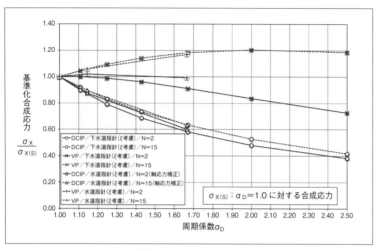

図 13.11 周期係数 a_D と基準化合成応力の関係

③ 継手伸縮量および継手屈曲角度への影響

基準化継手伸縮量 $|u_j|$ あるいは基準化継手屈曲角 θ と a_D の関係を図 13.12 および図 13.13 に示した。a_D の増大とともに、継手伸縮量、継手屈曲角度とも大きくなる傾向にある。

ダクタイル鋳鉄管 DCIP の継手伸縮量が最大となるが、$a_D = 2.5$ の場合でも 9 mm 程度であり、継手屈曲角度は極めて小さい。

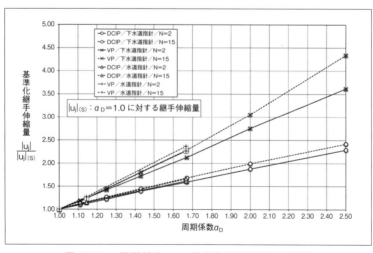

図 13.12 周期係数 a_D と基準化継手伸縮量の関係

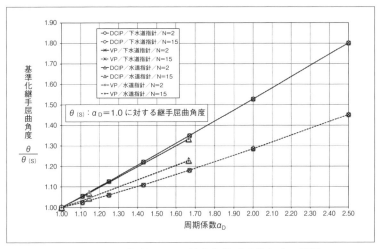

図13.13　周期係数a_Dと基準化継手屈曲角度の関係

2　重畳係数γ、地盤の剛性係数に対する定数C_1, C_2に関する影響

下水道指針[1]では、式13.10に示すように、波動の重畳係数γを$1.0 \sim 3.12$を重要度に応じて選択することになっている。重要な施設には多くの波動成分を考慮しているとも考えられる。

$$\sigma_X(x) = \sqrt{\gamma \cdot \sigma_L^2(x) + \sigma_B^2(x)} \quad \cdots\cdots\cdots\cdots\cdots\cdots\cdots\cdots \text{式13.10}$$

軸応力σ_Lと曲げ応力σ_Bの大小によって、γの影響が異なる。大口径管でσ_Bが大きくなる場合にはγの影響は小さくなる。

γ、C_1、C_2の影響検討を目的に、表層地盤でのせん断ひずみを10^{-3}レベルと仮定して下記のモデルを用いて数値計算を実施した。

設計条件は以下の通りである。

2.1　地盤モデル

堆積年代	土質	表層地盤厚さ H_g (m)	平均N値	単位体積重量 γ_t (kN/m³)
沖積世	砂質土	10.0、20.0、50.0	2、15	18.0

2.2 耐震計算管路モデル

管種	ダクタイル鋳鉄管　K形管
呼び径	150、300、450、600、800、1,000、1,200、1,500、1,800、2,200、2,600
有効長　ℓ（mm）	6,000
弾性係数　E（N／mm²）	160,000

※　呼び径φ150、1,800、2,200の有効長ℓは実際には5,000（mm）であるが、ここでは比較のため6,000（mm）を設定
※　呼び径φ2,600の有効長ℓは実際には4,000（mm）であるが、ここでは比較のため6,000（mm）を設定
※　上記以外の呼び径の有効長ℓは、実際の6,000（mm）を設定

管種	水道用硬質ポリ塩化ビニル管 RR管
呼び径	100、150、200、250、300
有効長　ℓ（mm）	5,000
弾性係数　E（N／mm²）	3,334

埋設条件は図13.14に示す通りである。

DCIPφ150〜2,600に対して、重畳係数γを1.0、1.5、2.0および3.12の4タイプ、また、C_1 = 1.5、C_2 = 3.0および管径D、表層地盤厚さでH_gにより決定されるC_1、C_2の2タイプによる軸方向の軸力補正係数ξ_1および軸直交方向の曲げ補正係数ξ_2を考慮（継手構造）した合成応力σ_Xを管径毎に算出した。

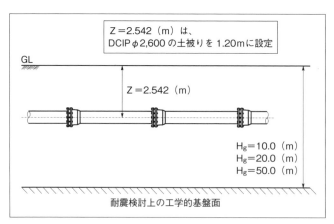

図13.14　計算対象とした表層地盤厚さと管路モデル

① H_g = 10.0（m）、N値 = 2に対して、ξ_1およびξ_2を考慮（継手構造）したDCIPの基準化合成応力σ_Xの計算値についてγをパラメーターとして口径を横軸にとって図13.15に示す。γは1.5、2.0、3.12である。波動成分重畳による管体応力への影響は小口径では$\sqrt{\gamma}$で効いている。しかし、2,600mmの大口径になると、曲げ応力σ_Bが大きくなるために、合成応力度も大きくなる。口径

326

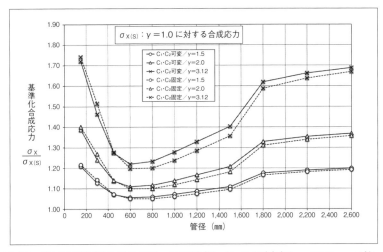

図13.15 継手構造管路の重畳係数γの影響(ξ_1、ξ_2を考慮)($H_g = 10.0$ m、N値 = 2)

600 ～ 800 mmでは合成応力σ_Xは極めて小さくなり、波動成分重畳の影響は少なくなる。

$C_1 \cdot C_2$ 可変*／$\gamma = 1.5$	$H_g = 10.0$ mによる各管径のC_1およびC_2、N値 = 2に対して、$\gamma = 1.5$としたξ_1およびξ_2を考慮したDCIPの各管径毎のσ_Xを算出、また、$\gamma = 1.0$のσ_Xを基準値とした割合を算出
$C_1 \cdot C_2$ 可変*／$\gamma = 2.0$	$H_g = 10.0$ mによる各管径のC_1およびC_2、N値 = 2に対して、$\gamma = 2.0$としたξ_1およびξ_2を考慮したDCIPの各管径毎のσ_Xを算出、また、$\gamma = 1.0$のσ_Xを基準値とした割合を算出
$C_1 \cdot C_2$ 可変*／$\gamma = 3.12$	$H_g = 10.0$ mによる各管径のC_1およびC_2、N値 = 2に対して、$\gamma = 3.12$としたξ_1およびξ_2を考慮したDCIPの各管径毎のσ_Xを算出、また、$\gamma = 1.0$のσ_Xを基準値とした割合を算出
$C_1 \cdot C_2$ 固定*／$\gamma = 1.5$	$H_g = 10.0$ m、$C_1 = 1.5$、$C_2 = 3.0$、N値 = 2に対して、$\gamma = 1.5$としたξ_1およびξ_2を考慮したDCIPの各管径毎のσ_Xを算出、また、$\gamma = 1.0$のσ_Xを基準値とした割合を算出
$C_1 \cdot C_2$ 固定*／$\gamma = 2.0$	$H_g = 10.0$ m、$C_1 = 1.5$、$C_2 = 3.0$、N値 = 2に対して、$\gamma = 2.0$としたξ_1およびξ_2を考慮したDCIPの各管径毎のσ_Xを算出、また、$\gamma = 1.0$のσ_Xを基準値とした割合を算出
$C_1 \cdot C_2$ 固定*／$\gamma = 3.12$	$H_g = 10.0$ m、$C_1 = 1.5$、$C_2 = 3.0$、N値 = 2に対して、$\gamma = 3.12$としたξ_1およびξ_2を考慮したDCIPの各管径毎のσ_Xを算出、また、$\gamma = 1.0$のσ_Xを基準値とした割合を算出

※ 固定は$C_1 = 1.5$、$C_2 = 3.0$とし、可変は式13.8、式13.9により算出している

② 表層厚$H_g = 50.0$ (m)、N値 = 15に対して、ξ_1およびξ_2を考慮(継手構造)したDCIPの基準化合成応力σ_Xの計算値を図13.16に示した。
上記①のケースとの違いは、H_gが10 mから50 mに変化、N値が2から15

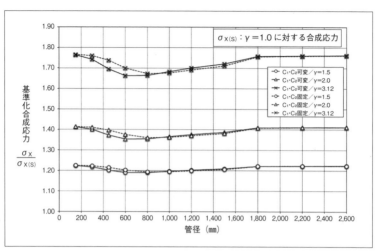

図 13.16　継手構造管路の重畳係数γの影響（ξ_1、ξ_2 を考慮）（$H_g = 50.0$ m、N値 = 15）

に変化した場合である。H_g の増大によって地盤変位は大きくなるが、DCIP の継手伸縮で地盤ひずみを吸収できること、N値の増大で、軸直交方向のひずみ伝達率 a_2 が小さくなるので、大口径管路においても、曲げひずみが極端に大きくならないので、合成応力 σ_X は管路口径の影響を大きく受けない。

$C_1 \cdot C_2$ 可変／$\gamma = 1.5$	$H_g = 50.0$ m による各管径の C_1 および C_2、N値 = 15 に対して、$\gamma = 1.5$ とした ξ_1 および ξ_2 を考慮した DCIP の各管径毎の σ_X を算出
$C_1 \cdot C_2$ 可変／$\gamma = 2.0$	$H_g = 50.0$ m による各管径の C_1 および C_2、N値 = 15 に対して、$\gamma = 2.0$ とした ξ_1 および ξ_2 を考慮した DCIP の各管径毎の σ_X を算出
$C_1 \cdot C_2$ 可変／$\gamma = 3.12$	$H_g = 50.0$ m による各管径の C_1 および C_2、N値 = 15 に対して、$\gamma = 3.12$ とした ξ_1 および ξ_2 を考慮した DCIP の各管径毎の σ_X を算出
$C_1 \cdot C_2$ 固定／$\gamma = 1.5$	$H_g = 50.0$ m、$C_1 = 1.5$、$C_2 = 3.0$、N値 = 15 に対して、$\gamma = 1.5$ とした ξ_1 および ξ_2 を考慮した DCIP の各管径毎の σ_X を算出
$C_1 \cdot C_2$ 固定／$\gamma = 2.0$	$H_g = 50.0$ m、$C_1 = 1.5$、$C_2 = 3.0$、N値 = 15 に対して、$\gamma = 2.0$ とした ξ_1 および ξ_2 を考慮した DCIP の各管径毎の σ_X を算出
$C_1 \cdot C_2$ 固定／$\gamma = 3.12$	$H_g = 50.0$ m、$C_1 = 1.5$、$C_2 = 3.0$、N値 = 15 に対して、$\gamma = 3.12$ とした ξ_1 および ξ_2 を考慮した DCIP の各管径毎の σ_X を算出

次に、N値 = 2 に対して、ξ_1 および ξ_2 を考慮（継手構造）した DCIP の合成応力 σ_X（N／mm^2）の計算値を図 13.17 に示し、$C_1 = 1.5$、$C_2 = 3.0$、N値 = 2

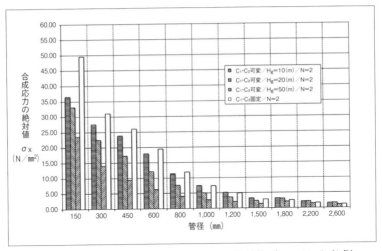

図 13.17 継手構造管路の合成応力 σ_X の絶対値（ξ_1、ξ_2 を考慮）

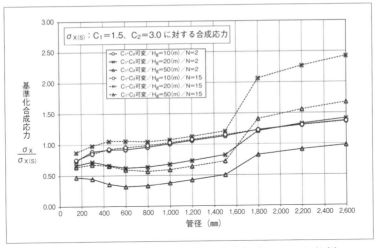

図 13.18 継手構造管路の基準化合成応力（ξ_1、ξ_2 を考慮）

またはN値 = 15による σ_X を基準値とした割合を図 13.18 に示す。

　継手構造管路の C_1 は管軸方向の地盤変位の伝達係数 a_1 および ξ_1 に、C_2 は管軸直交方向の地盤変位の伝達係数 a_2、ξ_1 および ξ_2 に影響を与えるため、C_1 は軸応力 σ_L に、C_2 は軸応力 σ_L および曲げ応力 σ_B の両方に影響する。a_1、a_2、ξ_1 および ξ_2 は、大口径になるにつれて小さくなるため、合成応力 σ_X は小さくなる。$C_1 = 1.5$、$C_2 = 3.0$ による固定 C_1、C_2 と、管径 D、H_g により決定する可変

C_1、C_2による合成応力σ_Xを比較した場合、H_g = 20.0 m、50.0 mの合成応力σ_Xは、管径DおよびN値により、ばらつきがみられるが、H_g = 10.0 mの合成応力σ_Xは、管径DおよびN値の影響は少ない。また、可変C_1、C_2による合成応力σ_Xは、固定C_1、C_2に比べ、H_g = 10.0 mで0.7～1.4倍、H_g = 20.0 mで0.6～2.4倍、H_g = 50.0 mで0.3～1.7倍となる。

さらに、N値 = 2に対して、ξ_1およびξ_2を無視（一体構造）したDCIPの合成応力σ_X（N／mm²）について、C_1 = 1.5、C_2 = 3.0、N値 = 2またはN値 = 15によるσ_Xを基準値とした割合を図13.19に示す。

一体構造管路のC_1は管軸方向の地盤変位の伝達係数a_1に、C_2は管軸直交方向の地盤変位の伝達係数a_2に影響を与えるため、C_1は軸応力σ_Lに、C_2は曲げ応力σ_Bに影響する。a_1およびa_2は、大口径になるにつれて小さくなるため、基本的には合成応力σ_Xも小さくなるが、口径1,600mmで合成応力σ_Xが大きくなるのは、すべりを考慮した速度応答スペクトルS'_Vを用いて計算するためである。

C_1 = 1.5、C_2 = 3.0による固定C_1、C_2と、管径D、H_gにより決定する可変C_1、C_2による合成応力σ_Xを比較した場合、H_g = 20.0 m、50.0 mの合成応力σ_Xは、管径DおよびN値によりばらつきがみられるが、H_g = 10.0 mの合成応力σ_Xは、管径DおよびN値の影響はほとんどない。また、可変C_1、C_2による合成応力σ_Xは、固定C_1、C_2に比べ、H_g = 10.0 mでは1.0～1.1倍に対し、H_g = 20.0 mでは1.3～4.5倍、H_g = 50.0 mで1.3～6.8倍となる。

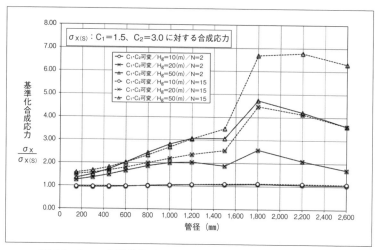

図13.19　一体構造管路の基準化合成応力（ξ_1、ξ_2を無視）

上記の計算例から知られるように、C_1、C_2 の影響は大きく、$C_1 = 1.5$、$C_2 = 3.0$ による固定 C_1、C_2 と、管径 D、H_g により決定する可変 C_1、C_2 を用いて算出した合成応力 σ_X には、管径 D、H_g または N 値により大きい差異が発生するケースがみられる。

3 継手効率 ξ（可撓性継手がある場合の応力補正係数）と継手抜出し阻止力の影響

継手効率 ξ は、地下埋設管路耐震継手の技術基準（案）（1977 年）[3]（以下、継手基準）に初めて導入された。とくに、設計者が選択すべき任意の係数はなく、波長、管長、管継手間の位置によって決定される。口径が大きくなれば、極端に ξ は小さな値となり、継手伸縮量が大きな値を示すので、管体応力は小さくなる。

$H_g = 10.0$（m）、N 値 = 2 に対して、$ξ_1$ および $ξ_2$ を無視（一体構造）した DCIP の基準化合成応力 σ_X の計算値を図 13.20 に示した。ξ を 1.0 とした場合の結果である。γ に対する影響は上記ケースと同様であるが、継手効率の影響は極めて大きい。$H_g = 50$ m、N = 2 の図 13.15 と比較すると口径が大きい場合には、合成応力の傾向は異なる。

すなわち、図 13.21 に示すように、水道指針[2]では、継手特性を考慮せずに、管体応力や継手伸縮量、継手屈曲角度を算出しており、安全性照査に対して継手の特性を考慮している現状にある。

$C_1 \cdot C_2$ 可変／$γ = 1.5$	$H_g = 10.0$ m による各管径の C_1 および C_2、N 値 = 2 に対して、$γ = 1.5$ とした $ξ_1$ および $ξ_2$ を無視した DCIP の各管径毎の σ_X を算出
$C_1 \cdot C_2$ 可変／$γ = 2.0$	$H_g = 10.0$ m による各管径の C_1 および C_2、N 値 = 2 に対して、$γ = 2.0$ とした $ξ_1$ および $ξ_2$ を無視した DCIP の各管径毎の σ_X を算出
$C_1 \cdot C_2$ 可変／$γ = 3.12$	$H_g = 10.0$ m による各管径の C_1 および C_2、N 値 = 2 に対して、$γ = 3.12$ とした $ξ_1$ および $ξ_2$ を無視した DCIP の各管径毎の σ_X を算出
$C_1 \cdot C_2$ 固定／$γ = 1.5$	$H_g = 10.0$ m、$C_1 = 1.5$、$C_2 = 3.0$、N 値 = 2 に対して、$γ = 1.5$ とした $ξ_1$ および $ξ_2$ を無視した DCIP の各管径毎の σ_X を算出
$C_1 \cdot C_2$ 固定／$γ = 2.0$	$H_g = 10.0$ m、$C_1 = 1.5$、$C_2 = 3.0$、N 値 = 2 に対して、$γ = 2.0$ とした $ξ_1$ および $ξ_2$ を無視した DCIP の各管径毎の σ_X を算出
$C_1 \cdot C_2$ 固定／$γ = 3.12$	$H_g = 10.0$ m、$C_1 = 1.5$、$C_2 = 3.0$、N 値 = 2 に対して、$γ = 3.12$ とした $ξ_1$ および $ξ_2$ を無視した DCIP の各管径毎の σ_X を算出

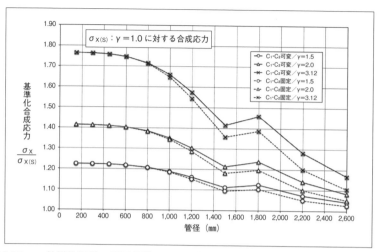

図 13.20　一体構造管路の重畳係数γの影響（ξ_1、ξ_2 を無視）（$H_g = 10.0$ m、N 値＝ 2 ）

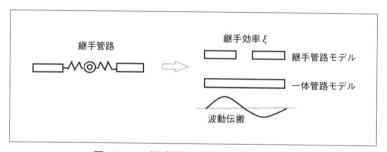

図 13.21　継手管路の耐震計算モデル化

一方、ダクタイル継手管 DCIP では、継手抜出し阻止力 F として、継手基準[3]以降、式 13.11 が与えられている。

$$F = 3D \text{ kN} \quad \cdots\cdots\cdots\cdots\cdots\cdots\cdots\cdots\cdots\cdots\cdots\cdots\cdots\cdots\cdots \text{式 13.11}$$

本式は、土のせん断力 τ が $10 \sim 20$ kN／m²、L ＝ 100 m とし、余裕（安全率）$4.0 \sim 2.0$ を見込んで導かれている。

管路設計では、F の作用時に管体応力が許容値内に収まる必要がある。一方、耐震計算結果によって、継手伸縮量が大きくなれば、管体応力は極端に低下するので、F は小さくて済む。波動入力計算時の管体応力は、F に伴う管体応力より、はるかに小さい値と考えられる。F は、地盤変状や液状化現象に対応するものとも考えられる。上記を考慮すると、合理的な設計のためには、波動耐震計算のモ

デル化（継手特性の導入など）に工夫が必要と思われる。

〈 参 考 文 献 〉

1）(公社)日本下水道協会：下水道施設の耐震対策指針と解説、2014年版、平成26（2014）年6月
2）(社)日本水道協会：水道施設耐震工法指針・解説、2009年版、Ⅱ 各論、平成21（2009）年7月
3）(財)国土開発技術研究センター：地下埋設管路耐震継手の技術基準（案）、昭和52（1977）年3月

第 14 章

結　語

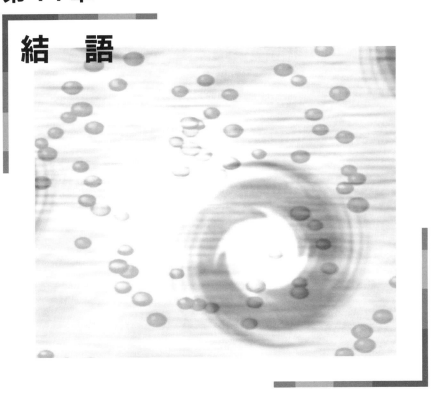

第14章
結　語

　本文各章では、地中管路の地震被害、管体・継手の特性、管路耐震設計法の基礎理論や歴史的展開、そして、現行の地中管路耐震設計基準について、上・下水道、ガス、電力・通信管路を対象に記述した。また、具体的な計算例を示し、設計パラメーターが与える影響などについて分析した。
　本章では、主に現行地中管路耐震設計基準のかかえるいくつかの課題についてまとめて結語とする。

1　設計に用いられている地震波動

　1974年の石油パイプライン技術基準（案）では、水平面内2方向、鉛直面内2方向、管路軸方向の合計5種類のせん断波動を設定している。それぞれの方向の伝播方向波動振幅と、その1／2の振幅を伝播直交方向に設定することによって、軸方向応力算定では3.12倍のせん断波振幅を考慮している。波動の重畳係数γとして、沈埋トンネル耐震設計指針にも3.12の値が使用されている。最近の水道施設耐震工法指針・解説および下水道施設の耐震対策指針と解説では、3.12は安全側過ぎる波動の重畳係数γではないかという検討から、$\gamma = 1.0 \sim 3.12$、レベル2地震動では$\gamma = 1.0$が基準に採用されて、設計者の判断で設定が可能となっている。この3.12は管路の重要度に応じて採用するとの記述もあり、本来、設定地震波動の重ね合わせであったものが、管路の重要度に応じた係数とも考えられている。上記の指針類は、明らかにせん断波動が念頭にある。一方、これらの波動は鉛直下方から管路埋設位置に伝播するものと考えて、地震波長L・周期Tが表層の1／4波長則に基づいて計算されている。鉛直面内の波動は入射角度を考慮して物理的現象の説明は可能であるが、水平面内せん断波動については、地層内の反射や屈折に伴うもので、波長・周期の現計算法の妥当性についての説明は困難である。上記指針の波長は、地盤の物理定数のみで決定されるもので、波動周期特性によって波長が変化する波動分散性の考慮はない。
　一方、1982年に制定されたガス導管耐震設計指針では、設計地震動は、管路（導

管）の軸方向伝搬波動成分のみである。多くの地震動観測結果から判断して、周期によって伝播波動速度が変化し、波長も周期によって変化する値を導入した。したがって、波動分散性を有する表面波動を考慮していることになる。振幅は管路軸方向のみで、その直交方向成分は考慮していないので、Love 波ではなく Rayleigh 波の軸方向成分と考えられる。多層地盤の波動伝播で分散性を有する地震波と考えてよい。1982 年ガス導管耐震設計指針の速度応答スペクトルは最大 150kine と設定されており、石油パイプライン技術基準（案）で、管路軸方向応力の計算に用いている重畳係数の $\sqrt{3.12}$ を石油パイプライン技術基準（案）の速度応答スペクトル（最大 80kine）に乗じることによって、ガス導管耐震設計指針の速度応答スペクトルと石油パイプライン技術基準（案）の速度応答スペクトルは同レベルとなると、考察している。

　上記のことから、石油パイプライン技術基準（案）の流れをくむ沈埋トンネル耐震設計指針、共同溝設計指針、駐車場設計・施工指針、水道施設耐震工法指針・解説および下水道施設の耐震対策指針と解説は、せん断波動、ガス導管耐震設計指針は分散性を有する表面波動と考えてよい。当然、両者の地震波速度、波長の設定も異なっている。表面波動は実体波より波動周期が長くなる傾向にある。長周期波動に対する地中管路の挙動については、観測結果や被害の分析結果が十分ではない現状にある。今後の研究成果と設計への反映が待たれる。

2　断層運動に対する耐震設計

　現在の日本の地中管路耐震設計指針では、地震対策の必要性は挙げられているが、断層運動に対する計算法は示されていない。米国の ALA（American Lifeline Alliance）では、第 9 章で述べたように断層設計法が示されている。1970 年代にアラスカ横断石油パイプラインが建設されたが、対断層設計がなされていた。設計断層変位は、水平 6 m、鉛直 1.5 m で、水平方向運動に対しては管路の動きを許容する Slider Beam を設置、鉛直方向には管路の架台にダンパーが設けられた。約 30 年後の 2002 年に Denali Fault 地震がアラスカパイプライン布設地域に発生した。パイプライン位置での断層変位は、水平 4.2 m、垂直 0.75 m であった。アラスカパイプラインの対断層設計の妥当性が示される結果となった。その後も米国では耐断層設計が研究の進展をみせ、2002 年の ALA 指針に導入されることとなった。日本でも断層運動に伴う地中管路の被害データが集積されつつあり、様々な研究者、研究機関によって地中管路の耐断層設計法・対策が

検討されているが、設計指針には導入されていない。耐断層設計の必要性は多々あり、個別設計の段階にとどまっている。断層近傍地震動予測、断層変位予測、耐断層運動管路耐震計算法、耐断層対策、維持管理法を設定する必要がある。

3 耐津波設計

地中管路の耐津波設計については詳細な検討はなされていない。第10章で述べたように下水道施設の耐震対策指針と解説（2014）に初めて津波対策が記述されている。地中管路については、最大津波の想定、津波荷重の考慮、などの定性的な内容となっている。津波荷重は、波浪圧、津波高さに伴う水圧、洗掘力、遡上あるいは流下津波に伴う流速圧など、設計荷重に関する検討項目も多い。米国FEMAでは、津波に伴うコンテナーや流木に関する定量的な概略算定式が提案されている。国内でも、松富らによる、津波衝撃圧の算定式がある。地中管路には、どの程度の埋設深さの管路に津波の影響があるか、津波による埋め土洗掘の程度、橋梁添架管への遡上あるいは流下津波の影響、津波荷重に伴う管種・継手の相異による影響、津波浸透水による管材・管内水への影響、など詳細な検討が必要である。津波の影響を最小限にすることを当面の対策としながら、管路の耐津波設計基準作成を目標として、地道な研究が望まれる。

4 基準にない特異モデルなどの地中管路耐震設計

本文で取り上げた地中管路の耐震設計基準では、地盤モデル、管路モデル、地震荷重モデルもできる限りシンプルなものとして、最低限の検討が可能で、多くの技術者が使用容易な基準が提案されている。しかし、現実の地盤、管路、地震力は極めて複雑である。技術者は、地中管路埋設の現実をいかにモデル化して、地震時にも危険側設計にならないようにモデル化するかに多くの時間を要する。
- 表層が不均質多層地盤で、管路が硬軟地盤にまたがって埋設されている場合、現行基準で、1層均質地盤内に埋設されていると仮定する場合の、管路に付着する地盤ばね定数、地盤変位振幅についてのモデル化。
- 現行の耐震設計基準での差し込み継手管路は、管種の種類にかかわらず、継手の圧縮・回転特性は考慮せず、管路セグメントが独立しており、力の伝達なしに結合されていると仮定して、継手効率ξを導入している。ξは管口径や管路セグメント長さ、などに大きく影響され、地震時安全性の評価に影響を与える。ガス導管耐震設計指針のみは、地盤変位吸収能力として、継手力学特性を

考慮した設計が可能となっている。継手特性を考慮した耐震設計が望まれる。
- 地中管路は一般に、3次元的に配管されており、幹線から枝管への分岐部も多々有している。分岐部は、地震時に管路のすべりに影響を与え、3次元の地盤応答は、地中管路耐震設計指針で提案している管路への設計地震動の与え方と大きく異なる。3次元応答と地中管路耐震設計指針で求めた応答値との比較は、これまで多く検討されているが、地中管路耐震設計指針で取り扱える場合と、3次元的な検討が必要なケースを明らかにしていく必要がある。地中管路耐震設計指針では「必要に応じて別途検討する」との記述が多くみられるが、具体的に示すことが求められる。
- 安全率については、レベル1地震動に対しては、弾性設計・使用限界設計、レベル2地震動については、弾塑性設計・終局限界状態設計を基準としている。それぞれのレベルでの照査値と耐震計算結果を比較して、1.0以上であればOK、以下であればNGとなっている。第12章、第13章の数値計算で示したように、1.0以上になるように、設計パラメーターを変動させることは容易である。第12章、第13章などから変動させるパラメーターのもつ物理的な意味合いに理解を進める必要がある。また、管材料、地盤特性、地震動レベルなどによって異なるが、一般的に、管の地震時安全率は2.0あるいはそれ以上が確保されているのが通常である。逆に、入力地震動や設計計算式が過剰に安全側に設定されている懸念もある。常時安全率と地震時安全率のバランスの考え方も重要である。常時荷重と地震時荷重の重ね合わせを行う際に、高圧ガス導管液状化耐震設計指針（2001）のように、部分安全係数の導入も課題である。

5 地中管路耐震設計用PCソフト

本文第5章、第6章ではレベル1地震動、レベル2地震動について、上・下水道、ガス管路を対象とした、現行耐震設計基準の計算式を述べた。しかし、第11章で述べた通信管路の耐震設計では、入力地震動レベルは、上・下水道やガス管路と整合させながら、耐震計算は簡易式を使用せずに、常時荷重、地震動、変状、液状化、断層変位、温度変化、3次元配管などの管路応答を計算できるPC-ERAULプログラムを用いて耐震計算を行って、その地震時安全性を確認している。SAPなどの構造計算汎用プログラムを用いることはもちろん可能であるが、パソコンで、多様なモデルを即座に計算できる、地中管路専用プログラム（PC-ERAUL）を用いて耐震計算を行うことも一つの手法である。地中管路耐震

設計指針にないケースのモデル化や計算手法をいかに構築するか、などの技術者の手間やモデル化などの課題発生もない。問題は、データ作成である。一度、各々の管路、地盤、入力荷重、照査値などのデータベースを作成すれば、容易にパラメーターの変動に対して結果を出すことが可能である。地震を経験する毎に、地中管路耐震設計指針が変わる現状に対応する一つの手段である。

付 録

管路耐震設計計算例（詳細）

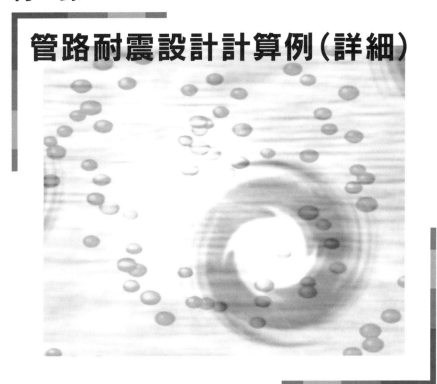

付　録
管路耐震設計計算例（詳細）

第12章の耐震計算例で述べた結果を得る過程の詳細について下記に記述する。

1　計算対象モデル

1.1　地盤モデル

下表に示すように、沖積砂質土層を対象とし、表層地盤の厚さは10mおよび50m、平均N値は5.0とした。

堆積年代	土質	表層地盤の厚さ H_g (m)	平均N値	単位体積重量 γ_t (kN／m³)
沖積世	砂質土	10.0および50.0	5.0	18.0

1.2　入力地震動

下表に示すように、入力地震動レベルが高くなる水道管路はA地区、下水道管路はA1地区を選択して、レベル1およびレベル2地震動に対して耐震計算を行った。

活動度	A地域またはA1地域
入力地震動	レベル1およびレベル2

1.3　耐震設計管路モデル

(1)　水道管路

K形継手を有するφ300mmのダクタイル鋳鉄管およびφ150mmの水道配水用ポリエチレン管を対象とした。それらの諸元・許容値を下表に示す。

管種	ダクタイル鋳鉄管　K形管
呼び径	300
外径　B_c (mm)	322.8
計算管厚　T (mm)	5.50
有効長　ℓ (mm)	6,000
断面積　A (cm²)	54.83
断面係数　Z (cm³)	427.62

付録　管路耐震設計計算例（詳細）

断面二次モーメント　I（cm^4）	6,901.81
弾性係数　E（N／mm^2）	160,000
ポアソン比　ν	0.28
線膨張係数　a	0.00001
許容応力（耐力）　σ_a（N／mm^2）	270
継手の照査用最大伸び量　δ_a（cm）	4.5
継手の地震時最大屈曲角度　θ_a	5°

管種	水道配水用ポリエチレン管
呼び径	150
外径　Bc（mm）	180
計算管厚　T（mm）	16.4
断面係数　Z（cm^3）	316.5
断面二次モーメント　I（cm^4）	2,848.37
弾性係数　E（N／mm^2）	1,000
ポアソン比　ν	0.47
線膨張係数　a	0.00013
使用限界許容ひずみ　ε_{a1}（%）	3.0
終局限界許容ひずみ　ε_{a2}（%）	3.0

(2)　下水道管路

　ゴム輪受口片受け直管によるφ300の硬質塩化ビニル管K-1およびスパイラル継手付直管によるφ300の推進工法用硬質塩化ビニル管を対象とした。それらの諸元・許容値を下表に示す。

管種	硬質塩化ビニル管　K-1 推進工法用硬質塩化ビニル管　K-6
呼び径	300
外径　Bc（mm）	318
内径　D（mm）	298.2
管厚　t（mm）	9.9
有効長　ℓ（mm）	4,000
断面積　A（cm^2）	95.82
断面係数　Z（cm^3）	715.85
断面二次モーメント　I（cm^4）	11,381.99
弾性係数　E（N／mm^2）	2,942
使用限界屈曲角　θ_{a1}（°）	2°
使用限界抜出し量　δ_{a1}（cm）	3.1
終局限界屈曲角　θ_{a2}（°）	5°
終局限界抜出し量　δ_{a2}（cm）	6.2

使用限界引張強さ σ（N／mm²）	10.8
終局限界引張強さ σ_a（N／mm²）	45

※ マンホール接続部は、K-1マンホール継手を使用。

2 水道管路の耐震計算

2.1 ダクタイル鋳鉄管　K形　φ300　表層地盤の厚さ H_g = 10.0 m

(1) 設計条件

① 埋設条件

土被り　H（m）	1.20

② 常時荷重条件

鉛直方向地盤反力係数　K_V（kN／m³）	10,000
設計内圧　P_i（MPa）	1.30
自動車1後輪あたりの荷重　P_m（kN）	100
温度変化　ΔT（℃）	20
軟弱地盤区間長　L_s（m）	60
中央部の不同沈下量　Δ_h（cm）	20

(2) 常時荷重による管体応力および継手伸縮量

① 内圧による軸方向応力（式5.33）

$$\sigma_{pi} = 0.28 \times \frac{1.30 \times (322.8 - 5.50)}{2 \times 5.50} = 10.500 \text{（N／mm}^2\text{）}$$

② 内圧による継手伸縮量（式5.36）

$$e_i = \frac{6,000 \times 104.997}{160,000} = 3.937 \text{（mm）}$$

③ 自動車荷重による軸方向応力

(a) 自動車荷重（式5.35）

$$W_m = \frac{2 \times 100,000 \times 322.8 \times (1 + 0.50) \times 0.9}{2,750 \times (200 + 2 \times 1,200 \times \tan 45)} = 12.190 \text{（N／mm）}$$

(b) 自動車荷重による軸方向応力（式5.34）

$$\sigma_{po} = \frac{0.322 \times 12{,}190}{427{,}620} \times \sqrt{\frac{160{,}000 \times 69{,}018{,}100}{0.01 \times 322.8}} = 16.978\,(\mathrm{N/mm^2})$$

④ 自動車荷重による継手伸縮量（式5.37）

$$e_o = \frac{6{,}000 \times 16.978}{160{,}000} = 0.637\,(\mathrm{mm})$$

⑤ 温度変化による継手伸縮量（式5.38）

$$e_t = 0.00001 \times 20 \times 6{,}000 = 1.200\,(\mathrm{mm})$$

⑥ 不同沈下による継手伸縮量（式5.39、式5.40）

軟弱地盤区間 $L_s = 60\,(\mathrm{m})$ において、その中央部が $\Delta h = 20\,(\mathrm{cm})$ の不同沈下を生じたと想定すると 30.0 (m) の区間における軸心の伸び $\Delta \ell$ は、以下のようになる。

$$\Delta \ell = \sqrt{30{,}000^2 + 200^2} - 30{,}000 = 0.667\,(\mathrm{mm})$$

この伸び $\Delta \ell$ は、30 (m) 区間の複数の継手に分散吸収されるが、ここでは1ヵ所の継手に集中した時を仮定すると、不同沈下による継手伸縮量 e_d は、以下のように求まる。

$$e_d = \Delta \ell = 0.667\,(\mathrm{mm})$$

(3) レベル1地震動による地盤条件と地盤定数の設定

① 基盤面における設計水平震度（式5.54）

$$K'_{h1} = 1.00 \times 0.15 = 0.150$$

② 表層地盤の固有周期（式5.47）

$$T_G = 4 \times \frac{10.000}{86.790} = 0.461\,(\mathrm{s})$$

③ 速度応答スペクトル

基盤地震動の単位震度あたりの速度応答スペクトルを図5.9より求めると、$S_V = 76.9\,(\mathrm{cm/s}) = 0.769\,(\mathrm{m/s})$ となる。

④ 表層地盤の動的せん断弾性波速度（式5.79）

$$V_{SD} = \frac{4 \times 10.000}{0.461} = 86.768 \text{（m／s）}$$

⑤ 基盤層の動的せん断弾性波速度

基盤層（砂質土・洪積世，N値＝50）の動的せん断弾性波速度 V_{SDB} は，を表5.8のせん断ひずみ 10^{-6} レベルより求める。

$$V_{SDB} = 205 \times 50^{0.125} = 334.291 \text{（m／s）}$$

⑥ 地盤振動の波長（式5.58、式5.59）

$$L_1 = 0.461 \times 86.768 = 40.000 \text{（m）}$$

$$L_2 = 0.461 \times 334.291 = 154.108 \text{（m）}$$

よって、地盤振動の波長Lは、以下のようになる。

$$L = \frac{2 \times 40.000 \times 154.108}{40.000 + 154.108} = 63.514 \text{（m）}$$

⑦ 地盤の剛性係数（式5.66、式5.67）

$$K_{g1} = 1.5 \times \frac{18.000}{9.8} \times 86.768^2 = 20,742 \text{（kN／m}^2\text{）}$$

$$K_{g2} = 3.0 \times \frac{18.000}{9.8} \times 86.768^2 = 41,485 \text{（kN／m}^2\text{）}$$

(4) レベル1地震動による管体応力、継手伸縮量および継手屈曲角度
① 地盤の水平変位振幅

管きょ中心深度 z における地盤の水平変位振幅 U_h は式5.44より求める。

$$z = H + \frac{Bc}{2} = 1.20 + \frac{0.3228}{2} = 1.361 \text{（m）}$$

よって、管きょ中心深度 z における地盤の水平変位振幅 $U_{h\,(1.361)}$ は、以下のよ

うになる。

$$U_{h(1.361)} = \frac{2}{\pi^2} \times 0.769 \times 0.461 \times 0.150 \times \cos\left(\frac{\pi \times 1.361}{2 \times 10.000}\right) \times 1.4$$
$$= 0.01474 \,(\mathrm{m}) = 14.74 \,(\mathrm{mm})$$

② 地盤変位の伝達係数（式5.84、式5.85、式5.92、式5.93、式5.99）

$$L' = \sqrt{2} \times 63.514 = 89.822 \,(\mathrm{m})$$

$$\lambda_1 = \sqrt{\frac{20{,}742}{1.6 \times 10^8 \times 5.483 \times 10^{-3}}} = 0.15376 \,(\mathrm{m}^{-1})$$

$$\lambda_2 = \sqrt[4]{\frac{41{,}485}{1.6 \times 10^8 \times 6.90181 \times 10^{-5}}} = 1.39220 \,(\mathrm{m}^{-1})$$

よって、地盤変位の伝達係数 a_1、a_2 は、以下のようになる。

$$a_1 = \frac{1}{1 + \left(\frac{2 \times \pi}{0.15376 \times 89.822}\right)^2} = 0.82852$$

$$a_2 = \frac{1}{1 + \left(\frac{2 \times \pi}{1.39220 \times 63.514}\right)^4} = 0.99997$$

③ 管きょの伸縮可撓継手がある場合の応力の補正係数（式5.104、式5.105、式5.108～式5.113、式5.119）

$$\nu = \frac{6.000}{63.514} = 9.447 \times 10^{-2}, \ \nu' = \frac{6.000}{89.822} = 6.680 \times 10^{-2}$$

$$\mu = \frac{6.000}{2 \times 63.514} = 4.723 \times 10^{-2}, \ \mu' = \frac{6.000}{2 \times 89.822} = 3.340 \times 10^{-2}$$

$$\beta = \sqrt[4]{\frac{41{,}485.0}{4 \times 1.600 \times 10^8 \times 6.90181 \times 10^{-5}}} = 9.844 \times 10^{-1} \,(\mathrm{m}^{-1})$$

$$\nu' \cdot \lambda_1 \cdot L' = 9.226 \times 10^{-1}, \ \mu' \cdot \lambda_1 \cdot L' = 4.613 \times 10^{-1}$$

$$\nu \cdot \beta \cdot L = 5.907, \quad \mu \cdot \beta \cdot L = 2.953$$

$$2 \cdot \pi \cdot \nu = 5.936 \times 10^{-1}, \quad 2 \cdot \pi \cdot \nu' = 4.197 \times 10^{-1},$$
$$2 \cdot \pi \cdot \mu = 2.968 \times 10^{-1}, \quad 2 \cdot \pi \cdot \mu' = 2.099 \times 10^{-1}$$

$$C_1 = -6.756 \times 10^1, \quad C_2 = -6.756 \times 10^1, \quad C_3 = 1.709 \times 10^2, \quad C_4 = 1.709 \times 10^2$$

$$e_1 = 1.789, \quad e_2 = 1.799, \quad e_3 = -9.390, \quad e_4 = -9.441$$

$$\Delta = ((1.709 \times 10^2) + (-6.756 \times 10^1)) \times ((1.709 \times 10^2)$$
$$- (-6.756 \times 10^1)) + 2 \times (-6.756 \times 10^1)^2 = 3.376 \times 10^4$$

$$\frac{2 \cdot \pi}{\beta \cdot L} = \frac{2 \times \pi}{9.844 \times 10^{-1} \times 63.514} = 1.005 \times 10^{-1}$$

$$f_1 = -9.861 \times 10^{-2}, \quad f_2 = -9.976 \times 10^{-1},$$
$$f_3 = 1.878 \times 10^{-3}, \quad f_4 = 1.021 \times 10^{-1}, \quad f_5 = 1.004$$

$$\phi_1 = 2.434 \times 10^{-1}, \quad \phi_2 = -5.185 \times 10^{-2},$$
$$\phi_3 = -3.154 \times 10^{-1}, \quad \phi_4 = -1.031$$

よって、管きょの伸縮可撓継手がある場合の応力の補正係数ξ_1、ξ_2は、以下のようになる。

$$\xi_1 = \frac{\sqrt{(2.434 \times 10^{-1})^2 + (-5.185 \times 10^{-2})^2}}{\exp(9.226 \times 10^{-1}) - \exp(-9.226 \times 10^{-1})} = 0.11750$$

$$\xi_2 = \sqrt{(-3.154 \times 10^{-1})^2 + (-1.031)^2} = 1.07860$$

④ 地震動による管体応力（式5.116～式5.118）

$$\sigma_{1L} = 0.82852 \times 0.11750 \times \frac{\pi \times 14.74}{63.514} \times 160{,}000 = 11.356 \text{ （N／mm}^2\text{）}$$

$$\sigma_{1B} = 0.99997 \times 1.07860 \times \frac{2 \times \pi^2 \times 322.8 \times 14.74}{63,514^2} \times 160,000 = 4.018 \ (\text{N}/\text{mm}^2)$$

よって、地震動により軸方向断面に発生する管きょの軸方向応力と曲げ応力の合成応力 σ_{1x} は、以下のようになる。

$$\sigma_{1x} = \sqrt{3.12 \times 11.356^2 + 4.018^2} = 20.457 \ (\text{N}/\text{mm}^2)$$

⑤ 継手の軸方向伸縮量（式5.123〜式5.128、式5.133）

$$\gamma_1 = \frac{2 \times \pi \times 6.000}{89.222} = 0.41971$$

$$\beta_1 = \sqrt{\frac{20,742}{1.6 \times 10^8 \times 5.483 \times 10^{-3}}} \times 6.000 = 0.92259$$

$$a_1 = \frac{1}{1 + \left(\frac{0.41971}{0.92259}\right)^2} = 0.82853$$

$$U_a = \frac{1}{\sqrt{2}} \times 0.01474 = 0.0104 \ (\text{m})$$

$$u_0 = 0.82853 \times 0.0104 = 0.0086 \ (\text{m})$$

$$\bar{u}_j = \frac{2 \times 0.41971 \times |\cosh(0.92259) - \cos(0.41971)|}{0.92259 \times \sinh(0.92259)} = 0.467$$

よって、軸方向継手伸縮量 $|u_j|$ は、以下のようになる。

$$|u_j| = 0.0086 \times 0.467 = 0.004016 \ (\text{m}) = 4.016 \ (\text{mm})$$

⑥ 継手の屈曲角度（式5.137）

$$\theta = \frac{4 \times \pi^2 \times 6.000 \times 0.01474}{63.514^2} = 0.000866\,(\mathrm{rad}) = 0.04962\,(°) = 0°2'59''$$

(5) レベル2地震動による地盤条件と地盤定数の設定
① 速度応答スペクトル

軸応力検討用の基盤地震動の速度応答スペクトル S_V' を図6.3の上限値より求めると、$S_V' = 40.7\,(\mathrm{cm/s}) = 0.407\,(\mathrm{m/s})$ となる。

その他検討用の基盤地震動の速度応答スペクトル S_V' を図6.7の上限値より求めると、$S_V' = 58.2\,(\mathrm{cm/s}) = 0.582\,(\mathrm{m/s})$ となる。

(6) レベル2地震動による管体応力、継手伸縮量および継手屈曲角度
① 地盤の水平変位振幅（式6.15、式6.16）

$$U'_{h(1.361)} = \frac{2}{\pi^2} \times 0.407 \times 0.461 \times \cos\left(\frac{\pi \times 1.361}{2 \times 10.000}\right) \times 1.4$$
$$= 0.05202\,(\mathrm{m}) = 52.02\,(\mathrm{mm})$$

$$U_{h(1.361)} = \frac{2}{\pi^2} \times 0.582 \times 0.461 \times \cos\left(\frac{\pi \times 1.361}{2 \times 10.000}\right) \times 1.4$$
$$= 0.07438\,(\mathrm{m}) = 74.38\,(\mathrm{mm})$$

② 地震動による管体応力（式6.83～式6.85）

$$\sigma'_{2L} = 0.82852 \times 0.11750 \times \frac{\pi \times 52.02}{63.514} \times 160{,}000 = 40.079\,(\mathrm{N/mm^2})$$

$$\sigma'_{1B} = 0.99997 \times 1.07860 \times \frac{2 \times \pi^2 \times 322.8 \times 74.38}{63.514^2} \times 160{,}000 = 20.274\,(\mathrm{N/mm^2})$$

よって、地震動により軸方向断面に発生する管きょの軸方向応力と曲げ応力の合成応力 σ_X は、以下のようになる。

$$\sigma'_{2x} = \sqrt{40.079^2 + 20.274^2} = 44.915\,(\mathrm{N/mm^2})$$

③ 継手の軸方向伸縮量（式6.110〜式6.115、式6.117）

$$\gamma_1 = \frac{2 \times \pi \times 6.000}{89.822} = 0.41971$$

$$\beta_1 = \sqrt{\frac{20,742}{1.6 \times 10^8 \times 5.483 \times 10^{-3}}} \times 6.000 = 0.92259$$

$$a_1 = \frac{1}{1 + \left(\frac{0.41971}{0.92259}\right)^2} = 0.82853$$

$$U_a = \frac{1}{\sqrt{2}} \times 0.07438 = 0.0526 \text{ (m)}$$

$$u_0 = 0.82853 \times 0.0526 = 0.0436 \text{ (m)}$$

$$\bar{u}_j = \frac{2 \times 0.41971 \times |\cosh(0.92259) - \cos(0.41971)|}{0.92259 \times \sinh(0.92259)} = 0.467$$

よって、軸方向継手伸縮量$|u_j|$は、以下のようになる。

$$|u_j| = 0.0436 \times 0.467 = 0.020361 \text{ (m)} = 20.361 \text{ (mm)}$$

④ 継手の屈曲角度（式6.119）

$$\theta = \frac{4 \times \pi^2 \times 6.000 \times 0.7438}{63.514^2} = 0.004367 \text{ (rad)} = 0.25021 \text{ (°)} = 0°15'1''$$

2.2 ポリエチレン管　φ150　表層地盤の厚さ H_g = 10.0m

(1) 設計条件

① 埋設条件

土被り　H（m）	1.20

② 常時荷重条件

鉛直方向地盤反力係数 K_V (kN/m³)	10,000
設計内圧 P_i (MPa)	1.00
自動車1後輪あたりの荷重 P_m (kN)	100
温度変化 ΔT (℃)	15
軟弱地盤区間長 L_s (m)	50.0

(2) **常時荷重による管体ひずみ**

① 内圧による軸方向ひずみ（**式 5.41**）

$$\varepsilon_{pi} = 0.47 \times \frac{1.00 \times (180.0 - 16.4)}{2 \times 16.4 \times 1,000} = 0.002344 = 0.234 \ (\%)$$

② 自動車荷重による軸方向ひずみ

　(a) 自動車荷重（**式 5.35**）

$$W_m = \frac{2 \times 100,000 \times 180.0 \times (1 + 0.50) \times 0.9}{2,750 \times (200 + 2 \times 1,200 \times \tan 45)} = 6.797 \ (\text{N/mm})$$

　(b) 自動車荷重による軸方向ひずみ（**式 5.42**）

$$\varepsilon_{po} = \frac{0.322 \times 6.797}{316,500 \times 1,000} \times \sqrt{\frac{1,000 \times 28,483,700}{0.01 \times 180.0}} = 0.000870 = 0.087 \ (\%)$$

③ 温度変化による軸方向ひずみ（**式 5.43**）

$$\varepsilon_{pt} = 0.00013 \times 15 = 0.195 \ (\%)$$

④ 不同沈下による軸方向ひずみ

　(a) 地盤の剛性係数（**式 5.67**）

周辺地盤（埋戻し土：砂質土・沖積層、N値 = 5.9）のせん断弾性波速度を**表 5.8**の微小ひずみ時（せん断ひずみ 10^{-6} レベル）より求める。

$$V_s = 103.0 \times 5.9^{0.211} = 149.791 \ (\text{m/s})$$

$$K_{g2} = 3.0 \times \frac{18.000}{9.8} \times 149.791^2 = 123,634 \ (\text{kN/m}^2)$$

(b) 不同沈下による軸方向ひずみ

軟弱地盤区間 $L_s = 50$ (m) において、その中央部が不同沈下を生じたと想定する。

ポリエチレン管を弾性床上の梁とした場合、最大曲げモーメントは「構造力学公式集」（土木学会）によると、M_1 または M_2 のいずれか大きな値によって安全側に近似することができるため、不同沈下による軸方向ひずみ ε_{ps} は、次式より求める。

$$\beta_o = \sqrt[4]{\frac{123{,}634}{(4 \times 1 \times 10^6 \times 2.84837 \times 10^{-5})}} = 5.739$$

$$W_d = 18.000 \times 1.20 \times 0.18 = 3.888 \ (\mathrm{kN/m})$$

$$M_1 = \frac{3.888}{2 \times 5.739^2} \times \exp\left(-\frac{5.739 \times 50.0}{2}\right) \times \sin\left(\frac{5.739 \times 50.0}{2}\right) = 0.000000 \ (\mathrm{kN \cdot m})$$

$$M_2 = \frac{0.3877 \times 3.888}{5.739^2} \times [0.2079 + \exp(-5.739 \times 50.0) \times \{\sin(5.739 \times 50.0)$$
$$- \cos(5.739 \times 50.0)\}] = 0.009515 \ (\mathrm{kN \cdot m})$$

よって $M_1 < M_2$ により、不同沈下による軸方向ひずみ ε_{ps} は、以下のようになる。

$$\varepsilon_{ps} = \frac{0.009515}{1 \times 10^6 \times 2.84837 \times 10^{-5}} \times \frac{0.18}{2} = 0.000030 = 0.003 \ (\%)$$

(3) レベル1地震動による管体ひずみ

① 地盤の水平変位振幅

管きょ中心深度における地盤の水平変位振幅 U_h は、**式5.44**より求める。

$$z = H + \frac{Bc}{2} = 1.20 + \frac{0.18}{2} = 1.290 \ (\mathrm{m})$$

よって、管きょ中心深度 z における地盤の水平変位振幅 $U_{h\,(1.290)}$ は、以下のようになる。

$$U_{h(1.290)} = \frac{2}{\pi^2} \times 0.769 \times 0.461 \times 0.150 \times \cos\left(\frac{\pi \times 1.290}{2 \times 10.000}\right) = 0.01056 \text{ (m)}$$

② 地震動により地盤に生じるひずみ（式5.63）

$$\varepsilon_{gd} = \frac{\pi}{63.514} \times 0.01056 \times 1.4 = 0.000731$$

③ 地震動によるひずみ（式5.96～式5.98）

$$\varepsilon_{1L} = 1.00000 \times 0.000731 = 0.000731$$

$$\varepsilon_{1B} = 1.00000 \times \frac{2 \times \pi \times 0.18}{63.514} \times 0.000731 = 0.000013$$

よって、地震動により軸方向断面に発生する管きょの軸方向ひずみと曲げひずみの合成ひずみ ε_x は、以下のようになる。

$$\varepsilon_{1x} = \sqrt{3.12 \times 0.000731^2 + 0.000013^2} = 0.001291 = 0.129 \text{ (\%)}$$

(4) レベル2地震動による管体ひずみ

① 地盤の水平変位振幅（式6.16）

$$U_{h(1.290)} = \frac{2}{\pi^2} \times 0.582 \times 0.461 \times \cos\left(\frac{\pi \times 1.290}{2 \times 10.000}\right) = 0.05326 \text{ (m)}$$

② 地震動により地盤に生じるひずみ（式6.38）

$$\varepsilon_{gd} = \frac{\pi}{63.514} \times 0.05326 \times 1.4 = 0.003688$$

③ 地震動による管体ひずみ（式5.96～式5.98）

$$\varepsilon_{2L} = 1.00000 \times 0.003688 = 0.003688$$

$$\varepsilon_{2B} = 1.00000 \times \frac{2 \times \pi \times 0.18}{63.514} \times 0.003688 = 0.000066$$

よって、地震動により軸方向断面に発生する管きょの軸方向ひずみと曲げひずみの合成ひずみ ε_x は、以下のようになる。

$$\varepsilon_{2x} = \sqrt{0.003688^2 + 0.000066^2} = 0.003689 = 0.369 \, (\%)$$

3 下水道管路の耐震計算

3.1 硬質塩化ビニル管 K-1 φ300 表層地盤の厚さ H_g = 10.0m

(1) 設計条件

① 埋設条件

土被り H (m)	1.20
マンホールスパン（マンホール間距離） L_o (m)	40.0
マンホール床付面の深さ h (m)	1.81
液状化による地盤沈下量（レベル2） h_o (m)	0.30
液状化地盤の永久ひずみ（レベル2） ε_g (%)	1.5
傾斜地盤の永久ひずみ（レベル2） ε_g (%)	1.3
硬軟境界部に生じるひずみ（レベル2） ε_{gd2} (%)	0.5
応答変位量に差が生じて発生するひずみ（レベル2） ε_{G3} (%)	0.3

(2) レベル1地震動による地盤条件と地盤定数の設定

① 表層地盤の基本固有周期（式5.49）

$$T_G = 4 \times \frac{10.000}{136.798} = 0.292 \, (\text{s})$$

② 表層地盤の固有周期（式5.50）

$$T_S = 1.25 \times 0.292 = 0.365 \, (\text{s})$$

③ 表層地盤の設計応答速度

表層地盤の設計応答速度 S_V を図5.10より求めると、S_V = 0.206 (m／s) となる。

④ 表層地盤の動的せん断弾性波速度（式5.79）

$$V_{SD} = \frac{4 \times 10.000}{0.365} = 109.589 \, (\text{m／s})$$

⑤ 基盤層の動的せん断弾性波速度

基盤層の動的せん断弾性波速度 V_{SDB} は、以下のように定める。

$$V_{SDB} = 300.000 \ (\text{m/s})$$

⑥ 地盤振動の波長（式 5.60、式 5.61）

$$L_1 = 0.365 \times 109.589 = 40.000 \ (\text{m})$$

$$L_2 = 0.365 \times 300.000 = 109.500 \ (\text{m})$$

よって、地盤振動の波長 L は、以下のようになる。

$$L = \frac{2 \times 40.000 \times 109.500}{40.000 + 109.500} = 58.595 \ (\text{m})$$

⑦ 地盤の剛性係数（式 5.68、式 5.69）

$$K_{g1} = 1.5 \times \frac{18.000}{9.8} \times 109.589^2 = 33,088 \ (\text{kN/m}^2)$$

$$K_{g2} = 3.0 \times \frac{18.000}{9.8} \times 109.589^2 = 66,176 \ (\text{kN/m}^2)$$

⑧ 管きょ中心深度における地盤の水平変位振幅

管きょ中心深度 z における地盤の水平変位振幅 U_h は、式 5.45 より求める。

$$z = H + \frac{Bc}{2} = 1.20 + \frac{0.318}{2} = 1.359 \ (\text{m})$$

よって、管きょ中心深度 z における地盤の水平変位振幅 $U_{h(1.359)}$ は、以下のようになる。

$$U_{h(1.359)} = \frac{2}{\pi^2} \times 0.206 \times 0.365 \times \cos\left[\frac{\pi \times 1.359}{2 \times 10.000}\right] = 0.01489 \ (\text{m}) = 14.89 \ (\text{mm})$$

⑨ 地震動により地盤に生じるひずみ（式 5.64）

$$\varepsilon_{gd} = \frac{\pi}{58.595} \times 0.01489 = 0.000798$$

(3) レベル1地震動による管きょと管きょの継手部
① 地震動による影響
 (a) 地震動による屈曲角（式 5.138）

$$\theta = \left(\frac{2 \times \pi}{0.365}\right)^2 \times \frac{0.01489}{109.589^2} \times 4.000 = 0.00147 \text{ (rad)} = 0.084 \text{ (°)} = 0° \ 5' \ 2''$$

 (b) 地震動による抜出し量（式 5.129）

$$\delta = 0.000798 \times 4.000 = 0.00319 \text{ (m)} = 0.319 \text{ (cm)}$$

(4) レベル1地震動によるマンホールと管きょの接続部
① 地震動による影響
　地震動によってマンホールと管きょとの接続部に生じる屈曲角 θ は、周辺地盤の影響を無視してマンホールと管きょの回転角と同値とみなし、**式 5.139**、**式 5.140** より求める。

地表面での地盤の水平変位振幅 $U_{h(0)}$

$$U_{h(0)} = \frac{2}{\pi^2} \times 0.206 \times 0.365 \times \cos\left(\frac{\pi \times 0}{2 \times 10.000}\right) = 0.01524 \text{ (m)}$$

マンホール床付面での地盤の水平変位振幅 $U_{h(1.81)}$

$$U_{h(1.81)} = \frac{2}{\pi^2} \times 0.206 \times 0.365 \times \cos\left(\frac{\pi \times 1.81}{2 \times 10.000}\right) = 0.01462 \text{ (m)}$$

　よって、地震動によってマンホールと管きょとの接続部に生じる屈曲角 θ は、以下のようになる。

$$\theta = \tan^{-1}\left(\frac{0.01524 - 0.01462}{1.81}\right) = 0.00034 \text{ (rad)} = 0.019 \text{ (°)} = 0° \ 1' \ 8''$$

(5) レベル1地震動による管体応力

① 地盤変位の伝達係数（式5.100〜式5.103）

$$L' = \sqrt{2} \times 58.595 = 82.866 \text{ (m)}$$

$$\lambda_1 = \sqrt{\frac{33,088}{2.942 \times 10^6 \times 9.582 \times 10^{-3}}} = 1.08339 \text{ (m}^{-1}\text{)}$$

$$\lambda_2 = \sqrt[4]{\frac{66,176}{2.942 \times 10^6 \times 1.138199 \times 10^{-4}}} = 3.74938 \text{ (m}^{-1}\text{)}$$

よって、地盤変位の伝達係数 a_1、a_2 は、以下のようになる。

$$a_1 = \frac{1}{1+\left(\dfrac{2 \times \pi}{1.08339 \times 82.866}\right)^2} = 0.99513$$

$$a_2 = \frac{1}{1+\left(\dfrac{2 \times \pi}{3.74938 \times 58.595}\right)^4} = 1.00000$$

② 管きょの伸縮可撓継手がある場合の応力の補正係数（式5.104、式5.105、式5.108〜式5.113、式5.119）

$$\nu = \frac{4.000}{58.595} = 6.827 \times 10^{-2}, \quad \nu' = \frac{4.000}{82.866} = 4.827 \times 10^{-2}$$

$$\mu = \frac{4.000}{2 \times 58.595} = 3.413 \times 10^{-2}, \quad \mu' = \frac{4.000}{2 \times 82.866} = 2.414 \times 10^{-2}$$

$$\beta = \sqrt[4]{\frac{66,176.0}{4 \times 2.942 \times 10^6 \times 1.138199 \times 10^{-4}}} = 2.651 \text{ (m}^{-1}\text{)}$$

$$\nu' \cdot \lambda_1 \cdot L' = 4.334, \ \mu' \cdot \lambda_1 \cdot L' = 2.167, \ \nu \cdot \beta \cdot L = 1.060 \times 10^1, \ \mu \cdot \beta \cdot L = 5.302$$

$2 \cdot \pi \cdot v = 4.289 \times 10^{-1}, \quad 2 \cdot \pi \cdot v' = 3.033 \times 10^{-1},$
$2 \cdot \pi \cdot \mu = 2.145 \times 10^{-1}, \quad 2 \cdot \pi \cdot \mu' = 1.516 \times 10^{-1}$

$C_1 = -1.865 \times 10^4, \quad C_2 = -1.865 \times 10^4, \quad C_3 = -7.680 \times 10^3, \quad C^4 = -7.680 \times 10^3$

$e_1 = -8.343 \times 10^1, \quad e_2 = -8.344 \times 10^1, \quad e_3 = 5.587 \times 10^1, \quad e_4 = 5.587 \times 10^1$

$\Delta = ((-7.680 \times 10^3) + (-1.865 \times 10^4)) \times ((-7.680 \times 10^3) - (-1.865 \times 10^4)) + 2 \times (-1.865 \times 10^4)^2 = 4.066 \times 10^8$

$$\frac{2 \cdot \pi}{\beta \cdot L} = \frac{2 \times \pi}{2.651 \times 58.595} = 4.045 \times 10^{-2}$$

$f_1 = -4.047 \times 10^{-2}, \quad f_2 = -1.000,$
$f_3 = -2.524 \times 10^{-5}, \quad f_4 = 4.048 \times 10^{-2}, \quad f_5 = 1.000$

$\phi_1 = 5.849 \times 10^1, \quad \phi_2 = -8.938, \quad \phi_3 = -2.134 \times 10^{-1}, \quad \phi_4 = -9.798 \times 10^{-1}$

よって、管きょの伸縮可撓継手がある場合の応力の補正係数ξ_1、ξ_2は、以下のようになる。

$$\xi_1 = \sqrt{\frac{(5.849 \times 10^1)^2 + (-8.938)^2}{\exp(4.334) - \exp(-4.334)}} = 0.77647$$

$$\xi_2 = \sqrt{(-2.134 \times 10^{-1})^2 + (-9.798 \times 10^{-1})^2} = 1.00274$$

③ 地震動による管体応力（式 5.86 ～式 5.88）

$$\sigma_L = 0.99513 \times 0.77647 \times \frac{\pi \times 14.89}{58,595} \times 2,942 = 1.815 \ (\text{N}/\text{mm}^2)$$

$$\sigma_B = 1.00000 \times 1.00274 \times \frac{2 \times \pi^2 \times 318 \times 14.89}{58,595^2} \times 2,942 = 0.080 \ (\text{N}/\text{mm}^2)$$

よって、地震動により軸方向断面に発生する管きょの軸方向応力と曲げ応力の合成応力 σ_X は、以下のようになる。

$$\sigma_X = \sqrt{3.12 \times 1.815^2 + 0.080^2} = 3.207 \ (\text{N}/\text{mm}^2)$$

(6) レベル2地震動による地盤条件と地盤定数の設定

① 表層地盤の固有周期（式6.23）

$$T_S = 2.00 \times 0.292 = 0.584 \ (\text{s})$$

② 表層地盤の設計応答速度

表層地盤の設計応答速度 S_V を図6.8より求めると、$S_V = 0.646 (\text{m}/\text{s})$ となる。

③ 表層地盤の動的せん断弾性波速度（式6.47）

$$V_{SD} = \frac{4 \times 10.000}{0.584} = 68.493 \ (\text{m}/\text{s})$$

④ 地盤振動の波長（式6.34～式6.36）

$$L_1 = 0.584 \times 68.493 = 40.000 \ (\text{m})$$

$$L_2 = 0.584 \times 300.000 = 175.200 \ (\text{m})$$

よって、地盤振動の波長 L は、以下のようになる。

$$L = \frac{2 \times 40.000 \times 175.200}{40.000 + 175.200} = 65.130 \ (\text{m})$$

⑤ 地盤の剛性係数（式6.44、式6.45）

$$K_{g1} = 1.5 \times \frac{18.000}{9.8} \times 68.493^2 = 12{,}925 \ (\text{kN}/\text{m}^2)$$

$$K_{g2} = 3.0 \times \frac{18.000}{9.8} \times 68.493^2 = 25{,}850 \ (\text{kN}/\text{m}^2)$$

⑥ 管きょ中心深度における地盤の水平変位振幅（式6.17）

$$U_{h(1.359)} = \frac{2}{\pi^2} \times 0.646 \times 0.584 \times \cos\left(\frac{\pi \times 1.359}{2 \times 10.000}\right) = 0.07471 \,(\mathrm{m}) = 74.71 \,(\mathrm{mm})$$

⑦ 地震動により地盤に生じるひずみ（式6.39）

$$\varepsilon_{gd} = \frac{\pi}{65.130} \times 0.07471 = 0.003604$$

(7) レベル2地震動による管きょと管きょの継手部
① 地震動による影響
　(a) 地震動による屈曲角（式6.120）

$$\theta = \left(\frac{2 \times \pi}{0.584}\right)^2 \times \frac{0.07471}{68.493^2} \times 4.000 = 0.00737 \,(\mathrm{rad}) = 0.422 \,(°) = 0° \,25' \,19''$$

　(b) 地震動による抜出し量（式6.116）

$$\delta = 0.003604 \times 4.000 = 0.01442 \,(\mathrm{m}) = 1.442 \,(\mathrm{cm})$$

② 地盤の液状化に伴う影響
　(a) 永久ひずみによる抜出し量
　液状化護岸近傍（護岸より100m以内）における地盤の永久ひずみによる管きょと管きょの継手部の抜出し量δは、式7.3 より求める。

$$\delta = 0.015 \times 4.000 = 0.06000 \,(\mathrm{m}) = 6.000 \,(\mathrm{cm})$$

　(b) 地盤沈下による屈曲角（式7.4）

$$\theta = 2 \cdot \tan^{-1}\left(\frac{4 \times 0.30}{40.0^2} \times 4.000\right) = 0.00600 \,(\mathrm{rad}) = 0.344 \,(°) = 0° \,20' \,38''$$

　(c) 地盤沈下による抜出し量（式7.5）

$$n = \frac{L_P}{\ell} = \frac{40.0}{4.000} = 10 \,(\text{本})$$

$$\delta_{s\,\max} = \frac{4.000}{\cos\left(\frac{10-1}{2} \times 0.00600\right)} - 4.000 = 0.00146\,(\mathrm{m}) = 0.146\,(\mathrm{cm})$$

③ 急傾斜地の場合の影響

非液状化の人工改変地の傾斜地盤（地表面勾配が5％以上の盛土）における永久ひずみによる管きょと管きょの継手部の抜出し量 δ は、**式7.3** より求める。

$$\delta = 0.013 \times 4.000 = 0.05200\,(\mathrm{m}) = 5.200\,(\mathrm{cm})$$

④ 地盤の硬軟急変化部を通過する場合の影響（**式8.3**）

$$\delta = 0.005 \times 4.000 = 0.02000\,(\mathrm{m}) = 2.000\,(\mathrm{cm})$$

⑤ 浅層不整形地盤を通過する場合の影響

(a) 浅層不整形地盤における地盤ひずみ（**式8.7**）

$$\varepsilon_{G2} = \sqrt{0.003604^2 + 0.003^2} = 0.004689$$

(b) 浅層不整形地盤での抜出し量（**式8.6**）

$$\delta = 0.004689 \times 4.000 = 0.01876\,(\mathrm{m}) = 1.876\,(\mathrm{cm})$$

(8) レベル2地震動によるマンホールと管きょの接続部

① 地震動による影響（**式5.139、式5.140**）

地表面での地盤の水平変位振幅 $U_{h(0)}$

$$U_{h(0)} = \frac{2}{\pi^2} \times 0.646 \times 0.584 \times \cos\left(\frac{\pi \times 0}{2 \times 10.000}\right) = 0.07645\,(\mathrm{m})$$

マンホール床付面での地盤の水平変位振幅 $U_{h(1.81)}$

$$U_{h(1.81)} = \frac{2}{\pi^2} \times 0.646 \times 0.584 \times \cos\left(\frac{\pi \times 1.81}{2 \times 10.000}\right) = 0.07338\,(\mathrm{m})$$

よって、地震動によってマンホールと管きょとの接続部に生じる屈曲角 θ は、以下のようになる。

$$\theta = \tan^{-1}\left(\frac{0.07645 - 0.07338}{1.81}\right) = 0.00170 \text{ (rad)} = 0.097 \text{ (°)} = 0° \ 5' \ 49''$$

(9) レベル2地震動による管体応力
① 地盤変位の伝達係数（式6.86～式6.89）

$$L' = \sqrt{2} \times 65.130 = 92.108 \text{ （m）}$$

$$\lambda_1 = \sqrt{\frac{12{,}925}{2.942 \times 10^6 \times 9.582 \times 10^{-3}}} = 0.67712 \text{ (m}^{-1})$$

$$\lambda_2 = \sqrt[4]{\frac{25{,}850}{2.942 \times 10^6 \times 1.138199 \times 10^{-4}}} = 2.96415 \text{ (m}^{-1})$$

よって、地盤変位の伝達係数 a_1、a_2 は、以下のようになる。

$$a_1 = \frac{1}{1 + \left(\dfrac{2\times\pi}{0.67712 \times 92.108}\right)^2} = 0.98995$$

$$a_2 = \frac{1}{1 + \left(\dfrac{2\times\pi}{2.96415 \times 65.130}\right)^4} = 1.00000$$

② 管きょの伸縮可撓継手がある場合の応力の補正係数（式6.90、式6.91、式6.97～式6.102、式6.107）

$$\nu = \frac{4.000}{65.130} = 6.142 \times 10^{-2}, \quad \nu' = \frac{4.000}{92.108} = 4.343 \times 10^{-2}$$

$$\mu = \frac{4.000}{2 \times 65.130} = 3.071 \times 10^{-2}, \quad \mu' = \frac{4.000}{2 \times 92.108} = 2.171 \times 10^{-2}$$

$$\beta = \sqrt[4]{\frac{25{,}850.0}{4 \times 2.942 \times 10^6 \times 1.138199 \times 10^{-4}}} = 2.096 \text{ (m}^{-1})$$

$$v' \cdot \lambda_1 \cdot L' = 2.708, \quad \mu' \cdot \lambda_1 \cdot L' = 1.354, \quad v \cdot \beta \cdot L = 8.384, \quad \mu \cdot \beta \cdot L = 4.192$$

$$2 \cdot \pi \cdot v = 3.859 \times 10^{-1}, \quad 2 \cdot \pi \cdot v' = 2.729 \times 10^{-1},$$
$$2 \cdot \pi \cdot \mu = 1.929 \times 10^{-1}, \quad 2 \cdot \pi \cdot \mu' = 1.364 \times 10^{-1}$$

$$C_1 = 1.888 \times 10^3, \quad C_2 = 1.888 \times 10^3, \quad C_3 = -1.106 \times 10^3, \quad C_4 = -1.106 \times 10^3$$

$$e_1 = -2.869 \times 10^1, \quad e_2 = -2.870 \times 10^1, \quad e_3 = -1.644 \times 10^1, \quad e_4 = -1.645 \times 10^1$$

$$\Delta = ((-1.106 \times 10^3) + (1.888 \times 10^3)) \times ((-1.106 \times 10^3) - (1.888 \times 10^3)) + 2 \times (1.888 \times 10^3)^2 = 4.787 \times 10^6$$

$$\frac{2 \cdot \pi}{\beta \cdot L} = \frac{2 \times \pi}{2.096 \times 65.130} = 4.603 \times 10^{-2}$$

$$f_1 = -4.598 \times 10^{-2}, \quad f_2 = -9.998 \times 10^{-1},$$
$$f_3 = 4.466 \times 10^{-5}, \quad f_4 = 4.576 \times 10^{-2}, \quad f_5 = 9.993 \times 10^{-1}$$

$$\phi_1 = 7.703, \quad \phi_2 = -1.058, \quad \phi_3 = -1.996 \times 10^{-1}, \quad \phi_4 = -1.021$$

よって、管きょの伸縮可撓継手がある場合の応力の補正係数 ξ_1、ξ_2 は、以下のようになる。

$$\xi_1 = \frac{\sqrt{(7.703)^2 + (-1.058)^2}}{\exp(2.708) - \exp(-2.708)} = 0.52047$$

$$\xi_2 = \sqrt{(-1.996 \times 10^{-1})^2 + (-1.021)^2} = 1.04072$$

③　地震動による管体応力（式6.67～式6.69）

$$\sigma_L = 0.98995 \times 0.52047 \times \frac{\pi \times 74.71}{65,130} \times 2,942 = 5.463 \, (\text{N}/\text{mm}^2)$$

$$\sigma_B = 1.00000 \times 1.04072 \times \frac{2 \times \pi^2 \times 318 \times 74.71}{65,130^2} \times 2,942 = 0.338 \, (\text{N}/\text{mm}^2)$$

よって、地震動により軸方向断面に発生する管きょの軸方向応力と曲げ応力の合成応力 σ_X は、以下のようになる。

$$\sigma_X = \sqrt{5.463^2 + 0.338^2} = 5.473 \ (\text{N}/\text{mm}^2)$$

3.2　推進工法用硬質塩化ビニル管　K-6　φ300　表層地盤の厚さ H_g = 10.0m
(1)　設計条件
① 埋設条件

土被り　H（m）	4.00
マンホールスパン（マンホール間距離）　L_o（m）	40.0
マンホール床付面の深さ　h（m）	4.61
液状化による地盤沈下量（レベル 2）　h_o（m）	0.30
液状化した地盤の最大摩擦力（レベル 2）　τ'（N／mm^2）	0.001

(2)　レベル 1 地震動による軸方向断面
① 地盤の水平変位振幅

管きょ中心深度 z における地盤の水平変位振幅 U_h は、式 5.45 より求める。

$$z = H + \frac{B_c}{2} = 4.00 + \frac{0.318}{2} = 4.159 \ (\text{m})$$

よって、管きょ中心深度 z における地盤の水平変位振幅 $U_{h(4.159)}$ は、以下のようになる。

$$U_{h(4.159)} = \frac{2}{\pi^2} \times 0.206 \times 0.365 \times \cos\left(\frac{\pi \times 4.159}{2 \times 10.000}\right) = 0.01210 \ (\text{m}) = 12.10 \ (\text{mm})$$

② 地震動による管体応力（式 5.86 ～式 5.88）

$$\sigma_L = 0.99513 \times \frac{\pi \times 12.10}{58,595} \times 2,942 = 1.899 \ (\text{N}/\text{mm}^2)$$

$$\sigma_B = 1.00000 \times \frac{2 \times \pi^2 \times 3.18 \times 12.10}{58,595^2} \times 2,942 = 0.065 \ (\text{N}/\text{mm}^2)$$

よって、地震動により軸方向断面に発生する管きょの軸方向応力と曲げ応力の

合成応力 σ_X は、以下のようになる。

$$\sigma_X = \sqrt{3.12 \times 1.899^2 + 0.065^2} = 3.355 \text{ (N/mm}^2\text{)}$$

③　地震動による影響
　(a)　地震動による屈曲角

地震動によってマンホールと管きょとの接続部に生じる屈曲角 θ は、周辺地盤の影響を無視してマンホールと管きょの回転角と同値とみなし、式5.139、式5.140 より求める。

地表面での地盤の水平変位振幅 $U_{h(0)}$

$$U_{h(0)} = \frac{2}{\pi^2} \times 0.206 \times 0.365 \times \cos\left(\frac{\pi \times 0}{2 \times 10.000}\right) = 0.01524 \text{ (m)}$$

マンホール床付面での地盤の水平変位振幅 $U_{h(4.61)}$

$$U_{h(4.61)} = \frac{2}{\pi^2} \times 0.206 \times 0.365 \times \cos\left(\frac{\pi \times 4.61}{2 \times 10.000}\right) = 0.01141 \text{ (m)}$$

よって、地震動によってマンホールと管きょとの接続部に生じる屈曲角 θ は、以下のようになる。

$$\theta = \tan^{-1}\left(\frac{0.01524 - 0.01141}{4.61}\right) = 0.00083 \text{ (rad)} = 0.048 \text{ (°)} = 0° \ 2' \ 53''$$

　(b)　地震動による抜出し量

地震動による管きょのマンホールからの抜出し量 $|u_l|$ は、式5.130 〜式5.132、式5.135、式5.136 より求める軸方向継手伸縮量と同値とみなす。

$$L' = \sqrt{2} \times 58,595 = 82,866 \text{ (mm)}$$

$$\gamma_1 = \frac{2 \cdot \pi \times 40,000}{82,866} = 3.03294$$

$$\beta_1 = \sqrt{\frac{33.088}{2,942 \times 9,582}} \times 40,000 = 43.33570$$

$$a_1 = \cfrac{1}{1 + \left(\cfrac{3.03294}{43.33570}\right)^2} = 0.99513$$

$$U_a = \frac{1}{\sqrt{2}} \times 12.10 = 8.556 \text{ (mm)}$$

$$u_0 = 0.99513 \times 8.556 = 8.514 \text{ (mm)}$$

$$\overline{u}_J = \frac{2 \times 3.03294 \times |\cosh(43.33570) - \cos(3.03294)|}{43.33570 \times \sinh(43.33570)} = 0.13997$$

よって、地震動による管きょのマンホールからの抜出し量(軸方向継手伸縮量 $|u_J|$)は、以下のようになる。

$$|u_J| = 8.514 \times 0.13997 = 1.19 \text{ (mm)} = 0.119 \text{ (cm)}$$

(3) レベル2地震動による軸方向断面
① 地盤の水平変位振幅(式6.17)

$$U_{h(4.159)} = \frac{2}{\pi^2} \times 0.646 \times 0.584 \times \cos\left(\frac{\pi \times 4.159}{2 \times 10.000}\right) = 0.06071 \text{ (m)} = 60.71 \text{ (mm)}$$

② 地震動による管体応力(式6.67～式6.69)

$$\sigma_L = 0.98995 \times \frac{\pi \times 60.71}{58,595} \times 2,942 = 8.529 \text{ (N／mm}^2\text{)}$$

$$\sigma_B = 1.00000 \times \frac{2 \times \pi^2 \times 318 \times 60.71}{58,595^2} \times 2,942 = 0.264 \text{ (N／mm}^2\text{)}$$

よって、地震動により軸方向断面に発生する管きょの軸方向応力と曲げ応力の合成応力 σ_X は、以下のようになる。

$$\sigma_X = \sqrt{8.529^2 + 0.264^2} = 8.533 \text{ (N／mm}^2\text{)}$$

③ 地震動による影響
(a) 地震動による屈曲角（式5.139、式5.140）

地表面での地盤の水平変位振幅 $U_{h(0)}$

$$U_{h(0)} = \frac{2}{\pi^2} \times 0.646 \times 0.584 \times \cos\left(\frac{\pi \times 0}{2 \times 10.000}\right) = 0.07645 \text{ (m)}$$

マンホール床付面での地盤の水平変位振幅 $U_{h(4.61)}$

$$U_{h(4.61)} = \frac{2}{\pi^2} \times 0.646 \times 0.584 \times \cos\left(\frac{\pi \times 4.61}{2 \times 10.000}\right) = 0.05727 \text{ (m)}$$

よって、地震動によってマンホールと管きょとの接続部に生じる屈曲角 θ は、以下のようになる。

$$\theta = \tan^{-1}\left(\frac{0.07645-0.05723}{4.61}\right) = 0.00416 \text{ (rad)} = 0.238 \text{ (°)} = 0° \ 14' \ 17''$$

(b) 地震動による抜出し量（式6.110～式6.115、式6.117）

$$L' = \sqrt{2} \times 65,130 = 92,108 \text{ (m)}$$

$$\gamma_1 = \frac{2 \cdot \pi \cdot 40,000}{92,108} = 2.72862$$

$$\beta_1 = \sqrt{\frac{12.925}{2,942 \times 9,582}} \times 40,000 = 27.08481$$

$$a_1 = \frac{1}{1+\left(\frac{2.72862}{27.08481}\right)^2} = 0.98995$$

$$U_a = \frac{1}{\sqrt{2}} \times 60.71 = 42.928 \text{ (mm)}$$

$$u_o = 0.98995 \times 42.928 = 42.497 \text{ (mm)}$$

$$\bar{u}_J = \frac{2 \times 2.72862 \times |\cosh(27.08481) - \cos(2.72862)|}{27.08481 \times \sinh(27.08481)} = 0.20149$$

よって、地震動による管きょのマンホールからの抜出し量（軸方向継手伸縮量 $|u_J|$）は、以下のようになる。

$$|u_J| = 42.497 \times 0.20149 = 8.56\,(\text{mm}) = 0.856\,(\text{cm})$$

④　地盤の液状化に伴う影響

(a)　側方流動による抜出し量

地盤の液状化に伴う側方流動により発生するひずみ（管路に縮みが発生した時、管きょとマンホールの接続部に抜出しが発生）による管きょのマンホールからの抜出し量 δ は、式7.6 より求める。

$$\delta = \frac{0.001 \times \pi \times 318 \times 40,000^2}{2 \times 9,582 \times 2,942} = 28.35\,(\text{mm}) = 2.835\,(\text{cm})$$

(b)　地盤沈下による抜出し量および屈曲角

下図のような近似モデルを仮定すると、地盤の液状化に伴う地盤沈下による管きょのマンホールからの抜出し量 δ およびマンホールと管きょの接続部に生じる屈曲角 θ は、式7.7 より求める。

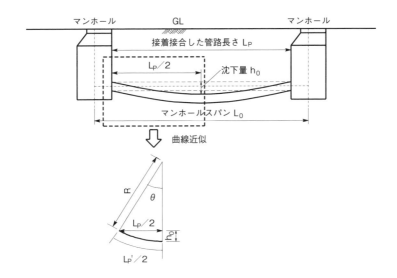

$$R = \frac{300^2 + \left(\dfrac{40{,}000}{2}\right)^2}{2 \times 300} = 666{,}817 \ (\text{mm})$$

$$\frac{L_p'}{2} = 666{,}817 \times 0.02999774 = 20{,}003.00 \ (\text{mm})$$

よって、地盤沈下による管きょのマンホールからの抜出し量δおよびマンホールと管きょの接続部に生じる屈曲角θは、以下のようになる。

$$\delta = 20{,}003 - \frac{40{,}000}{2} = 3.00 \ (\text{mm}) = 0.300 \ (\text{cm})$$

$$\theta = \sin^{-1}\left(\frac{40{,}000 \diagup 2}{666{,}817}\right) = 0.02999774 \ (\text{rad}) = 1.719 \ (°) = 1° \ 43' \ 8''$$

索 引

〈数字・アルファベット〉

Ⅰ種地盤 ································ 154、193
Ⅱ種地盤 ································ 154、193
Ⅲ種地盤 ································ 154、193
1次固有周期 ····························· 141
1質点系の応答 ·························· 36
1自由度系応答解析 ···················· 35
2層地盤系 ································ 139
ALA指針 ································· 272
API 1104（米国石油協会規格） ····· 114
API 5L ···································· 105
AP管 ······································ 288
A形継手 ·································· 18
BART ····································· 40
BART変位スペクトル ················ 54
BCP（事業継続計画） ················ 276
B形管 ····································· 127
CIP ·· 17
DCIP（Ductile Cast Iron Pipe）
 ································ 17、20、106
Denali Fault 地震 ····················· 337
EF（Electric Fusion）継手 ···· 22、126
ERAULプログラム ···················· 295
FC（Ferrum Casting） ········ 20、106
FEMA ···································· 338
FRPM ···························· 284、285
FRP管 ···································· 286
G-Link ···································· 122
GX形継手 ······················· 117、121
HDPE管（High Density Polyethylene Pipe） ································ 22、111
HP ································· 111、127
HPVC ···································· 125
JA ··· 127
JB ··· 127
JC ··· 127
KGP管 ··································· 288
K形継手
 ········ 18、20、103、116、117、123
LDPE ····························· 110、111
L-LDPE ·································· 111
Love波 ······························ 32、337
MDPE ···································· 111
NB管 ····································· 127
NC形管 ·································· 127
NS形継手 ················ 103、116、117
N値 ······································· 192
PⅠ形 ····································· 116
PⅡ形 ····································· 116
PC ERAUL ····························· 339
PE管（Polyethylene Pipe）
 ································ 109、126
P-Link ··································· 122
PS検層 ·································· 192
PVC ······························· 108、124
P波 ······································· 32
Rayleigh波 ························ 32、337
RR（Rubber Ring）継手
 ············ 18、24、102、124、125
RRロング継手
 ············ 18、102、103、125、126
SⅡ形継手 ······························· 120
SH波 ····································· 33
SJA ······································· 127
SJB ······································· 127
SJS ······································· 127
Slider Beam ··························· 337
SV波 ····································· 33
S形継手 ························· 116、117
S波 ······································· 32

371

TS（Tapered Solvent）継手 …… 18、23、102、124、125	外圧強さ………………………… 113
T形継手………………… 18、103、117	海溝型地震……………………… 234
T字管…………………………… 26、174	碍子形…………………………… 290
U形継手………………………… 116	解放基盤面……………………… 141
	海洋型地震動…………………… 28
	外力荷重保証値………………… 285
〈ア〉	荷重係数……………… 231、236、238
アスペリティ…………………… 28	荷重係数法…………………… 221、223
アセノスフェア（岩流圏）…… 29	荷重算定関数…………………… 231
圧潰……………………………… 106	荷重の特性値…………………… 231
圧縮強度………………………… 44	荷重分布角……………………… 144
圧縮ひずみ……………………… 222	過剰間隙水圧……………… 85、86、87
暗きょ…………………………… 201	風荷重…………………………… 43
安全性照査…… 99、180、265、296	加速度応答スペクトル S_A …… 38、98
安全率…………………………… 87	活断層…………………………… 189
異形管曲管……………………… 174	活断層地盤……………………… 258
位相関係……………………… 64、65	滑動……………………………… 60
一軸圧縮試験…………………… 44	可撓性…………………………… 63
一体構造管路……… 147、200、203	可撓継手………………………… 258
岩手・宮城内陸地震…………… 184	管押輪…………………………… 21
浮き上がり…………………… 84、85	換気塔部………………………… 55
内曲げ…………………………… 231	換算単位体積重量……………… 82
内曲げ角度………………… 243、249	管軸方向地盤拘束力…………… 71
永久ひずみ………………… 221、222	管種・埋設条件別補正係数…… 68
永久変位………………………… 256	慣性力…………………………… 35
液状化………… 149、220、221、258	管体への伝達率………………… 316
液状化耐震設計区間……… 232、233	管の有効長……………………… 170
液状化抵抗率 F_L …… 132、232、233	管路セグメント………………… 338
エルセントロ地震波…………… 41	管路被害率……………………… 17
鉛直方向ばね定数………… 94、96	規格最小降伏応力……………… 241
応答変位法…………… 87、132、151	基幹管路………………………… 102
屋外施設………………………… 290	擬共振法………………………… 290
屋内施設………………………… 290	基準外径………………………… 243
温度変化…………………… 43、145	基準化合成応力………………… 323
	基準化水平変位………………… 319
〈カ〉	基準化水平変位振幅…………… 321
外圧管…………………………… 112	基準化継手屈曲角……………… 324

基準化継手伸縮量	324	下水道BCP	281
基準化波長	319	限界軸圧縮変位	249
基準地盤のひずみ	158	限界せん断応力	
基準ひずみ	72、75		159、165、178、215、238
気象庁マグニチュード	190、271	限界変位	230
逆断層運動	22、31	限界曲げ角度	250
逆流防止	281	減衰定数別補正係数	98
逆流防止機能	279	減衰力	35
強化プラスチック複合管	284、285	建設省新耐震設計法（案）	61
共振2波法	290	高圧ガス導管耐震設計指針	104
共振3波法	290	鋼管	19、113
強制振動	47	鋼管ねじ継手	114
強制変位	94、95	交差角	272
共同溝	76、201	硬質塩化ビニル管	23、307、308
共同溝設計指針	289、293	公称管厚	246
橋梁添架可撓継手	292	合成応力	164
橋梁添架ビニル管	291	剛性係数	50
曲管	26	合成波振幅	51
曲管部	212	洪積世	157
局部座屈	19	洪積層	45、69
許容応力	87、180	洪積層厚	77
許容応力の割り増し	60	構造解析係数	231、251
許容支持力	87	硬軟の急変部	258
許容抜出し量	128	降伏軸力	240
許容曲げ角度	128	降伏ひずみ	109、167、177、204
緊急遮断弁	54	降伏変位	238、239
矩形管きょ	147	降伏曲げモーメント	246
屈曲角	64	高密度PE	109
屈曲形耐震継手	65、66	護岸移動量	237
屈曲部	172	護岸背後地盤	232
掘削床付	223	護岸変形率	237
屈折波	139	固有周期	51、78、89、138、163
クリープ（Creep）	31、106	固有振動形	47
経験的グリーン関数	269	固有振動数	47
傾斜地盤	221、222	コンクリート管CP	291
傾斜地	222	コンクリート巻き管路AP	286
傾斜率	41		

〈サ〉

最小内空寸法	289
最大屈曲角	121
最大クラスの津波	277
最大地盤拘束力	239
最大浸水深	277
最大抜出し量	128
最大曲げ角度	128
最大摩擦力	226
材料係数	232
座屈	106
座屈許容ひずみ	296
差し込み継手	115、170、221
砂質土	77、78、157
さや管	43
散逸減衰効果	140
サンフェルナンド地震	19
シールド管きょ	147
市街地係数	236
軸圧縮変位	240
軸直交地盤拘束力	52
軸方向拘束力	52
地震活動度	78
地震時荷重	143
地震時保安管理	54
地震動波長	62
地震モーメント	271
湿潤単位体積重量	51
実体波	32
自動車荷重	43、143
地盤剛性係数	52
地盤拘束力	159、198、199、230
地盤沈下	223、225
地盤の剛性係数	81、159、316、325
地盤の特性値	77、89、155
地盤の粘着力	162
地盤ばね	132、133
地盤ばね係数	135、159、179
地盤ばね定数	93
地盤反力係数	73
地盤不均一度係数	206
地盤別補正係数	44、59、88、155
地盤変位吸収能力	67、69、73、75、260、338
地盤変状	151、256、258
周期係数 a_D	316
終局限界許容ひずみ	303
終局限界状態	231
終局限界状態設計	339
重畳係数	165、204、325、337
修正設計地震動Ⅰ	206
修正設計地震動Ⅱ	206
周面せん断力	90、91、97、162、201
重要度	168
重要度区分	284
重要度別補正係数	58
重要度補正係数	59
縮径	21
衝撃外力	37
衝撃係数	144
照査基準値	150、180、229
常時荷重	143
使用限界許容ひずみ	303
使用限界設計	339
シルト質土層	44
地割れ	151、297
人工改変地盤	222
伸縮形耐震継手	65、66
伸縮可撓継手	113、206
伸縮余裕	115
伸縮離脱防止継手	258
靱性	103
振動インピーダンス	140
振動モードの固有周期	99

深度別補正係数･･････････････ 88
水圧･･････････････････････ 76
水管橋････････････････････ 279
推進工法用硬質塩化ビニル管 K-6
　････････････････････ 310、311
水中合震度･････････････････ 34
水平震度･･･････････････････ 34
水平方向ばね定数･･･････････ 94
スクリュー継手････････････ 291
ストレスドロップ（Stress Drop）･････ 31
すべり低減係数････ 161、164、200、203
脆性破壊･････････････････ 106
正断層････････････････････ 31
静的震度法････････････････ 37
石綿管････････････････････ 17
石油パイプライン技術基準（案）
　･･･ 42、43、57、79、134、184、294
設計応答スペクトル･･････････ 35
設計基盤面･････････････････ 44
設計係数･････････････････ 230
設計地震動Ⅰ
　･･････････ 189、191、194、196、270
設計地震動Ⅱ
　･･････････ 189、191、194、196、270
設計地震動Ⅲ･････ 189、191、196、270
設計地盤変位･････････････ 67、68
設計震度････････････ 27、33、57
設計水平震度･･････････ 87、88、154
設計断層変位････････････ 272
設計目標値････････････ 297
設計用応答速度スペクトル･･････ 152
セラミック材料機器･･････････ 286
セラミックP管･･････････････ 291
浅層不整形地盤･･･････ 205、259
全塑性域･･････････ 177、213、214
全塑性モーメント･････････ 246
せん断合成G････････････ 135

せん断弾性波速度･･････････ 51
せん断ばね定数･･････････ 96
線膨張係数･････････ 147、303
相対変位･･････････････ 186
想定津波浸水深･･････････ 277
送電管･･････････････ 287
送電鉄塔･･････････････ 287
速度応答スペクトル
　･････････ 16、27、58、89、
　　　　　132、137、156、189
側方流動････････ 229、233、234、256
遡上･･････････････････ 338
外曲げ･･････････････ 231
外曲げ角度･･･････ 244、245、249

〈タ〉
耐液状化グラベル･･････････ 291
耐久性能･･････････････ 103
第三紀層･･･････････････ 69
耐衝撃性硬質塩化ビニル管･････ 124
耐震計算モデル化･･････････ 332
耐震性能････････ 180、265、284
耐震適合性･･･････････ 102
耐津波性能1････････････ 278
耐津波性能2････････････ 278
耐津波性能3････････････ 278
耐津波設計･･･････ 276、278、338
耐津波対策･･････････ 276
タイプⅠ････････････ 28、221
タイプⅡ････････････ 28、221
台湾集集地震･･･････ 22、268
卓越周期･･････････ 17
ダクタイル管･･････････ 20
ダクタイル鋳鉄管･･････････ 115
ダクタイル鋳鉄管K形･････ 304、305
ダクトスリーブ･････････ 291、292
多孔管路･････････････ 288

多条・多段管路	288	津波浸水想定	277
多層地盤	338	津波波圧	279
たわみ係数	214	低減係数	83
単位震度	156	抵抗算定係数	232
短周期高レベル加速度	16	抵抗の特性値	232
弾性設計	339	鉄製管路 KGP	286
断層	268	デュアメル積分	36、49
断層の破壊過程	269	電源喪失	282
断層変位	19	伝達係数	164
断層モデル	269	電力・通信管路	286、336
弾塑性設計	72、339	土圧	43、76
断裂帯	30	等価地中空洞モデル	93
地域係数	132	等価ヤング係数	70、75
地域別補正係数		等価地盤拘束力 τ	72
……44、59、68、88、89、98		統計的グリーン関数	269
中口径差し込み継手	292	動水圧	57
中軸谷	30	動的解析	56、132
中生代層	69	動的解析モデル	60
沖積世	157	動的せん断強度比 R	233
沖積層	45、69	動的せん断変形係数	90、91、97
沖積層厚	77	動的変形係数	160
鋳鉄管 K 形継手	103	動的ポアソン比	95、160
長周期波動	337	動土圧	57
長寿命化計画	276	洞道	289
直交関数	48	道路橋示方書	59
沈埋トンネル耐震設計指針	336	特 A 地区	154
沈埋トンネル部	54、55	土地利用区分別補正係数	44
通信管路	284、290	鳥取県西部地震	184
通信施設	290	トランスフォーム断層	30
継手構造管路	205、208	トルココジャエリ地震	268
継手効率 ζ	331、338		
継手伸縮量	64	〈ナ〉	
継手抜出し阻止力	331、332	内圧	43、143
津波	276	内圧管	112
津波衝撃圧	338	内部摩擦角	201
津波浸水	293	内陸型地震	234
津波浸水深	277	内陸型地震動	28

新潟県中越沖地震	184	ひび割れ保証モーメント	180
新潟県中越地震	16、184	兵庫県南部地震	16、184
入射角	140	標準貫入試験	88、238
ねじ鋼管	17	標準設計水平震度	88
ネッキング	110	標準速度応答スペクトル	89、90
粘性土	77、88、157	表面波	32
粘性土表層地盤	45	疲労破壊	106
抜出し阻止力	119、259	不安定現象	40
野島断層	268	復元力	35
能登半島地震	19、184	不均一度係数	158、196、264、312
		不均一変位	256
〈ハ〉		部材係数	232、250、251
波圧	280	腐食	106
配水用ポリエチレン管	102	不整形地層	256、258
パイプファクター	175、214、244	ブッシング	290
ハイブリッド手法	28	不同沈下	145
バイリニア	238	部分安全係数	232、251
破壊荷重	217	部分塑性域	177、213
破壊保証モーメント	216、217	プラスチック被覆鋼管	71
吐口	279	フランジ形	116
波長	50	浮力	76
バックアップ機能	276	プレート運動	29
バックアップルート	268	プレートテクトニクス理論	30
波動分散性	336	プレハブ管路 PD	286
半経験的手法	28、269	分散性	33
反射波	139	分散値 σ	295
非液状化層	235、247、248	平均値 μ	295
東日本大震災	16	変位応答スペクトル S_D	38、40
飛散防止	282	変換係数	174、177、214
微小ひずみ	153	変形レベル	231
ひずみ硬化特性値	204	変数分離	46
ひずみ載荷速度	107	変動係数	316
ひずみ伝達係数	164	防潮水門	281
微地形	233	飽和砂質土層	44
引張荷重強さ	71、72	ポリエチレン管	22、306
引張許容ひずみ	296	ポリエチレン被覆鋼管 TPS	291
引張ひずみ	222		

〈マ〉

埋設条件Ⅰ	73
埋設条件Ⅱ	73
埋設条件Ⅲ$_a$	73
埋設条件Ⅲ$_b$	75
曲げモーメント強さ	74
摩擦係数	66
摩擦力	21、208
摩擦力の低減係数	259
みかけの伝播速度	140、157、195
みかけの波長	166、171
メカニカル継手	71、72、147
モーダルアナリシス（振動形解析法）	49
モード減衰定数	98
モーメントマグニチュード	271

〈ヤ〉

有効上載圧	162、201、238
融着継手	102、103
雪荷重	43
揚圧力 U_D	85、86、87
要求性能	278
揚水機能	279
溶接継手	103
横ずれ断層	31

〈ラ〉

ラバーリング	291
ランクＡ１およびランクＡ２	150、285
流下機能	279
流動範囲	237
リソスフェア（岩石圏）	29、30
離脱防止機能	24
離脱防止継手	291
離脱防止力	66、121
流下津波	338
粒径加積曲線	44
流動化	44、65
レーレー波	142
冷間継手	102
レジンモルタル	288
レベル１地震動	26、132、136、149、184、258、284
レベル２地震動	26、136、149、184、258、284
レベル３地震動	26
連続梁	170、209
ロックリング	119、122

〈ワ〉

割増係数	84

髙田　至郎
　1972年京都大学大学院土木工学専攻博士課程修了。現在、神戸大学名誉教授、北京科学技術大学客員教授、北京工業大学客員教授、NPO法人 防災白熱アカデミィ理事長。主な著作に、『LIFELINE EARTHQUAKE ENGINEERING ～Lessons from 1995 and 2011 East Japan earthquakes～』(Farhangshenasi)、『震災救命工学』(共立出版)、『ライフライン地震工学』(共立出版) など。

岡田　健司
　1985年日本大学工学部土木工学科卒業。2002年㈱シビルソフト開発代表取締役社長に就任、現在に至る。

地中管路の耐震化
耐震設計基準の基礎と実務

2016年4月20日　初版第1刷発行

定価はカバーに表示しています。

著　者	髙田至郎　岡田健司
発行者	波田幸夫
発行所	株式会社 環境新聞社
	〒160-0004　東京都新宿区四谷3-1-3　第1富澤ビル
	TEL. 03-3359-5371(代)
	FAX. 03-3351-1939
印刷所	音羽印刷 株式会社

＊本書の一部または全部を無断で複写、複製、転載することを禁じます。
Ⓒ環境新聞社 2016 Printed in Japan
ISBN 978-4-86018-316-5　C3051